高等职业教育铁道工程技术专业系列教材

工程制图与CAD

马晓倩　王国迎◎主　编

张全良◎主　审

中国铁道出版社有限公司

2025年·北　京

内 容 简 介

本书将工程制图与计算机辅助设计(CAD)进行有机融合，将制图投影理论与工程绘图应用相结合，将AutoCAD绘图命令与工程图样的绘制优化组合，内容选取以“必须够用”为原则，注重实用性与实践性，以满足高等职业院校铁道工程技术及相关专业对于工程图识读和绘制能力的需要。

本书主要包括工程制图基本知识、计算机辅助设计(CAD)和工程图绘制三个方面的内容，共分为3个项目18个学习任务。具体内容有：投影法与三视图、轴测图、剖面图、断面图的绘制识读；AutoCAD 2010绘图基础、绘图环境设置；二维绘图命令和编辑命令使用；文字和尺寸标注；线路、桥梁、涵洞、隧道工程图的绘制方法；图形的输出打印等。

本书可作为高等职业教育铁道工程技术及相关专业的学历教材，也可供相关专业的工程技术人员学习参考。

图书在版编目(CIP)数据

工程制图与CAD/马晓倩，王国迎主编．—北京：中国铁道出版社有限公司，2021.2(2025.1重印)
高等职业教育铁道工程技术专业系列教材
ISBN 978-7-113-27362-0

Ⅰ.①工… Ⅱ.①马… ②王… Ⅲ.①工程制图-AutoCAD软件-高等职业教育-教材 Ⅳ.①TB237

中国版本图书馆CIP数据核字(2020)第204090号

书　　名：工程制图与CAD
作　　者：马晓倩　王国迎

策　　划：陈美玲
责任编辑：陈美玲　　**编辑部电话：**(010) 51873240　　**电子邮箱：**992462528@qq.com
封面设计：尚明龙
责任校对：苗　丹
责任印制：高春晓

出版发行：中国铁道出版社有限公司（100054，北京市西城区右安门西街8号）
网　　址：https：//www.tdpress.com
印　　刷：三河市国英印务有限公司
版　　次：2021年2月第1版　2025年1月第6次印刷
开　　本：787 mm×1 092 mm 1/16　**印张：**11　**字数：**282千
书　　号：ISBN 978-7-113-27362-0
定　　价：39.00元

前　　言

《工程制图与CAD》是高等职业教育铁道工程技术及相关专业的实用型教材。为更好地突出高等职业教育特色，本书根据《国家职业教育改革实施方案》和高等职业教育专业教学标准，紧密结合工程类专业的实际情况，优化知识体系、重组教学内容、更新教学案例，使教学内容与工程建设发展趋势相适应、与培养德才兼备的高素质劳动者和技术技能型人才的目标相适应。

《工程制图与CAD》以项目任务为驱动，将工程制图与计算机辅助设计(CAD)进行了有机的融合，内容注重实用性与实践性，紧密结合工程实际；合理安排基础知识和实践知识的比例，加强工程图绘制能力的训练；教学内容符合高职学生的学习特点和认知规律，由浅入深、循序渐进。本书采用的为AutoCAD 2010版本，内容立体化，在文字材料的基础上，配备有与教学任务相对应的课程录像，学习者通过扫描二维码即可获得在线学习体验，使学习不受时间、空间的限制，具有可重复性，有效地增强学习的针对性，提高学习效率。

本书由天津铁道职业技术学院马晓倩、王国迎担任主编，天津铁道职业技术学院张全良担任主审。具体编写分工如下：项目1中的任务1、任务5，项目3中的任务5由马晓倩编写；项目1中的任务2、任务3、任务4、任务6由王国迎编写；项目2中的任务1、任务3、任务5、任务6由天津铁道职业技术学院陈伟利编写；项目2中的任务2、任务4，项目3中的任务3、任务4由天津铁道职业技术学院冯思归编写；项目3中的任务1由辽宁铁道职业技术学院李秀换编写；项目3中的任务2由天津中腾测绘科技有限公司齐彦鹏编写。

本书在编写过程中得到了天津铁道职业技术学院和辽宁铁道职业技术学院相关领导及老师的大力支持，在此一并表示感谢。

由于编者水平有限，书中难免有疏漏和不妥之处，敬请同行和广大读者使用时提出宝贵意见，以便于进一步的修订。

编　者

2020年12月

目　　录

项目1　工程制图与CAD基本知识

【项目描述】

工程建筑是立体的，而工程图样是平面的，本项目主要介绍绘制和阅读工程样图的基本原理和方法，包括简单立体和组合体三视图的识读和绘制，轴测图、剖面图和断面图的绘制和识读。传统的手工绘图，图纸都是工程师用图板和丁字尺来绘制。随着AutoCAD的开发和应用，把广大工程师从繁重的绘图工作中解放出来，大大提高了工作效率。本项目以桥墩投影图为例，介绍AutoCAD的基本应用，讲授了三视图、轴测图、剖面图、断面图绘制识读的原理和方法。

【学习目标】

1. 掌握AutoCAD 2010基本操作，能够管理图形文件，能够用直线命令绘制桥墩立面图。
2. 掌握简单立体三视图基本知识，能够绘制简单立体模型、正六棱柱体、圆柱体三视图。
3. 掌握形体分析法画图思路，能够绘制识读组合体三视图。
4. 掌握剖面图的概念及分类，能够绘制识读常见剖面图。
5. 掌握断面图的概念，能够绘制断面图。
6. 掌握轴测投影图基本知识，能够绘制平面体和曲面体的正等轴测图。

【案例引入】

桥梁通常由上部结构(主梁、主拱圈、桥面系)、下部结构(桥墩、桥台和基础)及附属结构(栏杆、灯柱、护岸、导流结构等)三部分组成。桥墩是桥的下部结构之一，它的作用是支承桥跨结构，上部结构及其所承受的荷载都通过桥墩传递给地基。桥墩由基础、墩身和墩帽三部分组成，如图1-1-0所示。桥墩图用来表达桥墩的整体情况，根据河道的水温情况及设计要求，桥墩的形状是不一样的，常见的有圆形桥墩和矩形桥墩。

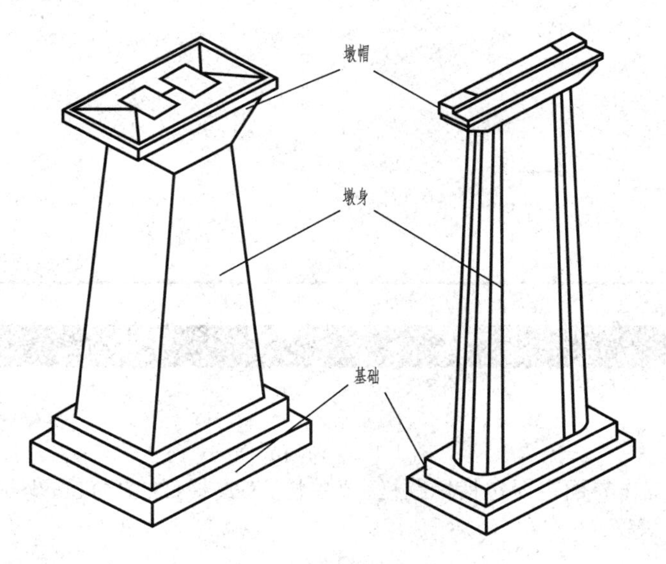

图1-1-0　桥墩的组成

任务1　AutoCAD 基本操作

·任务描述·

AutoCAD 具有强大的辅助绘图功能，它已成为工程设计领域应用最为广泛的计算机辅助绘图与设计软件之一，其主要功能包括：

(1)绘制与编辑图形；

(2)尺寸及文本标注；

(3)三维立体建模；

(4)数据库管理功能；

(5)输出与打印图形。

AutoCAD 的绘图菜单中包含了丰富的绘图命令，使用它们可以绘制直线、构造线、多段线、圆、矩形、多边形、椭圆等基本图形。

本任务介绍 AutoCAD 2010 的窗口界面、图形文件管理、点线绘制及常用的二维编辑命令，并完成桥墩立面图绘制任务。

子任务1　AutoCAD 2010 的窗口界面学习

界面介绍

在电脑中安装 AutoCAD 2010 之后，在电脑的桌面上就会生成一个快捷图标，双击该图标，或者选择“开始→程序→Autodesk→AutoCAD 2010-Simplified Chinese→AutoCAD 2010”，就可以启动 AutoCAD 2010，其界面如图 1-1-1 所示。

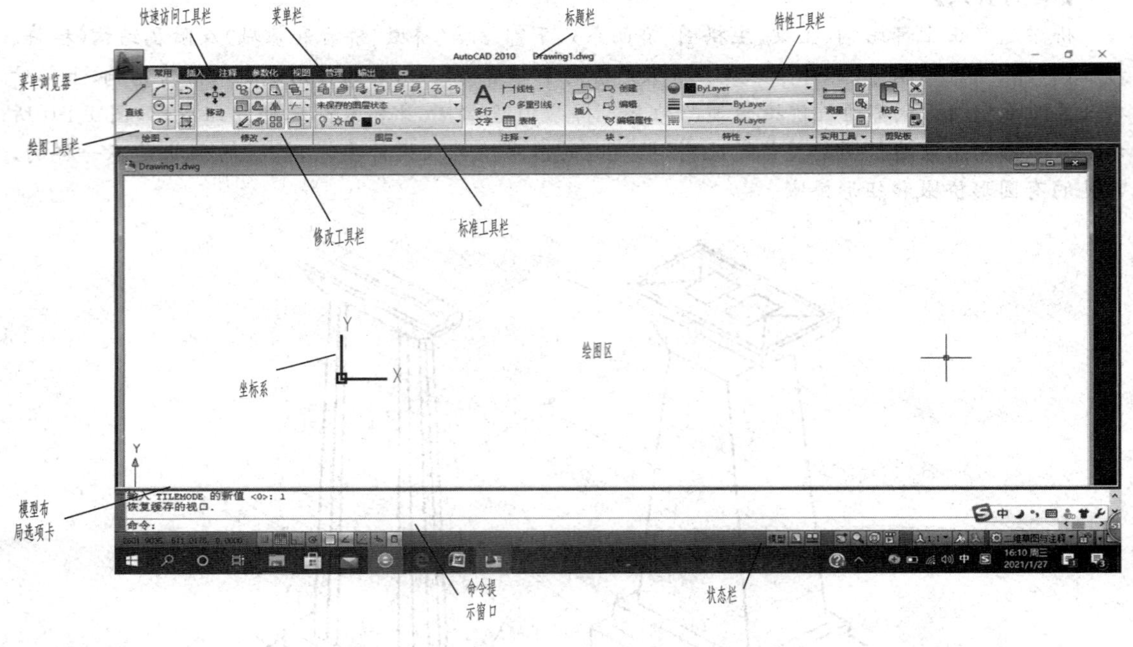

图 1-1-1　窗口界面

AutoCAD 经典工作界面主要包括标题栏、菜单栏、工具栏、绘图窗口、坐标系、光标、命令提示窗口、滚动条、状态栏等。

1. 标题栏

AutoCAD 的标题栏在用户界面的最上方，用于显示当前图形文件的名称。

2. 菜单栏

菜单栏集中了大部分的绘图命令，单击主菜单的某一项，会显示相应的下拉菜单，如图 1-1-2 所示。在菜单栏的下拉菜单中右侧有 ▸ 的菜单项，表示它还有子菜单，如图 1-1-3 所示。

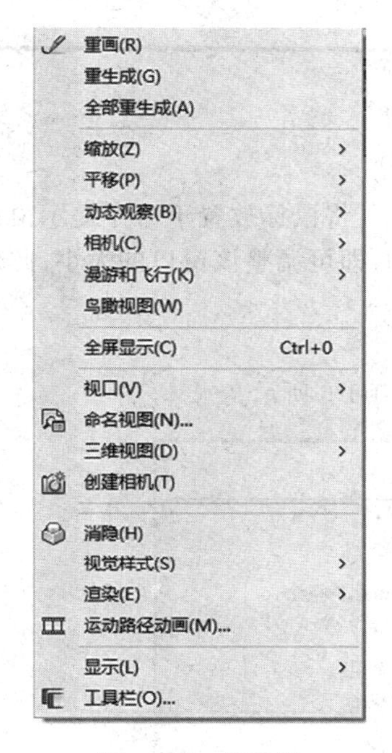

图 1-1-2 菜单栏

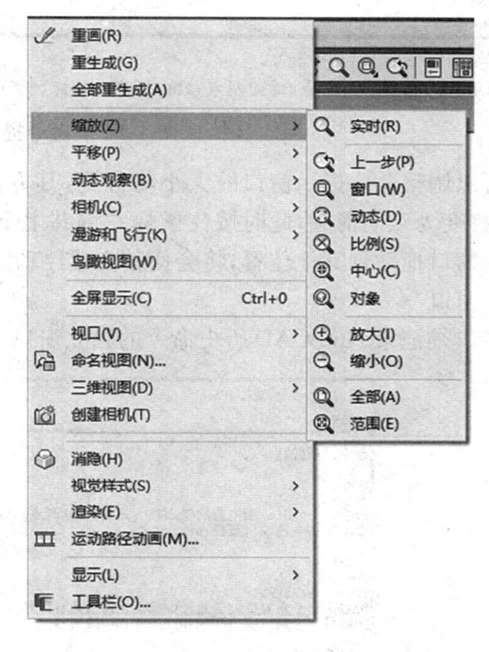

图 1-1-3 带有子菜单的菜单操作

3. 工具栏

工具栏是代替命令的简便工具，使用它们可以完成绝大部分的绘图工作。在 AutoCAD 2010 中，系统共提供了 40 多个已命名的工具栏，在“二维草图与注释”工作空间下，“标准注释”和“工作空间”工具栏处于打开状态，如果要显示其他工具栏，可在任意一个打开的工具栏中右击，这时将打开一个工具栏快捷菜单，利用它可以选择需要打开的工具栏。

工具栏有两种状态：一种是固定状态，此时工具栏位于屏幕绘图区的左侧、右侧或上方；另一种是浮动状态，此时可将工具栏移至任意位置，当工具栏处于浮动状态时，用户还可通过单击其边界并且拖动来改变其形状。

4. 面板

面板是一种特殊的选项板，用来显示与工作空间关联的按钮和控件。默认情况下，面板将自动打开，如图 1-1-4 所示。

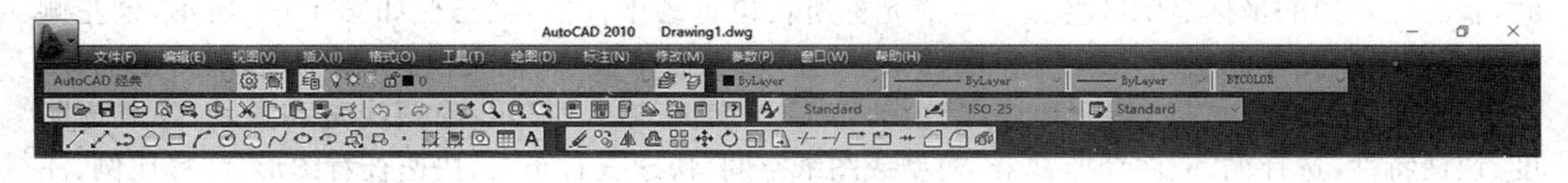

图 1-1-4 面板

5. 绘图区

绘图区是用户进行图形绘制的区域。把鼠标移到绘图区，鼠标变成十字形，可用鼠标直接在绘图区域里定位。在绘图区的左下角显示有用户坐标系，它表示了当前的坐标系类型。坐标系图标的左下角为坐标的原点(0,0)。

6. 命令提示窗口

命令提示窗口位于绘图区的下方,用来手动输入命令,也可以显示出操作过程中的各种信息和提示,如图 1-1-5 所示。

命令: *取消*
命令: c
CIRCLE 指定圆的圆心或 [三点(3P)/两点(2P)/切点、切点、半径(T)]:

图 1-1-5　命令提示窗口

用户可以调整命令提示窗口的大小与位置,其方法如下:将鼠标放置于命令提示窗口的上边框线,光标将变为双向箭头,此时按住鼠标左键并上下移动,即可调整该窗口的大小;此外用鼠标将命令提示窗口拖动到其他位置,将会使其变成浮动状态。

7. 文本窗口

文本窗口是记录 AutoCAD 历史命令的独立窗口,如图 1-1-6 所示。

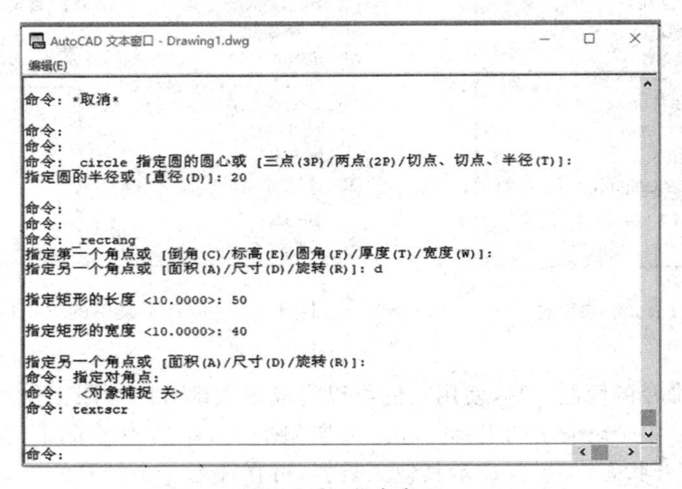

图 1-1-6　文本窗口

默认状态下文本窗口是不显示的,用户可以通过以下三种方法显示文本窗口:

(1)切换主视图选项卡,在“窗口”面板中选中“用户界面”选项下的“文本窗口”复选框。

(2)在命令行输入命令“textscr”,按【Enter】键。

(3)按【F2】键。

8. 状态栏

状态栏位于绘图窗口最底部,主要用来显示和改变当前的绘图状态。当光标出现在绘图窗口时,状态栏左边的坐标显示区将显示当前光标所在位置的坐标值,状态栏如图 1-1-7 所示,最左侧显示当前十字光标的坐标,然后是推断约束、捕捉模式、栅格显示、正交模式、极轴追踪、对象捕捉、二维对象捕捉、对象捕捉追踪、允许/禁止动态 UCS、动态输入、显示/隐藏线宽和显示/隐藏透明度、快捷特性、选择循环、注释监视器、模型或图纸空间、快速查看布局、快速查看图形、注释比例、注释可见性、注释比例更改时自动将比例添加至注释对象、切换工作空间、工具栏窗口位置未锁定、硬件加速开、隔离对象、全屏显示等绘图辅助功能的控制按钮。

图 1-1-7　状态栏

这些按钮有两种工作状态，分别为凹下与凸起。当按钮处于凹下状态时，表示相应的设置处于工作状态；当按钮处于凸起状态时，表示相应的设置处于关闭状态。

9. 工具选项板

按默认的方式启动 AutoCAD 2010 时，会显示出“工具选项板”，如图 1-1-8所示。利用“工具选项板”可以大大方便图案的填充。不需要此功能时，可关闭“工具选项板”，需要打开时，点击“工具”菜单，选择“工具选项板窗口”即可。

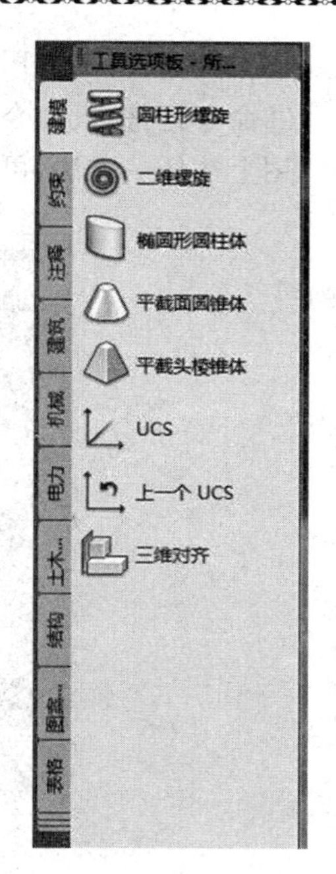

图 1-1-8 工具选项板

子任务2 图形文件管理

1. 新建图形文件

图形文件的管理

AutoCAD绘制图形时，首先需要创建一个图形文件用于存储该图形。

(1)启用“新建”命令有三种方法。

①菜单栏：文件—新建。

②工具栏：单击“新建”按钮。

③命令行：输入命令“new”。

通过以上任意一种方法启用“新建”命令后，系统将弹出如图 1-1-9 所示的“选择样板”对话框。

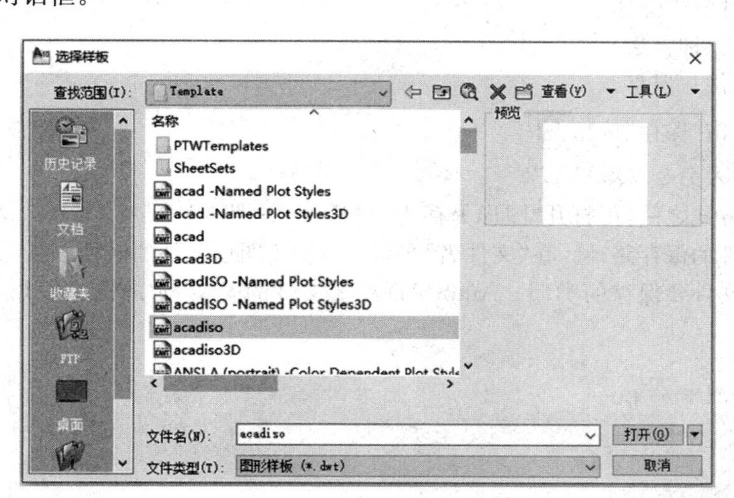

图 1-1-9 “选择样板”对话框

(2)利用“选择样板”对话框创建新文件的步骤如下。

①系统在列表框中列出了许多标准的样板文件，用户可从中选取合适的一种样板文件。

②单击“打开”按钮，将选中的样板文件打开，此时用户即可在该样板文件上创建图形；直接双击列表框中的样板文件，也可将该文件打开。

2. 打开图形文件

打开已有的图形文件，其操作步骤如下。

输入命令，可采用下列方法之一。

①菜单栏：文件—打开。

②工具栏:单击“打开”按钮 。

③命令行:输入命令“OPEN”。

用上述任一方法,可打开“选择文件”对话框,如图 1-1-10 所示,选择需要打开的文件。

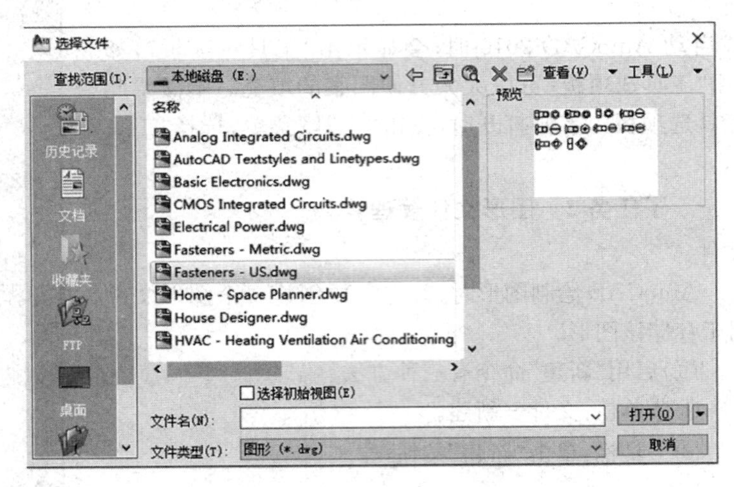

图 1-1-10　“选择文件”对话框

3. 保存图形文件

保存图形文件的步骤如下。

输入命令,有三种方法。

①菜单栏:文件—保存。

②工具栏:单击“保存”按钮 。

③命令行:输入命令“QSAVE”。

用上述三种方式之一,可打开“图形另存为”对话框,如图 1-1-11 所示。在“保存于”下拉列表框中制定图形文件的保存路径。在“文件名”文本框中输入图形文件的名称。在“文件类型”下拉列表框中选择图形文件要保存的类型。AutoCAD 图形文件的类型为“. dwg”格式。设置完成后,单击“保存”按钮。

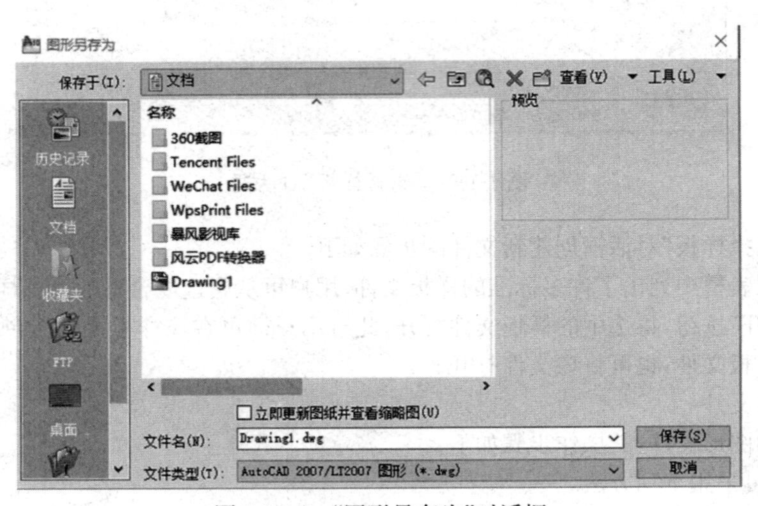

图 1-1-11　“图形另存为”对话框

如果是已保存过的文件，当选择上述方法之一输入保存命令后，则不再打开“图形另存为”对话框，而是按原文件名称保存。

如果单击菜单栏“文件—另存为”，或在命令行输入“SAVE AS”，则可以打开“图形另存为”对话框，来更改文件的存储路径、名字和类型。

子任务 3　点和直线的绘制

1. 点位输入

绘制图形时，需要对点或线进行位置的确认。输入确定位置的常用方法有以下几种。

(1) 鼠标输入法

鼠标输入法是指移动鼠标，直接在绘图的指定位置单击左键，来拾取点坐标的一种方法。当移动鼠标时，十字光标和坐标值随着变化，状态栏左边的坐标显示区将显示当前位置。

(2) 键盘输入法

键盘输入法是在命令行里输入命令“POINT”和点的位置坐标值来绘制点。点的位置坐标一般有两种表示方法：绝对坐标和相对坐标。

①绝对坐标

绝对坐标是指相对于当前坐标系原点(0,0,0)的坐标。在二维空间中，绝对坐标有绝对直角坐标和绝对极坐标。

绝对直角坐标。在命令行输入“POINT”后，命令行提示“Point 指定点”，可直接在命令行输入点的“X,Y”坐标值，按【Enter】键，则执行命令。如图 1-1-12 所示，A 点的绝对坐标为“17.2,24.6”。

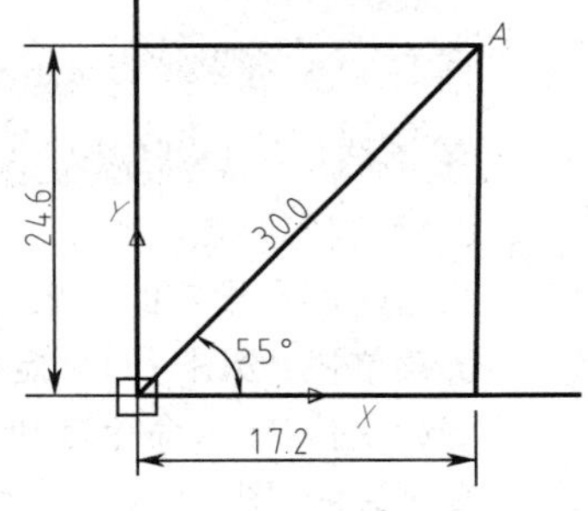

图 1-1-12　点的坐标

绝对极坐标。在命令行输入“POINT”后，命令行提示“Point 指定点”，可直接在命令行输入“距离<角度”，按【Enter】键，则执行命令。如图 1-1-12 所示，A 点的绝对极坐标可表示为“30.0<55”。其中距离“30.0”为当前点相对坐标原点的距离为 30，角度“55”表示当前点和坐标原点连线与 X 轴正向的夹角为 55°。

②相对坐标

相对坐标指相对于前一点位置的坐标。相对坐标有相对直角坐标和相对极坐标两种表示方法。

相对直角坐标。相对直角坐标输入格式与绝对坐标相同，但要在坐标前加一个“@”符号，即“@X,Y”。例如，A 点的绝对直角坐标为“10,15”，B 点相对 A 点的相对直角坐标为“@5,−2”，则 B 点的绝对直角坐标为“15,13”。相对于前一点 X 坐标向右为正，向左为负；Y 坐标向上为正，向下为负。

相对极坐标。相对极坐标用“@距离<角度”表示。例如，“@4.5<30”表示当前点到上一点的距离为 4.5，当前点与上一点的连线与 X 轴正向夹角为 30°。AutoCAD 中默认设置的角度正方向为逆时针方向，水平向右为 0°。

2. 绘制点

点是组成图形的最基本的对象之一，利用 AutoCAD 2010 可以方便的绘制各种类型的点。

(1) 设置点的样式

AutoCAD 提供了 20 种不同类型的点样式，用户可根据需要进行设置。设置点的样式有以下两种方法。

①菜单栏:格式→点样式。

②命令行:输入命令“DDPTYPE”。

③执行上面的命令之一,可以打开“点样式”对话框,如图 1-1-13 所示。

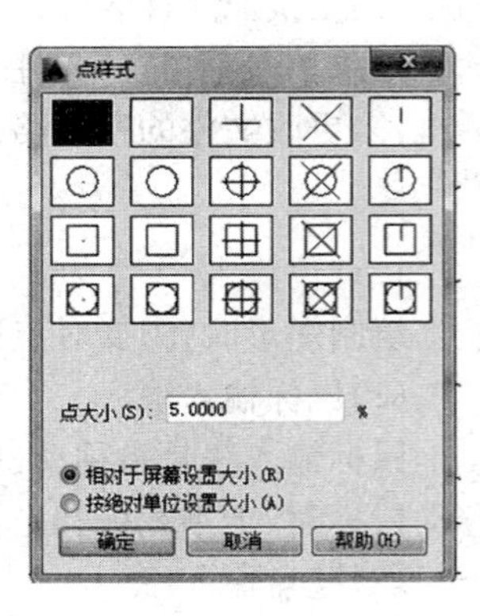

图 1-1-13　点样式

(2)绘制单点

启用绘制“点”的命令有以下三种方法。

①菜单栏:绘图→点。

②工具栏:单击工具栏“绘图”选择“点”按钮。

③命令行:输入命令“POINT”。

(3)绘制等分点

在 AutoCAD 绘图中,经常需要对直线或一个对象进行定数等分,这时就要用点的定数等分来完成,可执行以下命令之一。

①菜单栏:绘图→点→定数等分。

②命令行:输入命令“DIVIDE”。

实例说明(图 1-1-14):

命令:DIVIDE

选择要定数等分的对象:(选择直线 L)

输入线段数目或[块(B)]:输入“5”,按【Enter】键

(4)绘制等距点

此功能可在指定的对象上用于等距离放置点或块。可执行以下命令之一。

①菜单栏:绘图→点→定距等分。

②命令行:输入命令“MEASURE”。

实例说明(图 1-1-15):

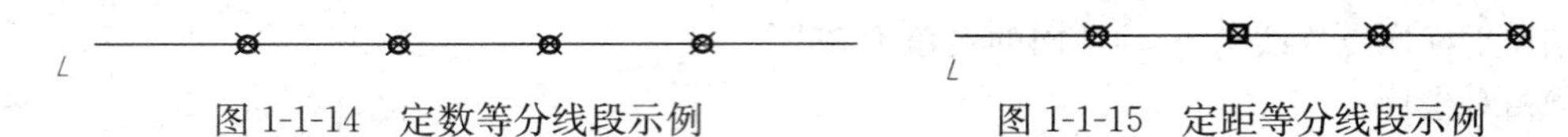

图 1-1-14　定数等分线段示例　　图 1-1-15　定距等分线段示例

命令:LINE

选择要定距等分的对象:(选择直线 L 的左端,一般以选择线段对象点较近端为等距起点)

指定线段长度或块(B):输入“20”,按【Enter】键

3. 绘制直线

启用绘制“直线”的命令有以下三种方法。

①菜单栏:绘图→直线。

②工具栏:单击工具栏“绘图”选择“直线”按钮。

③命令行:输入命令“L”。

实例说明(图 1-1-16):

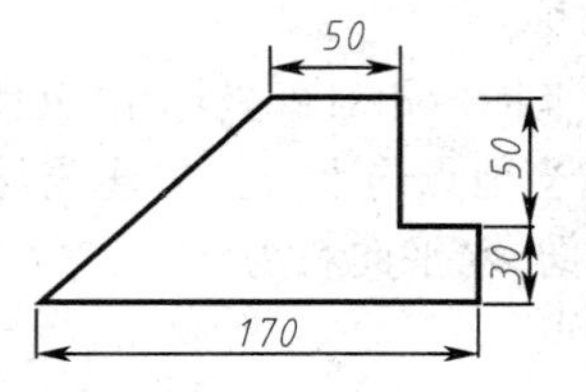

图 1-1-16　绘制直线示例

绘制直线图形

命令:LINE

指定第一点:(输入起始点)(用鼠标左键直接单击绘图区输入第 1 点)

指定下一点或[放弃(U)]:输入“@170,0”,按【Enter】键,输入第 2 点

指定下一点或[放弃(U)]：输入“@0,30”，按【Enter】键，输入第 3 点

指定下一点或[放弃(U)]：输入“@－30,0”，按【Enter】键，输入第 4 点

指定下一点或[放弃(U)]：输入“@0,50”，按【Enter】键，输入第 5 点

指定下一点或[放弃(U)]：输入“@－50,0”，按【Enter】键，输入第 6 点

指定下一点或[闭合(c)/放弃(U)]：输入“c”，按【Enter】键，自动闭合多边形并退出命令。

子任务 4　命令的重复、撤销、重做

1. 命令的重复

在 AutoCAD 中，当用户想重复某一个命令时，可以直接按【Enter】键或【空格】键。也可以在绘图区域内右击，在弹出的快捷菜单中选择“重复”选项。

2. 命令的撤销

在 AutoCAD 绘图过程中，当用户想撤销一些错误的命令或需要放弃前面执行的一个或多个操作，此时用户可以使用“放弃”命令。启用“放弃”命令有三种方法。

①菜单栏：“编辑”→“放弃”。

②工具栏：单击“放弃”按钮。

③命令行：输入命令“U”。

在 AutoCAD 中，可以无限进行放弃操作，这样用户可以观察自己的整个绘图过程。当用户放弃一个或多个操作后，又想重做这些操作，将图形恢复为原来的效果时，可以在命令行里输入“Mredo”，根据输入的命令，可以回到需要的界面中。

子任务 5　桥墩立面图的绘制

1. 利用直线绘制桥墩立面图(图 1-1-17)

利用直线绘制桥墩立面图

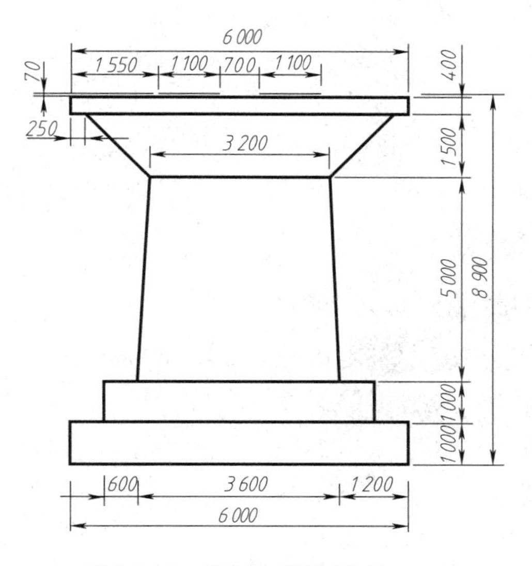

图 1-1-17　桥墩立面图(单位：mm)

步骤 1：新建图形文件

可以通过以下四种方式创建图形文件。

①命令:NEW(QNEW)。

②菜单:选择“文件”“新建”选项。

③“标准”工具栏或“快速访问”工具栏:单击“新建”按钮。

④单击“菜单浏览器”按钮,打开应用程序菜单,选择“新建”命令,系统弹出图(图 1-1-18)示对话框。

执行命令后出现“选择样板”对话框,如图 1-1-19 所示。

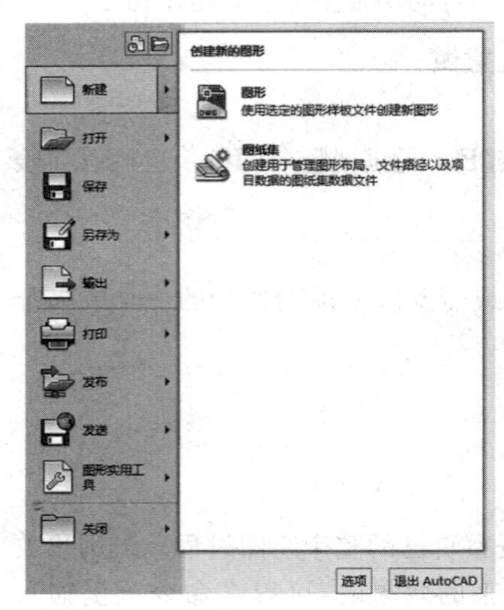

图 1-1-18 “新建”对话框

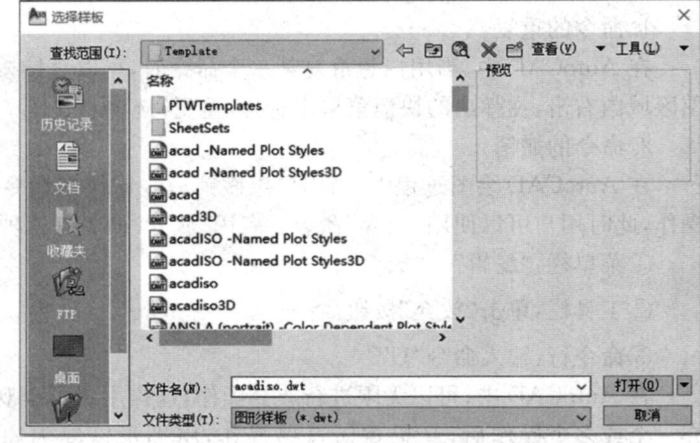

图 1-1-19 “选择样板“对话框

在此对话框中,可以选择某一样板文件,这时,在其右面的“预览”选项组中将显示出该样板的预览图像。单击“打开”按钮,以选中的样板文件为样板,创建新图形。新图形一般默认是草图和注释的工作空间。

步骤 2:绘制墩台

(1)画墩台第一层基础

命令: L⏎(⏎代表回车键)

指定第一个点: 0,0⏎

指定下一点或[放弃(U)]: 6 000,0⏎

指定下一点或[放弃(U)]: 6 000,1 000⏎

指定下一点或[闭合(C)/放弃(U)]: 0,1 000⏎

指定下一点或[闭合(C)/放弃(U)]: c⏎

(2)画墩台第二层基础

命令: L⏎

LINE

指定第一个点: 600,1 000⏎

指定下一点或[放弃(U)]: 600,2 000⏎

指定下一点或[放弃(U)]:@4 800<0⏎

指定下一点或[闭合(C)/放弃(U)]:@1 000<270 ↵

指定下一点或[闭合(C)/放弃(U)]:↵

(3)画墩台台身部分

命令:L ↵

指定第一个点:from ↵

基点:600,2 000 ↵

<偏移>:@600<0 ↵

指定下一点或[放弃(U)]:@200,5 000 ↵

指定下一点或[放弃(U)]:@3 200,0 ↵

指定下一点或[放弃(U)]:@200,−5 000 ↵

指定下一点或[闭合(C)/放弃(U)]:↵

(4)画墩台托盘部分

命令:L ↵

指定第一个点:1 400,7 000 ↵

指定下一点或[放弃(U)]:@−1 150,1 500 ↵

指定下一点或[放弃(U)]:@5 500<0 ↵

指定下一点或[闭合(C)/放弃(U)]:4 600,7 000 ↵

指定下一点或[闭合(C)/放弃(U)]:↵

(5)画墩台台帽和支撑垫石部分

命令:L ↵

指定第一个点:0,8 500 ↵

指定下一点或[放弃(U)]:@400<90 ↵

指定下一点或[放弃(U)]:@6 000,0 ↵

指定下一点或[闭合(C)/放弃(U)]:@400<270 ↵

指定下一点或[闭合(C)/放弃(U)]:c ↵

命令:LINE

指定第一个点:0,8 950 ↵

指定下一点或[放弃(U)]:@1 550,50 ↵

指定下一点或[放弃(U)]:@50<90 ↵

指定下一点或[闭合(C)/放弃(U)]:@1 100,0 ↵

指定下一点或[闭合(C)/放弃(U)]:@50<270 ↵

指定下一点或[闭合(C)/放弃(U)]：@700,0 ↵

指定下一点或[闭合(C)/放弃(U)]：@50<90 ↵

指定下一点或[闭合(C)/放弃(U)]：@1 100,0 ↵

指定下一点或[闭合(C)/放弃(U)]：@50<270 ↵

指定下一点或[闭合(C)/放弃(U)]：@1 550,－50 ↵

指定下一点或[闭合(C)/放弃(U)]：↵

命令：L ↵

指定第一个点：from ↵

基点：1 550,9 000 ↵

<偏移>：@50<270 ↵

指定下一点或[放弃(U)]：@20<270 ↵

指定下一点或[放弃(U)]：@1 100<0 ↵

指定下一点或[闭合(C)/放弃(U)]：@20<90 ↵

指定下一点或[闭合(C)/放弃(U)]：↵

命令：L ↵

指定第一个点：4 450,9 000 ↵

指定下一点或[放弃(U)]：@0,－70 ↵

指定下一点或[放弃(U)]：@－1 100,0 ↵

指定下一点或[闭合(C)/放弃(U)]：@20<90 ↵

指定下一点或[闭合(C)/放弃(U)]：↵

步骤 3：存储图形文件

可以通过以下四种方式存储图形文件。

①命令：SAVEAS(SAVE)。

②菜单：选择“文件”“保存”命令。

③“标准”工具栏或“快速访问”工具栏：单击“保存”按钮。

④单击“菜单浏览器”按钮，打开应用程序菜单，选择“保存”命令。

系统弹出图 1-1-20 对话框。

用户在第一次保存创建的图形时，系统将打开“另存为”对话框。默认情况下，文件名以 DrawingN. dwg 命名，或由用户自行输入。默认路径为“我的文档”。AutoCAD 2010 默认使用 AutoCAD 2010 图形文件格式。要想文件在较低版本打开，也可以在“文件类型”下拉列表中选择其他格式。执行“另存为”命令，将当前图形以新的文件名保存。

在应用程序菜单中单击“关闭”按钮系统将询问是否保存，此时，单击“是”按钮或直接按↵键，可以保存当前图形文件并将其关闭；单击“否”按钮，可以关闭当前图形文件但不存盘；单击“取消”

按钮，取消关闭当前图形文件操作，既不保存也不关闭。

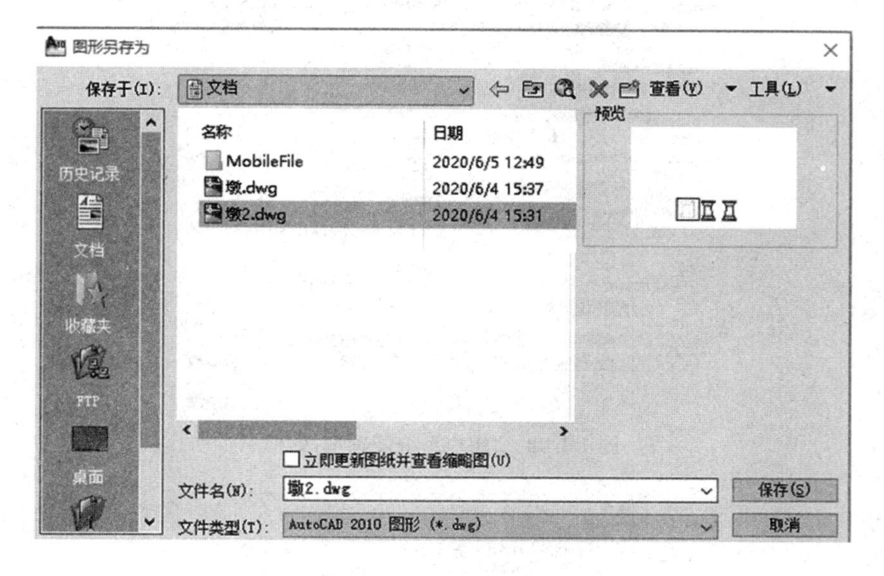

图 1-1-20 “保存”命令对话框

2. 能力拓展：综合绘制桥墩立面图

思考：CAD 画图真的需要知道所有的坐标吗？

综合绘制桥墩立面图

下面我们按步骤进行操作。

步骤 1：打造自己的工作环境

(1)打造自己的鼠标右键系统

单击“菜单浏览器”按钮，打开“选项”对话框(图 1-1-21)，选取“用户系统配置”(图 1-1-22)，打开“自定义右键单击”，按图 1-1-23 设置后点击“应用并关闭”。

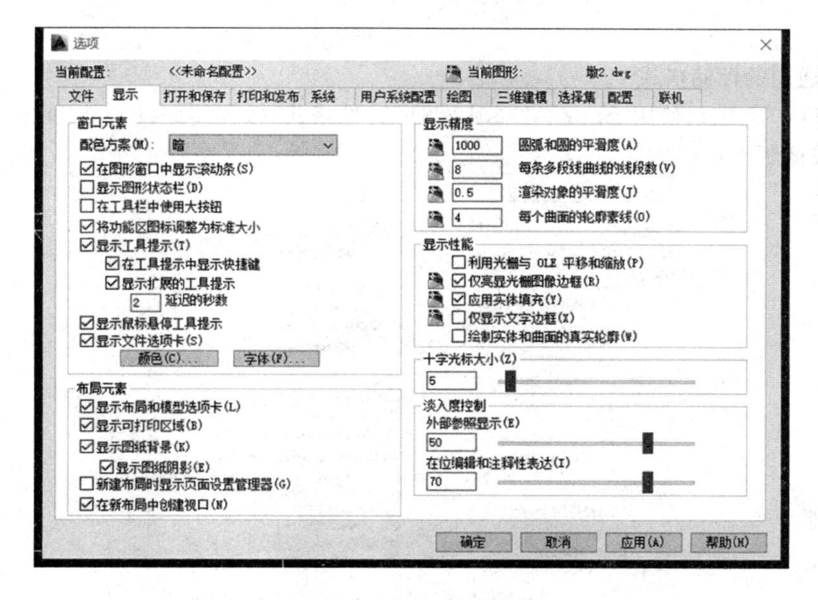

图 1-1-21 “选项”对话框

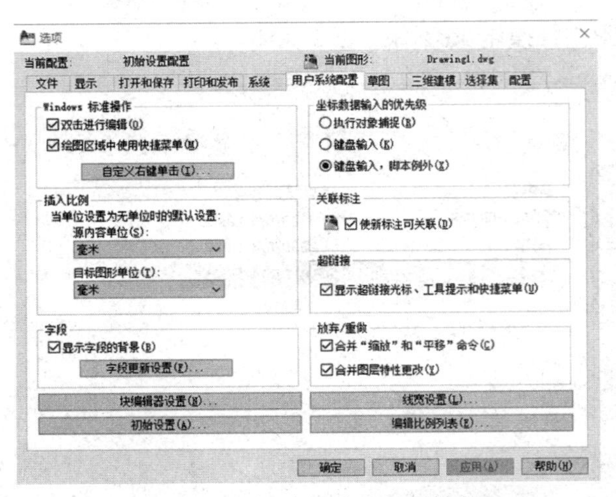

图 1-1-22 “用户系统配置”对话框

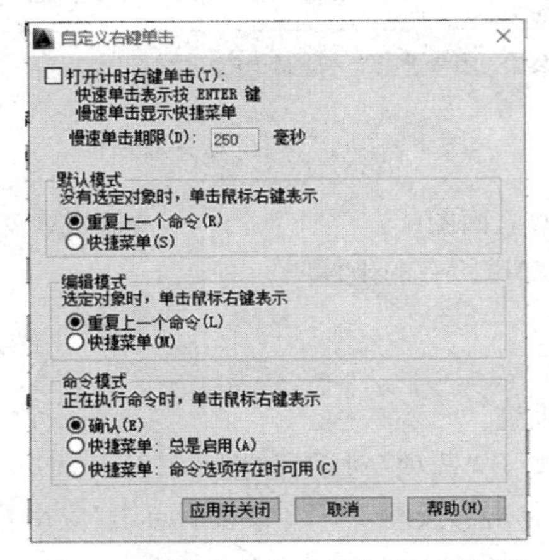

图 1-1-23 “自定义右键单击”对话框

(2)设置通用的存储格式

AutoCAD 2010 默认使用 AutoCAD 2010 图形文件格式，按图 1-1-24 点击“打开和保存”对话框即可使用较低版本打开。

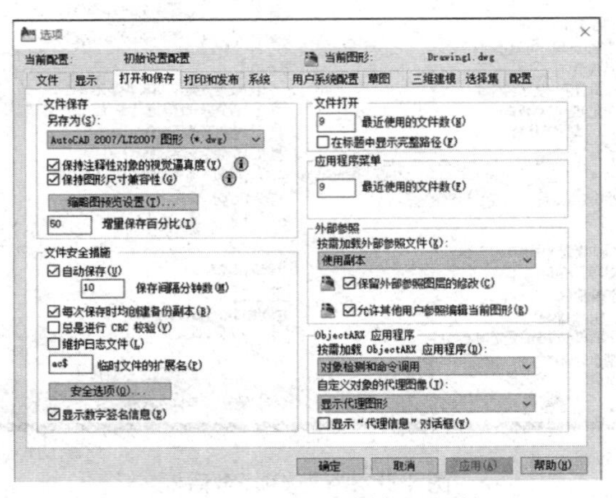

图 1-1-24 “打开和保存”对话框

(3)设置常用的对象捕捉模式

右键点击底部“对象捕捉”图标,按图 1-1-25 配置。

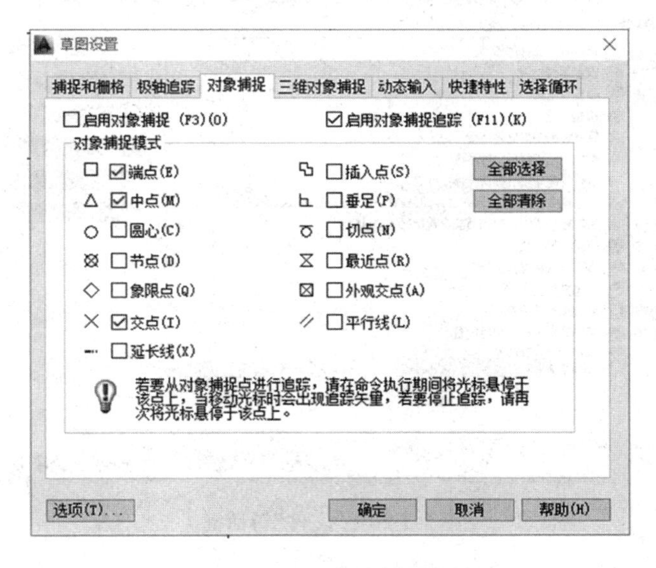

图 1-1-25　“对象捕捉”对话框

(4)保存配置(下次打开默认进入已配置模板)

上述配置设置完成后另存为.dwt 文件(文件名自定),如图 1-1-26、图 1-1-27 所示。在工具—选项—文件—样板设置中把“快速新建的默认样板”文件名设置为存储的.dwt 文件即可,如图 1-1-28 所示。

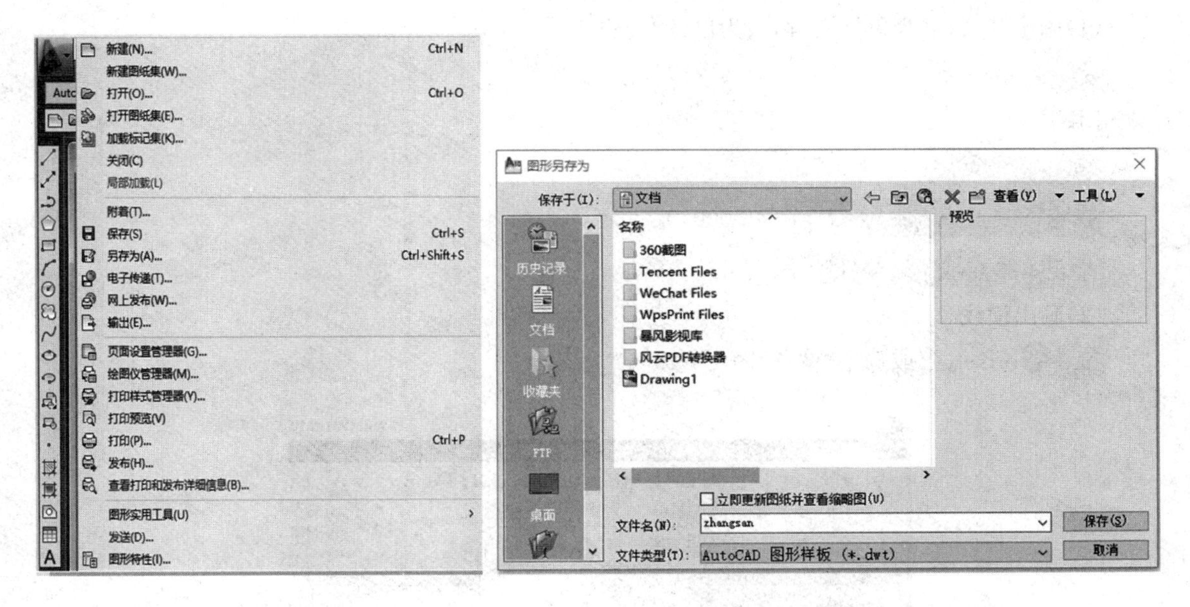

图 1-1-26　“文件”下拉菜单　　　　图 1-1-27　“文件另存为”对话框

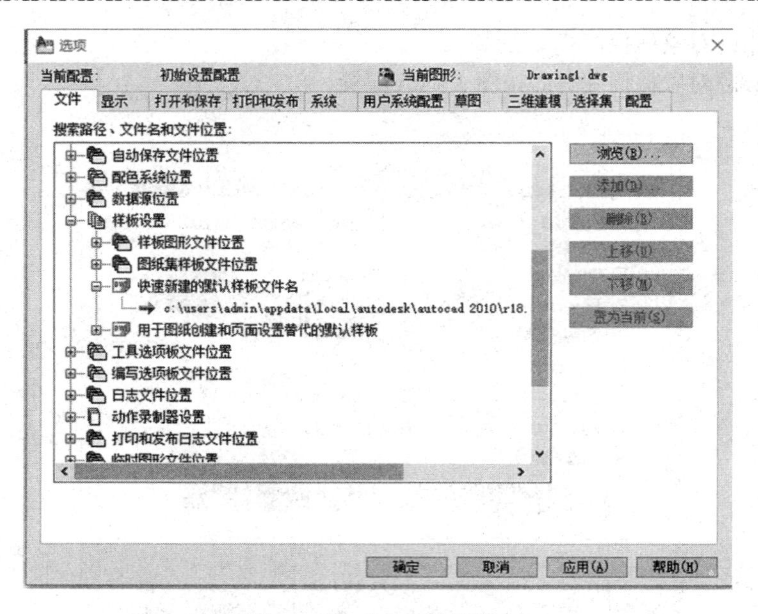

图 1-1-28 “文件”对话框

步骤 2:分析图形

从整体上看,此图非常简单,由大量横线组成,可以做横纵辅助线来定位和轮廓,然后利用剪切命令来完成绘制工作。

步骤 3:新建图形文件

同利用直线绘制桥墩立面图步骤 1。

步骤 4:绘制墩台图

(1)画出基线(↙为鼠标右键,↘为鼠标左键)

命令: L↙

LINE

指定第一个点: 10 000,0↙

指定下一点或 [放弃(U)]: @6 000,0↙

指定下一点或 [放弃(U)]: ↙

(2)画出横线

命令: offset↙(或选中“偏移”图 1-1-29↘)

图 1-1-29 偏移命令

指定偏移距离或［通过(T)/删除(E)/图层(L)］<通过>：1 000↙

选择要偏移的对象，或［退出(E)/放弃(U)］<退出>：↘(选中基线)

指定要偏移的那一侧上的点，或［退出(E)/多个(M)/放弃(U)］<退出>：↘(向上偏移鼠标)

命令：↙(直接鼠标右键，调用上次命令_offset)

指定偏移距离或［通过(T)/删除(E)/图层(L)］<1 000.000 0>：↙

选择要偏移的对象，或［退出(E)/放弃(U)］<退出>：↘(最上面的线)

指定要偏移的那一侧上的点，或［退出(E)/多个(M)/放弃(U)］<退出>：↘(向上偏移鼠标)

指定要偏移的那一侧上的点，或［退出(E)/多个(M)/放弃(U)］<退出>：↙

……

完成如图 1-1-30 所示的右侧部分。

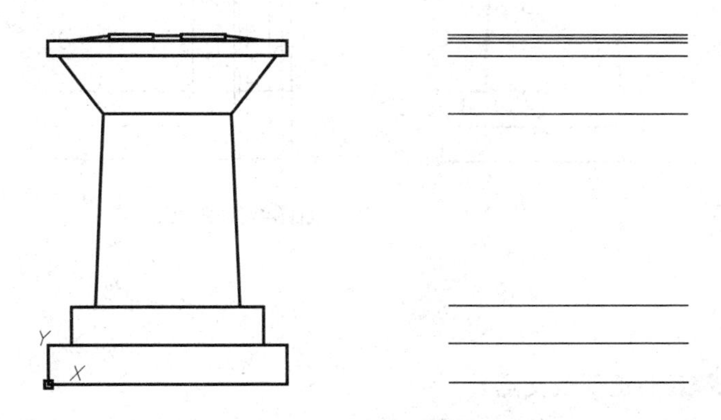

图 1-1-30　桥墩立面图绘制 1

(3)画出纵线

命令：L↙

指定第一个点：<打开对象捕捉>(点击对象捕捉图标打开对象捕捉功能)捕捉到基线左端点↘

指定下一点或［放弃(U)］：捕捉到最上边线左端点↘

指定下一点或［放弃(U)］：↙

命令：offset↙(或选中“偏移”图标↘)

指定偏移距离或［通过(T)/删除(E)/图层(L)］<50.000 0>：250↙

选择要偏移的对象，或［退出(E)/放弃(U)］<退出>：纵线↘

指定要偏移的那一侧上的点，或［退出(E)/多个(M)/放弃(U)］<退出>：↘(向右偏移鼠标)

选择要偏移的对象，或［退出(E)/放弃(U)］<退出>：↙

命令：↙(直接鼠标右键，调用上次命令_offset)

指定偏移距离或[通过(T)/删除(E)/图层(L)]<250.000 0>：600↙

选择要偏移的对象，或[退出(E)/放弃(U)]<退出>：↘(要偏移的对象)

指定要偏移的那一侧上的点，或[退出(E)/多个(M)/放弃(U)]<退出>：↘(要偏移的那一侧上的点)

选择要偏移的对象，或[退出(E)/放弃(U)]<退出>：↙

……

按上述命令操作后完成如图 1-1-31 所示右侧(本图左右对称，只画左侧部分)。

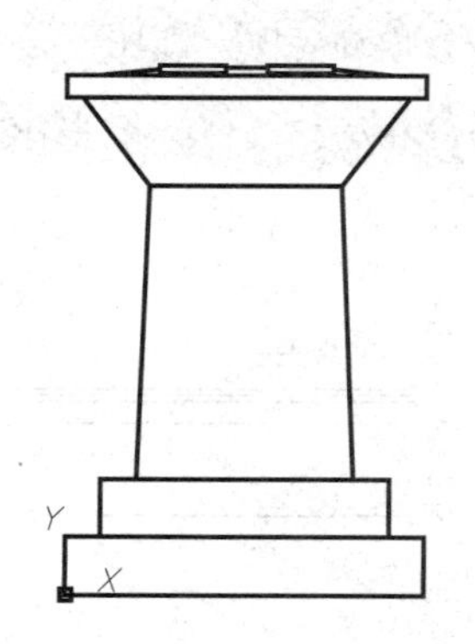

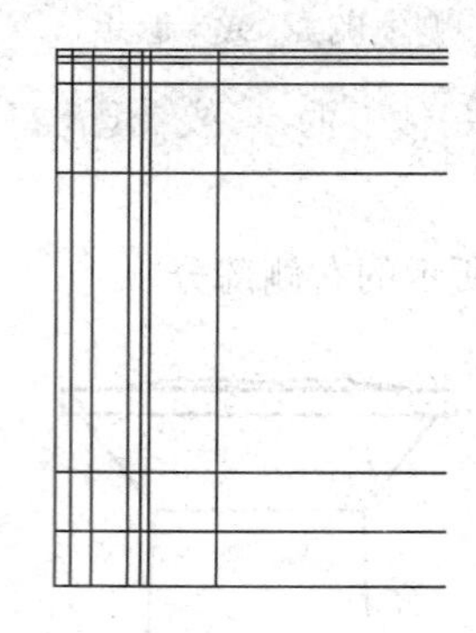

图 1-1-31　桥墩立面图绘制 2

(4)画出斜线

命令：L↙

指定第一个点：↘(捕捉斜线交点)

指定下一点或[放弃(U)]：↘

指定下一点或[放弃(U)]：↘

指定下一点或[闭合(C)/放弃(U)]：↙

……

按上述命令操作后完成如图 1-1-32 所示。

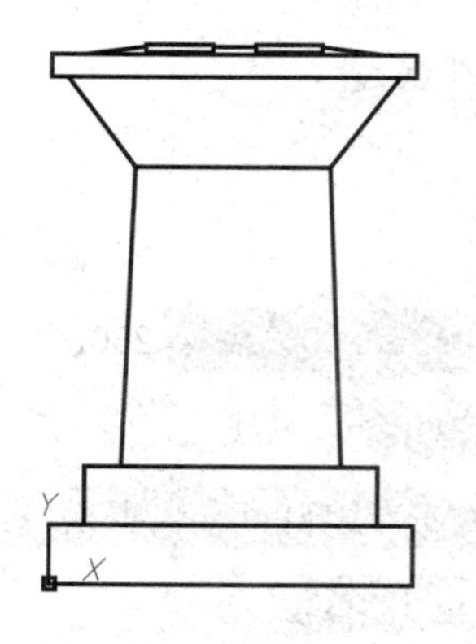

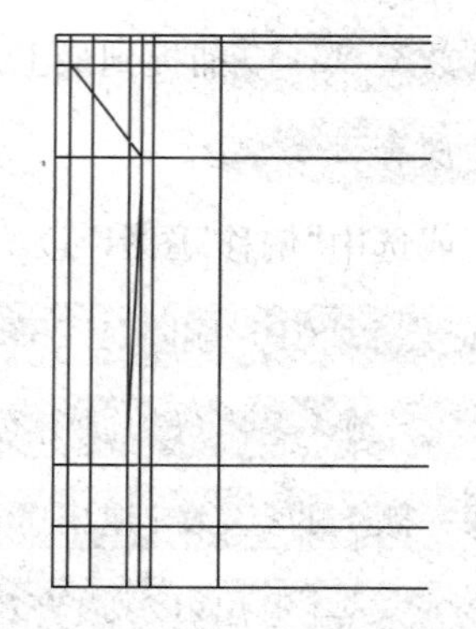

图 1-1-32　桥墩立面图绘制 3

(5)剪切

命令：TR↙(TRIM剪切功能)

选择对象或<全部选择>：↙

选择对象：↙

选择要修剪的对象,或按住 Shift 键选择要延伸的对象,或[栏选(F)/窗交(C)/投影(P)/边(E)/删除(R)/放弃(U)]：↘(修剪的对象)

选择要修剪的对象,或按住 Shift 键选择要延伸的对象,或[栏选(F)/窗交(C)/投影(P)/边(E)/删除(R)/放弃(U)]：↙

按上述命令操作完成如图1-1-33所示。

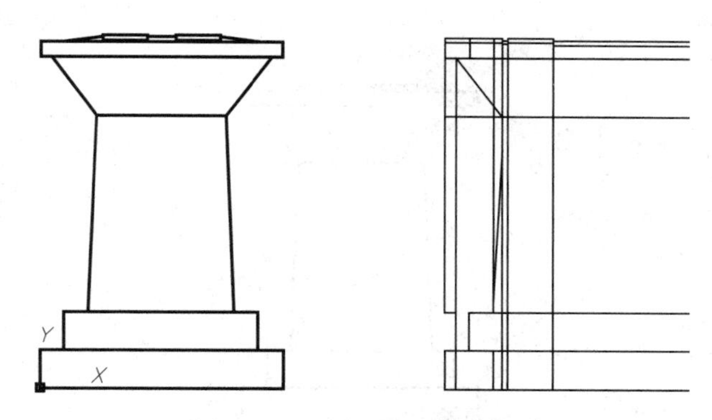

图1-1-33　桥墩立面图绘制4

(6)删除多余线段

命令：cutclip↙(↘点击剪切图标或选择后按 Delete 键)

选择对象：↘指定对角点：↘找到 3 个(拉窗口)

选择对象：↘找到 1 个,总计 5 个

……

选择对象：↘找到 1 个,总计 13 个

修剪完成后如图1-1-34所示。

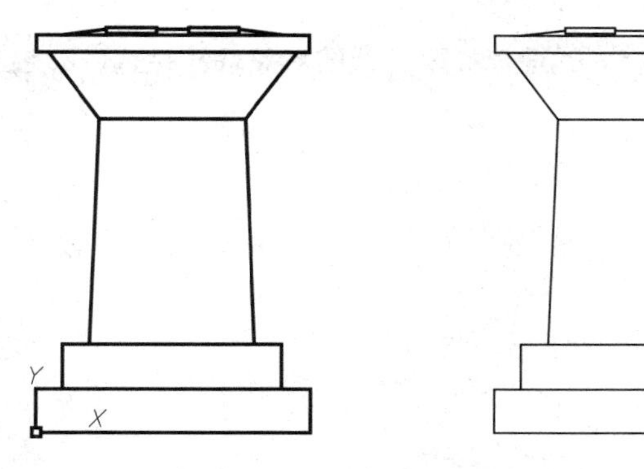

图1-1-34　桥墩立面图绘制5

(7)镜像左侧部分竖线及斜线

命令：mirror↙(↘点击镜像图标)

选择对象：↘

指定对角点：↘找到 10 个(从左上角下拉，全包括的选中，从右下角上拉，包含任何部分的均选中)

选择对象：↙

指定镜像线的第一点：↘

指定镜像线的第二点：↘(两点为图形对称轴，可选横线中点)

要删除源对象吗？[是(Y)/否(N)] <N>：↙

完成如图 1-1-35 所示。

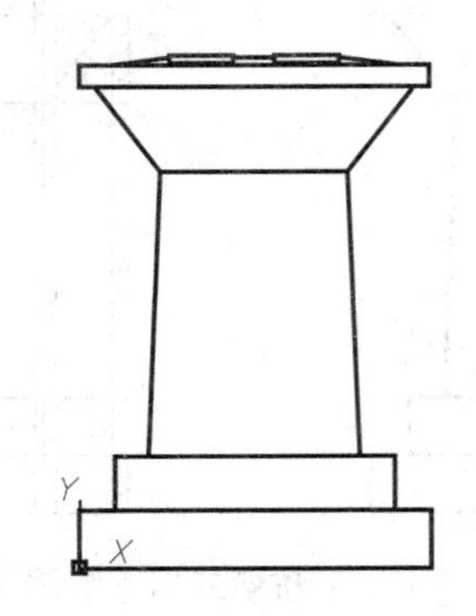

图 1-1-35　桥墩立面图绘制 6

(8)整理图形

命令：TR↙

选择对象或<全部选择>：↙

选择要修剪的对象，或按住 Shift 键选择要延伸的对象，或[栏选(F)/窗交(C)/投影(P)/边(E)/删除(R)/放弃(U)]：↘

……

选择要修剪的对象，或按住 Shift 键选择要延伸的对象，或[栏选(F)/窗交(C)/投影(P)/边(E)/删除(R)/放弃(U)]：↙

命令：↘(要删除对象)

按键 Delete

命令：_. erase 找到 1 个

完成操作。

步骤 5：存储图形文件

同利用直线绘制桥墩立面图步骤 3，将文件以“墩台. dwg”命名。

· 检查与评价 ·

(1)新建一个图形文件。

(2)在新建的图形文件中,利用点的绝对或相对直角坐标绘制下列图形。

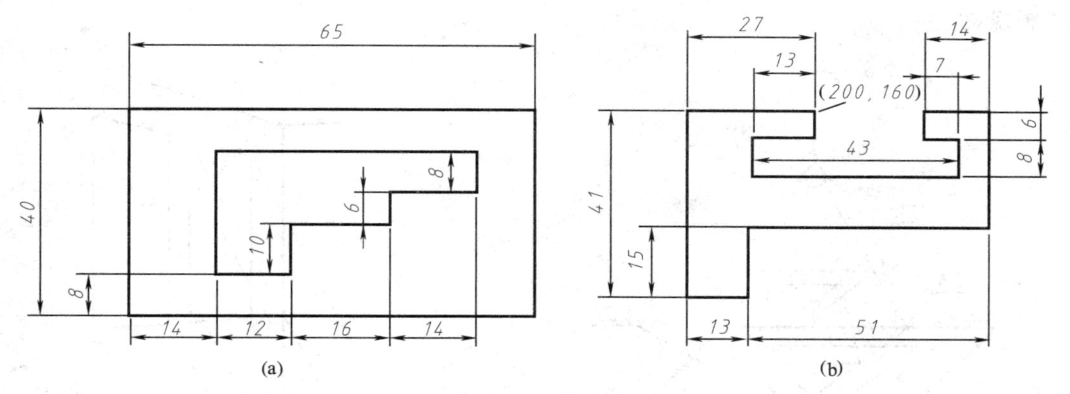

(3)在新建的图形文件中,利用点的相对直角或相对极绘制下列图形。

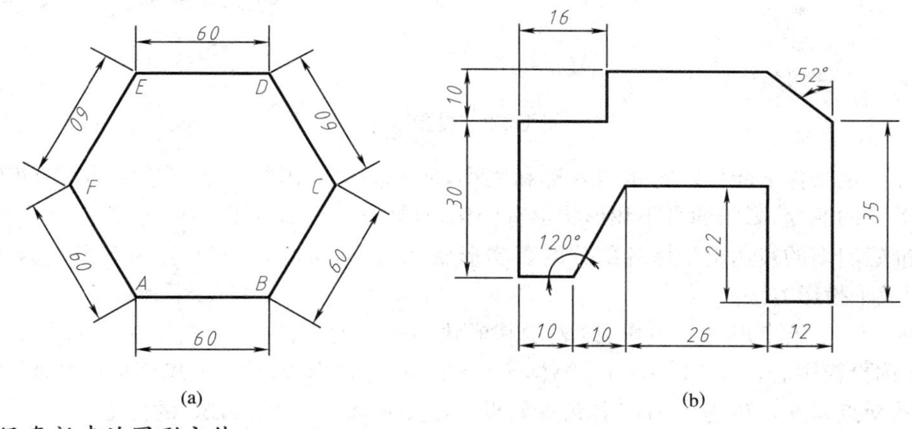

(4)保存新建的图形文件。

任务2 简单立体三视图的绘制识读

· 任务描述 ·

任何工程形体都是三维立体,具有长、宽、高三个方向的尺寸,生产用图通常是二维平面图,怎样在图纸上表达空间形体,从三维立体到二维平面进行转换呢,常用方法是投影法和三视图,本任务主要介绍简单立体三视图的特点和绘制过程。图1-2-1为简单立体模型。

图1-2-1 简单立体模型

子任务 1　三视图形成及投影关系认知

1. 投影法认知

在日常生活中，我们经常可以看到物体在灯光或阳光照射下出现影子，如图 1-2-2 所示，这就是投影现象。

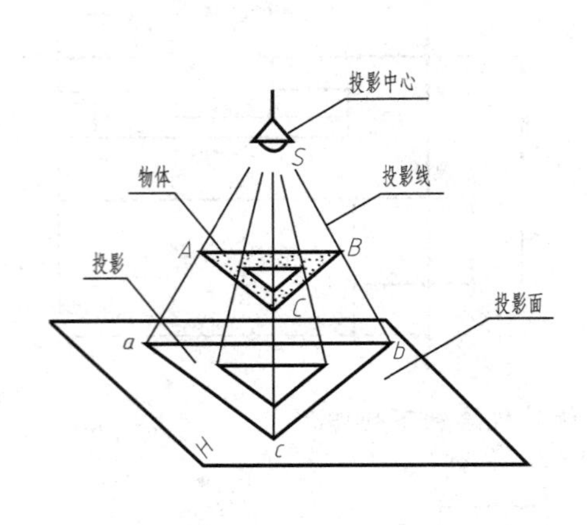

(a) 灯光下三角板的影子

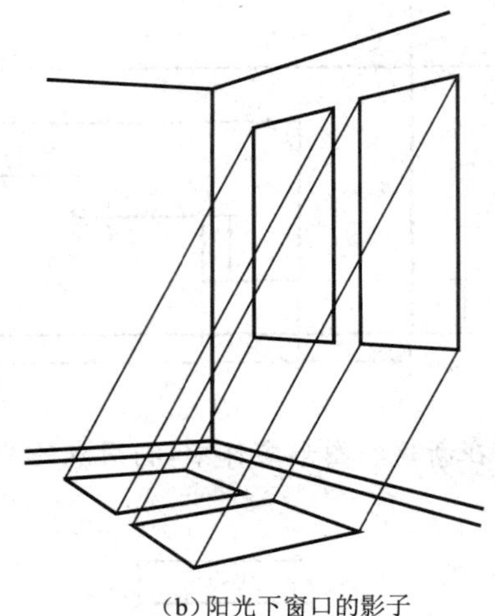

(b) 阳光下窗口的影子

图 1-2-2　投影现象

影子在一定条件下能反映物体的外形和大小，使人们想到用投影来表达物体，但随着光线和物体相互关系的改变，影子的大小和形状也有变化，且影子往往是灰暗一片的，而生产上所用的图样要求能准确明晰的表达出物体各部分的真实形状和大小，为此，人们对投影现象进行了科学总结，逐步形成了投影方法。

在平面(纸)上绘出形体的投影，以表示其形状和大小的方法，称为投影法。如图 1-2-2(a) 所示，光源 S 称投影中心，$\triangle ABC$ 称空间形体，SA、SB、SC 称投影线，地面或墙面称投影面，各投影线与投影面的交点 a、b、c，称为$\triangle ABC$ 各角点的投影，$\triangle abc$ 称为平面$\triangle ABC$ 的投影。

投影法分为中心投影法和平行投影法两类，平行投影法根据投射线与投影面的交角不同，又可以分为正投影法和斜投影法。利用正投影法绘制的图样称正投影图，通常把工程形体的正投影图也称为视图。

2. 形体三视图特点认知

(1)形体三视图的形成

为了使投影图能表达出形体长、宽、高各个方向的形状和大小，我们首先建立一个由三个相互垂直的平面组成的三投影面体系，如图 1-2-3 所示。

在此体系中呈水平位置的称水平投影面(简称水平面或 H 面)，呈正立位置的称正立投影面(简称正面或 V 面)，呈侧立位置的称侧立投影面(简称侧面或 W 面)。三个投影面的交线 OX、OY、OZ 称投影轴，它们相互垂直并分别表示长、宽、高三个方向。三个投影轴交于一点 O，此点称为原点。

然后把形体放在该体系中、并使形体的主要轮廓面分别与三个投影面平行、由前向后投影得到主视图(或正面投影图)，由上向下投影得到俯视图(或水平投影图)，由左向右投影得到左视图(或侧面投影图)。

图 1-2-3　三面投影体系

为了把处在空间位置的三个投影图画在一张纸上，将三个投面展开、展开时使 V 面保持不动，H 面和 W 面沿 Y 轴分开，分别绕 OX 轴向下、绕 OZ 轴向右各转 90°、使三个投影摊开在一个平面上，如图 1-2-4 所示。

展开后 OY 轴分为两处，在 H 面上的标以 OY_H，在 W 面上的标以 OY_W，如图 1-2-4 所示。由于投影图与投影面的大小无关，展开后的三面投影图一般不画出投影面的边框。

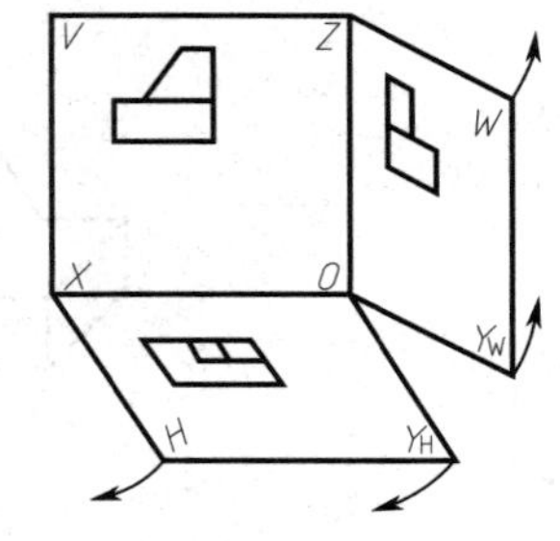

图 1-2-4　三个投影面的展开

三视图的位置关系为：俯视图位于主视图的正下方，左视图位于主视图的正右方，如图 1-2-5 所示，投影图与投影轴的距离只反映形体与投影面的距离，与形体的形状和大小无关，故工程图样中不必画出投影轴。

(2)三视图的投影规律

分析三视图的形成过程，如图 1-2-4 和图 1-2-5 所示，可以总结出三视图的基本规律，如图 1-2-6 所示。

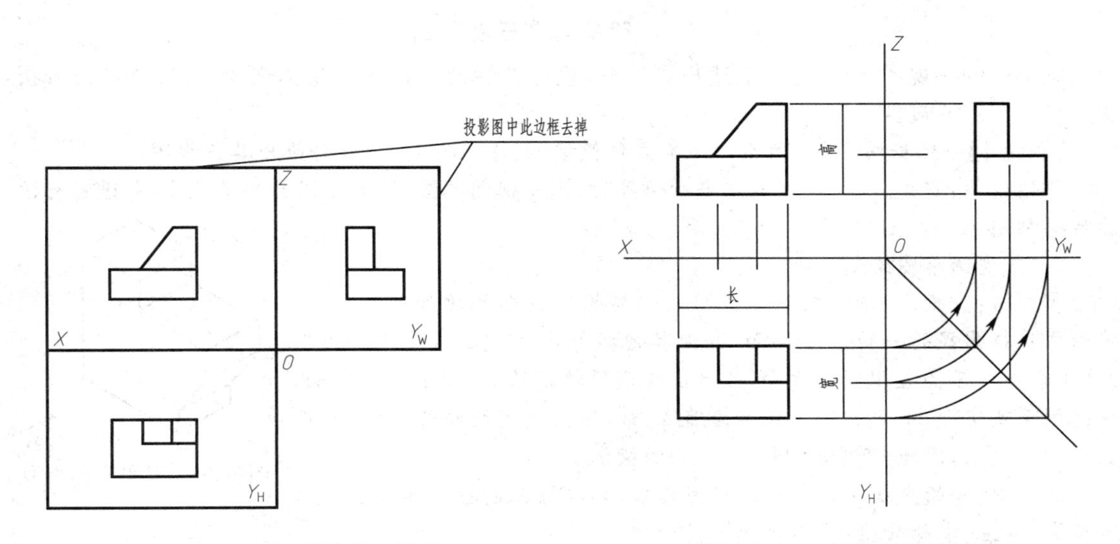

图 1-2-5　形体的三视图　　图 1-2-6　三视图的投影规律

由于主视图、左视图都反映了形体的长度，且 H 面又是绕 X 轴向下旋转摊平的，所以形体上所有线(面)的主视图、俯视图应当左右对正；同理，由于主视图、左视图都反映了形体的高度，形体上所有的线(面)的主视图、左视图应当上下对齐；俯视图和左视图都反映了形体的宽度，形体上所有的线(面)的俯视图、左视图的宽度分别相等。上述三视图的基本规律可以概括为三句话，即“长对正、高平齐、宽相等”(简称“三等”关系)。

空间形体有上、下、左、右、前、后六个方位，每一投影图可以反映其中的四个，如图 1-2-7 所示。读图时，形体的上、下、左、右方位明显易懂，而前、后方位则不直观，分析其俯视图和左视图可以看出，远离主视图的一侧是形体的前面。

掌握三视图中空间形体的方位关系和“三等”关系，对绘制和识读投影图是极为重要的。

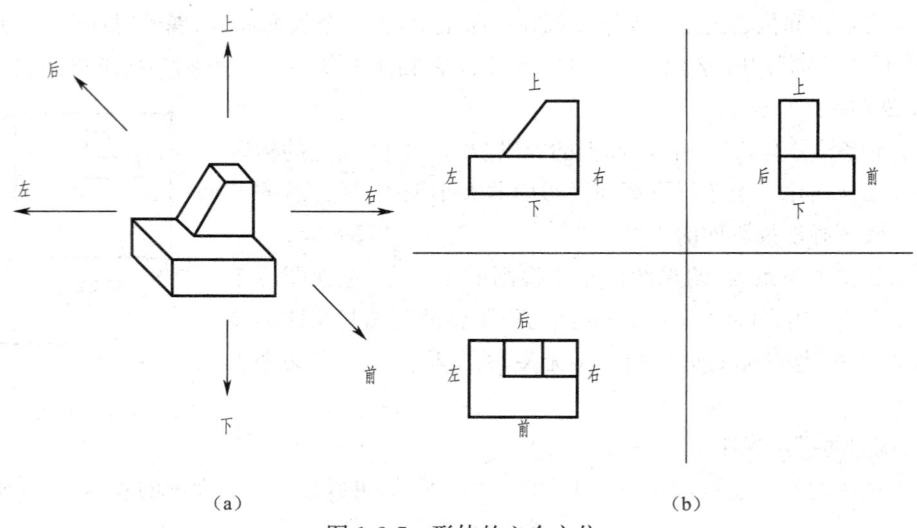

图 1-2-7　形体的六个方位

子任务 2　简单立体三视图的绘制

画形体的三视图，就是运用上述投影原理、投影特性及三视图的基本规律，对形体进行分析，由理论到实践的过程。

【例题 1】 根据图 1-2-8 所示的简单立体模型，利用 AutoCAD 软件画出其三视图。

作图步骤：首先分析模型，确定安放位置，画出三视图草图，检查无误后测量尺寸，并进行标注，然后再利用 AutoCAD 软件绘制。

(1)三视图草图绘制。

①分析：作投影图时，应使主视图较明显的反映形体的外形特征，故将形体特征明显的一面平行 V 面，并使其他投影图的虚线尽量少。图 1-2-8 中箭头所示为主视图的方向，此时反映形体特征的前、后面平行 V 面，主视图反映实形，形体的其他表面垂直 V 面，其主视图均积聚在前、后面投影的轮线上，同理，可分析 H 面、W 面的投影。

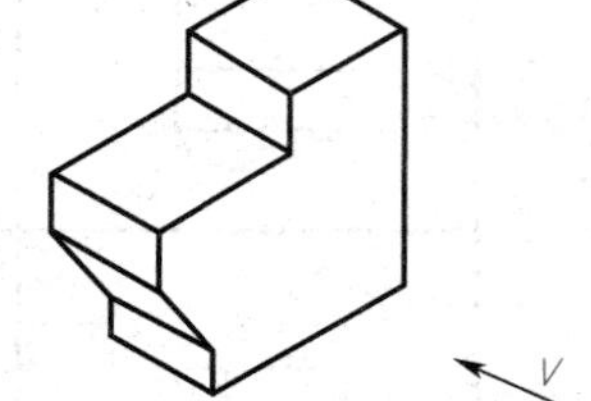

图 1-2-8　简单立体模型

②作图：一般先从反映实形的投影作起，再依据三面投影规律画出其他投影，方法、步骤如图 1-2-9 所示。

③标注：在投影图中，需注出形体的长、宽、高三个方向的大小及有关的位置尺寸。在主视图中可标注形体的长度和高度，在俯视图中可标注长度和宽度，在左视图中可标注其高度和宽度。

同一尺寸不必重复，且尺寸最好注在反映实形和位置关系明显的视图上。

(2)利用 AutoCAD 软件绘制立体三视图，比例 1∶1，尺寸参照图 1-2-9(d)，不标注尺寸。

简单立体三视图的绘制

分析：图中有粗实线和虚线两类线形，需要新建图层。

步骤 1：选择格式>图层，或单击图层工具栏中的“图层特性管理器”按钮，新建“粗实线”层，线形选择“Continuous”，线宽选择“0.5 mm”，新建“虚线”层，线形选择”dashed”，线宽设置为“默认”。

步骤 2：单击“图层”工具栏中图层名称显示框右侧的按钮，打开图层下拉列表，单击其中的“粗实线”图层，将该图层设置为当前图层。确认状态栏中的“正交”和“线宽”开关被打开。

说明：状态栏中的“正交”主要用于控制画图时光标移动的方向。如果打开“正交”开关，绘图时光标只能沿水平或垂直方向移动。

步骤3：单击绘图工具栏上的直线按钮，在屏幕适当位置单击，指定图中点 A 的位置。

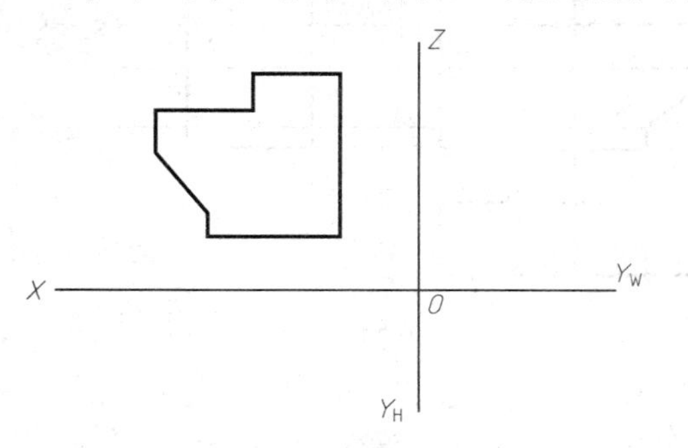

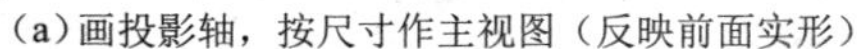
(a)画投影轴，按尺寸作主视图（反映前面实形）

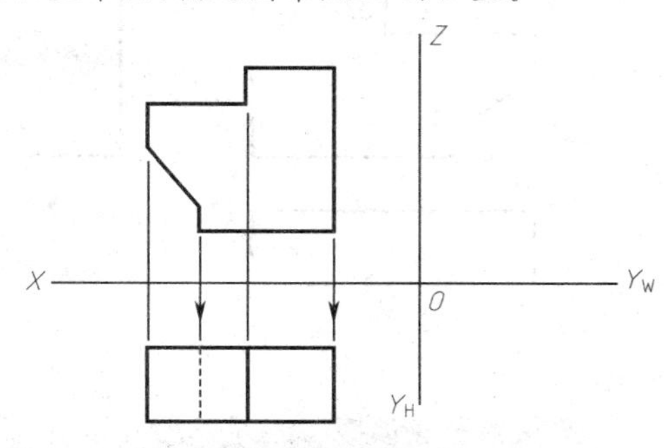

(b)画俯视图（量取宽度尺寸）

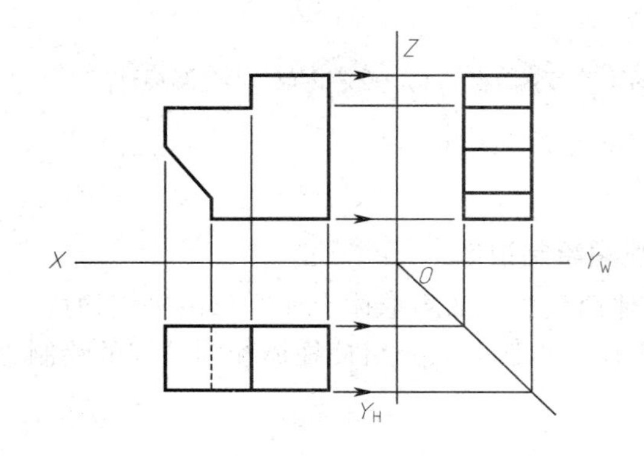

(c)根据主视图、水平投影作左视图

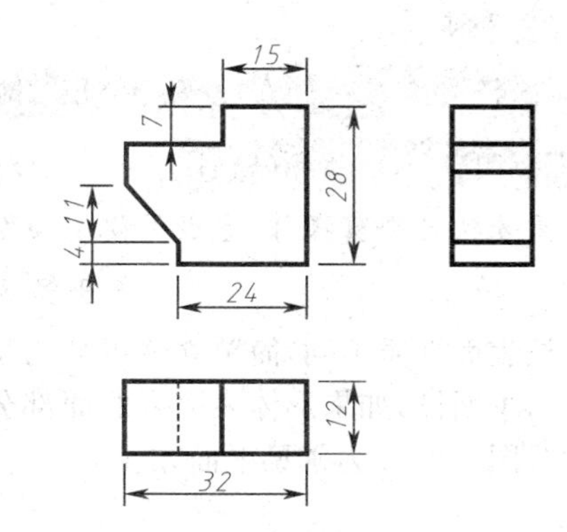

(d)去掉作图线，整理加深，标注尺寸

图1-2-9　画三视图草图的方法步骤

确定直线的起点，然后向上移动光标，输入“6”并按【Enter】键，确定直线 AB 的长度。接着向上右动光标，输入“17”并按【Enter】键；向上移动光标，输入“7”并按【Enter】键，接着向右移动光标，输入“15”并按【Enter】键；向下移动光标，输入“28”并按【Enter】键，接着向左移动光标，输入“24”并按【Enter】键；向上移动光标，输入“4”并按【Enter】，最后输入“c”并按【Enter】键，结束画线，如图1-2-10所示。

步骤4：单击绘图工具栏上的矩形按钮，捕捉图1-2-10所示的端点 A，并竖直向下移动光标，待出现追踪线后，在合适位置单击指定点 K，后输入“@32，−12”，按【Enter】键以指定俯视图矩形线框的右下角点 L。

步骤5：按【Enter】键重复执行“矩形”命令，捕捉图1-2-10所示的端点 F，并水平向右移动光标，待出现追踪线后，在合适位置单击指定点 M，后输入“@12，28”，按【Enter】键以指定左视图矩形线框的右上角点 N。

步骤6：单击绘图工具栏上的直线按钮，捕捉图1-2-11所示的点 C，然后向右移动光标，作直线 BC 的延长线。重复执行直线命令，根据主视图位置分别画出延长线，如图1-2-11所示，注意，绘制 HG 延长线时，切换“虚线”层为当前层。

步骤7：单击修改工具栏上的修剪按钮，去掉多余图线。

命令：_trim

当前设置：投影＝UCS，边＝无

选择剪切边……　//选择图1-2-11左视图中矩形的两条竖边

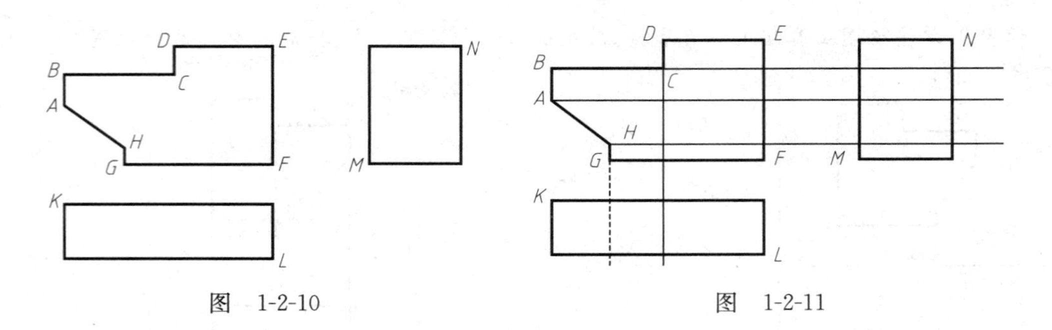

图　1-2-10　　　　图　1-2-11

选择对象或 ＜全部选择＞：指定对角点：找到 2 个

选择对象：

选择要修剪的对象，或按住 Shift 键选择要延伸的对象，或[栏选(F)/窗交(C)/投影(P)/边(E)/删除(R)/放弃(U)]：　　　　//选择延长线伸出矩形之外的部分

重复执行修剪操作，完成俯视图和左视图绘制。

子任务 3　棱柱体三视图绘制识读

按表面性质不同，简单立体可分为平面体和曲面体两大类。如果形体表面全部由平面构成，则称为平面体；如果形体表面有曲面部分，则称为曲面体。本任务只介绍棱柱体和圆柱体的绘制识读。图 1-2-12 为常见平面体。

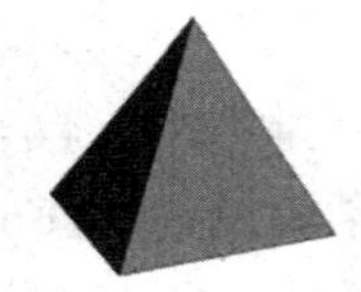
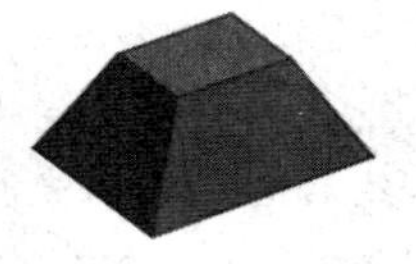

图 1-2-12　常见平面体

1. 棱柱体三视图识读

图 1-2-13 所示为正六棱柱的直观图和投影图。

(1)空间特点分析：该棱柱体上下底面是全等的正六边形且为水平面，各侧面是全等的矩形，前后侧面为正平面，左右侧面为铅垂面。

(2)投影特点分析：从图 1-2-13(b)中可以看出，其俯视图为一正六边形，它是上下底面的投影(重影)，且反映实形；六边形的各边为六个侧面的积聚投影；六个角点是六条侧棱的积聚投影。

主视图是并列的三个矩形线框，中间的线框是棱柱前后表面的投影(重影)，反映实形；左右的线框是其余四个侧面的投影，为类似形；线框上下两条水平线是上下底面的积聚投影；四条竖直线是侧棱的投影，反映实长。

左视图是并列的两个矩形线框，它是棱柱左右四个侧面的投影(重影)，为类似形；两侧竖直线是棱柱前后侧面的积聚投影；中间的竖直线是侧棱的投影；上下水平线则为底面的积聚投影。

工程形体的绝大部分是由棱柱体组成的。图 1-2-14 所示为常见棱柱体的投影图，根据上述特征分析，可以归纳出棱柱体的投影特征为：一个投影反映底面的实形(多边形)，其他两个投影为矩形或几个并列的矩形。

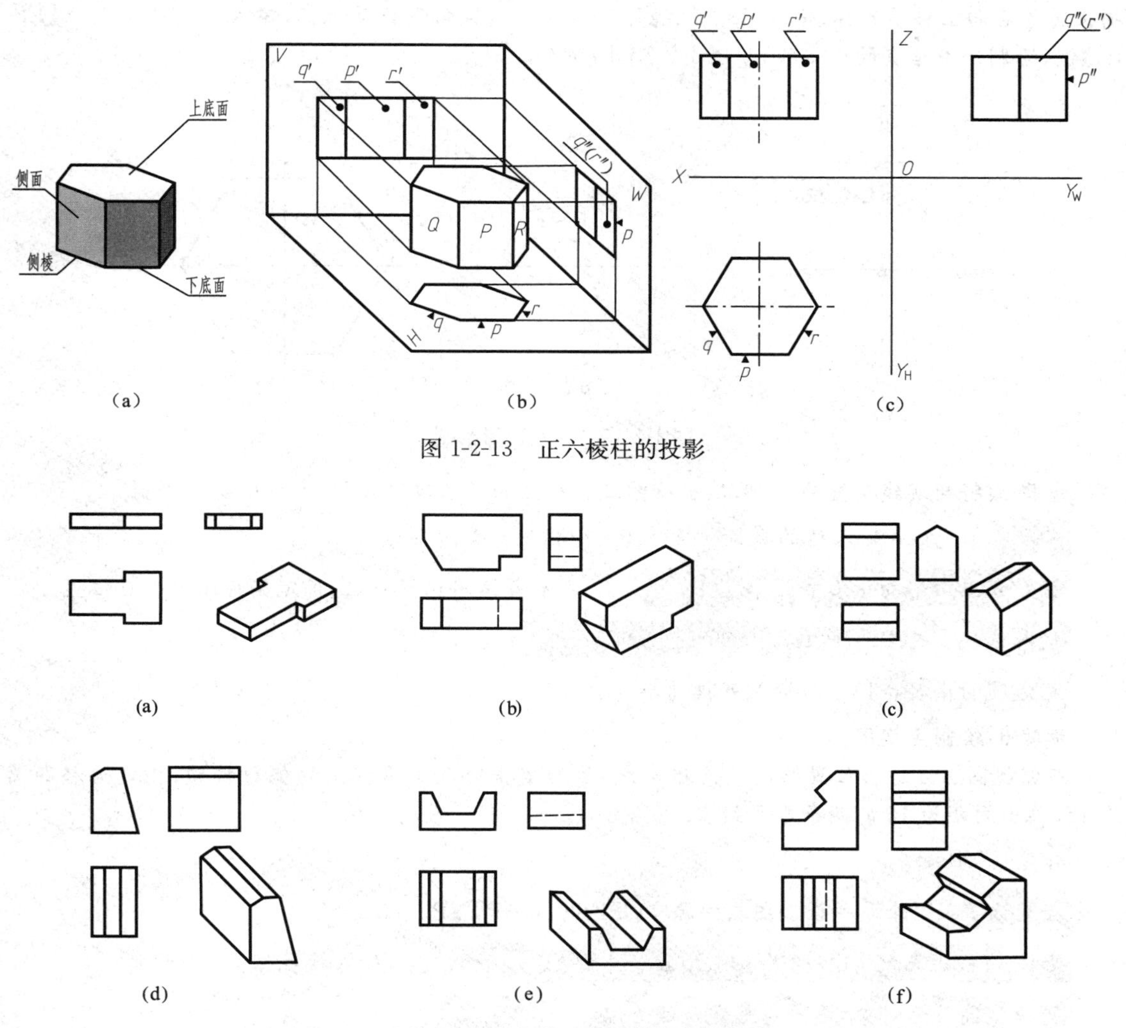

图1-2-13　正六棱柱的投影

图1-2-14　各常见棱柱体的投影

2. 棱柱体三视图绘制

棱柱体三视图绘制

【例题2】　利用AutoCAD软件绘制正六棱柱体三视图，比例1∶1，已知底面外接圆直径为30，棱柱高15，不标注尺寸。

分析：图中有粗实线和点画线线两类线形，需要新建图层。

步骤1：选择格式＞图层，或单击图层工具栏中的“图层特性管理器”按钮，新建“点画线”层，接着单击“点画线”图层所在行的“Continuous”线形，打开“选择线形”对话框。单击该对话框中的加载按钮，打开“加载或重载线形”对话框，然后选择“CENTER”线形，颜色设置为红色，线宽设为“默认”。

步骤2：单击“图层”工具栏中图层名称显示框右侧的按钮，打开图层下拉列表，单击其中的“点画线”图层，将此图层设置为当前图层。确认状态栏中的“正交”和“线宽”开关被打开。

步骤3：画出圆的中心线和对称线。

单击“绘图”工具栏中的“直线”按钮，在屏幕适当位置单击，确定中心线的起点。然后向右移动光标，输入“36”并按两次【Enter】键，确定中心线的长度并结束画线命令。

步骤4：按【Enter】键，继续执行“直线”命令。将光标移至水平中心线的中间位置，待显示中点捕捉符号后向上移动光标，输入“18”并按【Enter】键。然后向下移动光标，输入“36”并按两次【Enter】键，绘制一条垂直的中心线，如图 1-2-15(b)所示。

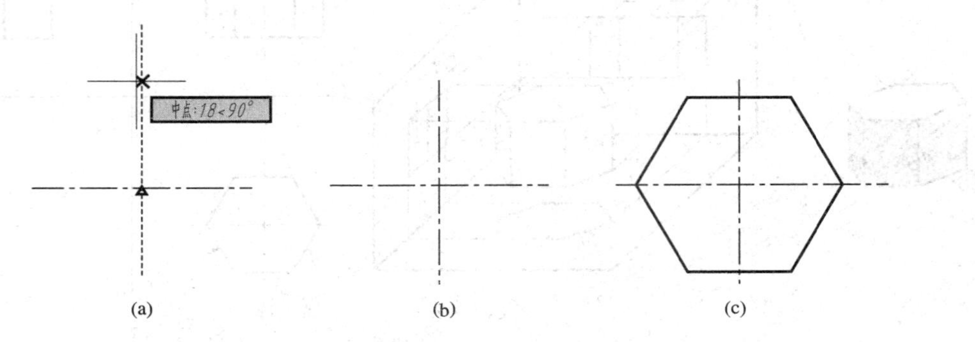

图 1-2-15　正六边形绘制

步骤 5：将粗实线层置为当前，单击绘图工具栏上的正多边形按钮，完成俯视图绘制。

命令：_polygon 输入边的数目 <4>：6　//指定正多边形边数

指定正多边形的中心点或［边(E)］：　// 在屏幕适当位置点击，确定俯视图中心点位置。

输入选项［内接于圆(I)/外切于圆(C)］<I>：i

指定圆的半径：15　//输入外接圆半径

步骤 6：绘制主视图。

在俯视图上方适当位置绘制一条粗实线，然后单击修改工具栏上的偏移按钮，指定偏移距离为 15，画出间距为 15 的两条水平线。

命令：_offset

当前设置：删除源＝否　图层＝源　OFFSETGAPTYPE＝0

指定偏移距离或［通过(T)/删除(E)/图层(L)］<15>：//输入棱柱体高度 15

选择要偏移的对象，或［退出(E)/放弃(U)］<退出>：

指定要偏移的那一侧上的点，或［退出(E)/多个(M)/放弃(U)］<退出>：

选择要偏移的对象，或［退出(E)/放弃(U)］<退出>：

步骤 7：单击绘图工具栏上的直线按钮，根据主、俯视图的“长对正”关系，过正六边形顶点作竖直线，如图 1-2-16(a)所示。再单击修改工具栏上的修剪命令按钮，完成主视图绘制。

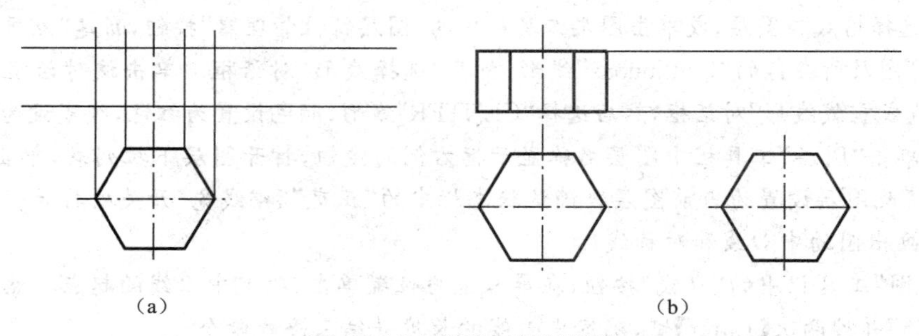

图 1-2-16　偏移与复制图形

步骤 8：复制俯视图到右侧，并旋转 90°。

命令：_copy

选择对象：指定对角点：//选择俯视图中正六边形

选择对象：

当前设置：复制模式 = 多个

指定基点或［位移(D)/模式(O)］＜位移＞：//点击左侧适当位置

指定第二个点或 ＜使用第一个点作为位移＞：

指定第二个点或［退出(E)/放弃(U)］＜退出＞：如图 1-2-17 所示。

命令：_rotate

UCS 当前的正角方向：ANGDIR＝逆时针　ANGBASE＝0

选择对象：指定对角点：选中图 1-2-16 中右侧正六边形

指定基点：//选择点画线交点

指定旋转角度，或［复制(C)/参照(R)］＜0＞：90

过正六边形顶点作竖直线，如图 1-2-17 所示。

步骤 9：再单击修改工具栏上的修剪命令按钮，完成左视图绘制，如图 1-2-18 所示。

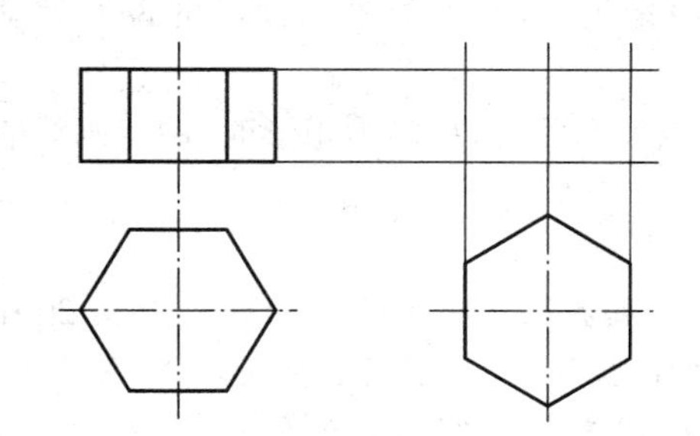

图 1-2-17　旋转图形

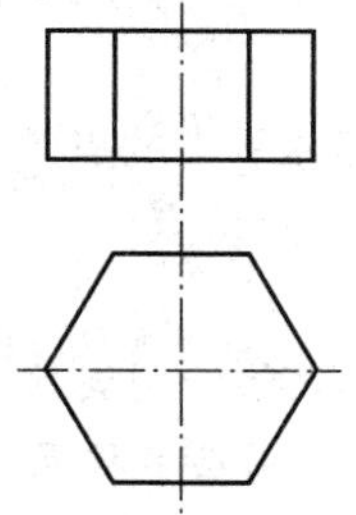

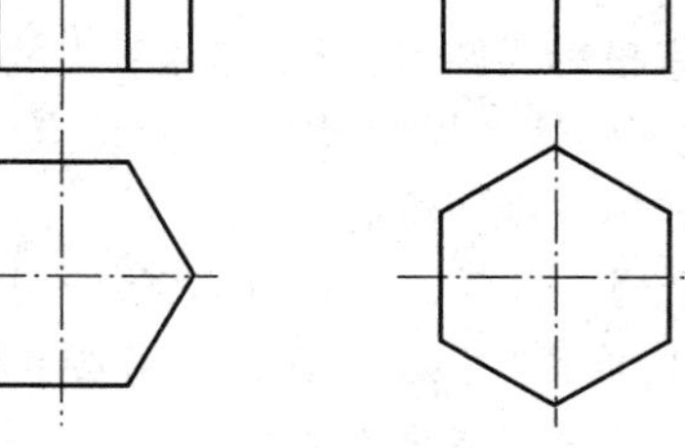

图 1-2-18　修剪多余图线

子任务 4　圆柱体三视图绘制识读

工程中的曲面体大多是回转体，回转体的曲面可看成一条线围绕轴线回转形成，这条运动着的线称母线，母线运行到任一位置称素线，常见的回转体有圆柱、圆锥、球等。图 1-2-19 为常见回转体。

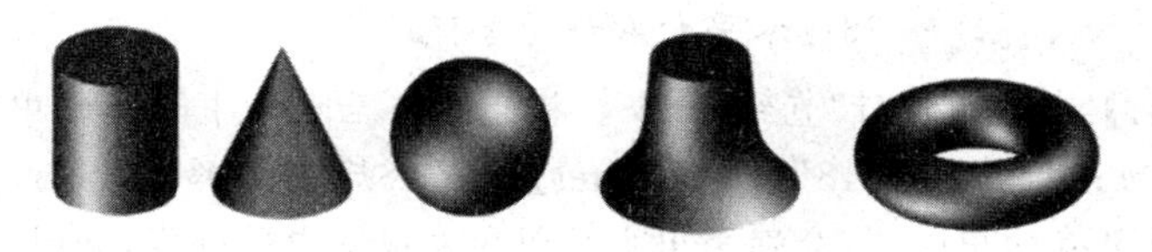

图 1-2-19　常见回转体

1. 圆柱体投影图识读

(1)空间特点分析：如图 1-2-20 (a)所示，矩形以其一边为轴，回转一周形成圆柱，上下底面为圆，侧面为回转的柱面，其轴垂直于 H 面。

(2)投影分析:圆柱的俯视图为一圆,反映上下底面的实形(重影),圆周则为圆柱面的积聚投影;主视图为一矩形,上下两条水平线为上下底面的积聚投影,左右两条线为圆柱最左最右两条素线(轮廓素线)的投影,也是圆柱面对 V 面投影时可见部分与不可见部分的分界线;左视图为一矩形,竖直的两条线为圆柱最前、最后两条素线的投影,是圆柱左半部与右半部的分界线,如图 1-2-20(b)所示。

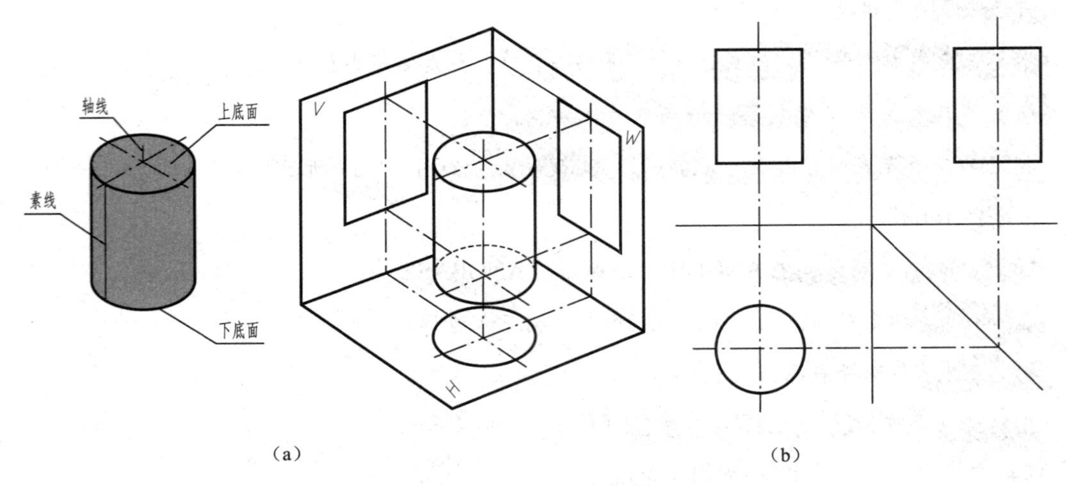

图 1-2-20　圆柱的投影

圆柱的投影特征:在与轴线垂直的投影面上的投影为一圆,在另外两面上的投影为全等的矩形。

应注意投影为圆时,要用互相垂直的点画线的交点表示圆心,投影为矩形时,用点画线表示回转轴,其他回转体的投影,均具有此特点。

2. 回转体三视图绘制

【例题 3】 利用 AutoCAD 软件绘制圆柱三视图,已知圆柱底面直径为 30 mm,高为 20 mm。

步骤 1:单击“图层”工具栏中图层名称显示框右侧的按钮,打开图层下拉列表,单击其中的“点画线”图层,将该图层设置为当前图层。确认状态栏中的“正交”和“线宽”开关被打开。

步骤 2:画出圆的中心线和对称线。

单击“绘图”工具栏中的“直线”按钮,在屏幕适当位置单击,确定中心线的起点。然后向右移动光标,输入“36”并按两次【Enter】键,确定中心线的长度并结束画线命令。

回转体三视图绘制

命令:_line 指定第一点://屏幕适当位置点击

指定下一点或[放弃(U)]:36//水平向右移动光标

步骤 3:按【Enter】键,继续执行“直线”命令。将光标移至水平中心线的中间位置,待显示中点捕捉符号后向上移动光标,输入“18”并按【Enter】键。然后向下移动光标,输入“36”并按两次【Enter】键,绘制一条竖直的中心线,分别画出主视图和左视图中的轴线,如图 1-2-21 所示。

步骤 4:绘制俯视图。

将粗实线层置为当前层,单击“绘图”工具栏中的“圆”按钮。

命令:_circle 指定圆的圆心或[三点(3P)/两点(2P)/切点、切点、半径(T)]:// 选择两条中心线的交点

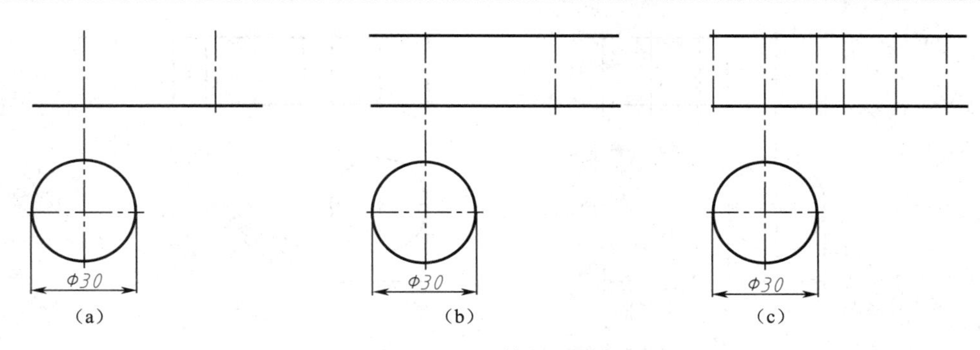

图 1-2-21　圆柱体视图绘制(一)

指定圆的半径或[直径(D)]：15

步骤 5：单击“绘图”工具栏中的“直线”按钮，在屏幕适当位置单击，绘制图 1-2-21(a)所示的直线，使用偏移命令，将该直线向上偏移 20。

命令：_offset

当前设置：删除源＝否　图层＝源　OFFSETGAPTYPE＝0

指定偏移距离或[通过(T)/删除(E)/图层(L)]<15>：//输入圆柱体高度 20

选择要偏移的对象，或[退出(E)/放弃(U)]<退出>：//选择直线

指定要偏移的那一侧上的点，或[退出(E)/多个(M)/放弃(U)]<退出>：

选择要偏移的对象，或[退出(E)/放弃(U)]<退出>：

完成后如图 1-2-21(b)所示。

步骤 6：单击“修改”工具栏中的“偏移”按钮，将主、左视图中两条点画线分别向两侧进行偏移，如图 1-2-21(c)所示。

命令：_offset

当前设置：删除源＝否　图层＝源　OFFSETGAPTYPE＝0

指定偏移距离或[通过(T)/删除(E)/图层(L)]<20>：　//输入底圆半径 15

选择要偏移的对象，或[退出(E)/放弃(U)]<退出>：//选择点画线线

指定要偏移的那一侧上的点，或[退出(E)/多个(M)/放弃(U)]<退出>：

步骤 7：选中主、俯视图中转向轮廓线，在“图层”工具栏下拉列表中的“粗实线”层，将点画线改为粗实线。再单击“修改”工具栏上的“修剪”命令按钮，将伸出图线剪掉。再单击“修改”菜单“拉长”命令，设置拉长距离为 3，将主视图、左视图中点画线各伸长 3。

命令：_lengthen

选择对象或[增量(DE)/百分数(P)/全部(T)/动态(DY)]：de

输入长度增量或[角度(A)]<0.0000>：3

选择要修改的对象或[放弃(U)]：//选择主视图、左视图中点画线

完成圆柱体三视图绘制，如图 1-2-22 所示。

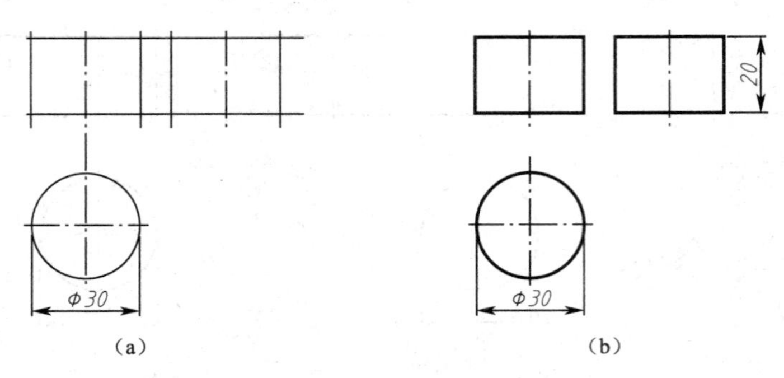

图 1-2-22　圆柱体视图绘制(二)

·检查与评价·

(1)绘制下图所示立体的三视图草图。

(2)抄绘下图所示三视图,比例 1∶1。

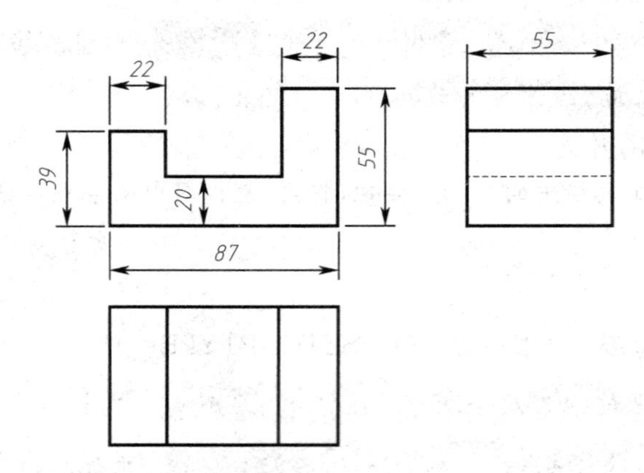

(3)根据图示尺寸,1∶100 比例,绘制立体的三视图。

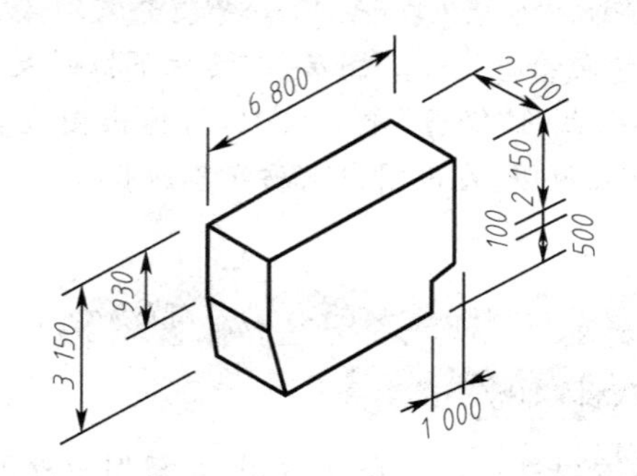

任务3 组合体三视图绘制识读

·任务描述·

工程构筑物一般比较复杂，在绘制识读时可以看成是由简单立体组合而成的，这种由多个简单体组合而成的立体称为组合体。如图1-3-1所示，圆涵洞口由基础、端墙和翼墙组合而成。本任务主要学习组合体三视图的绘制和识读。

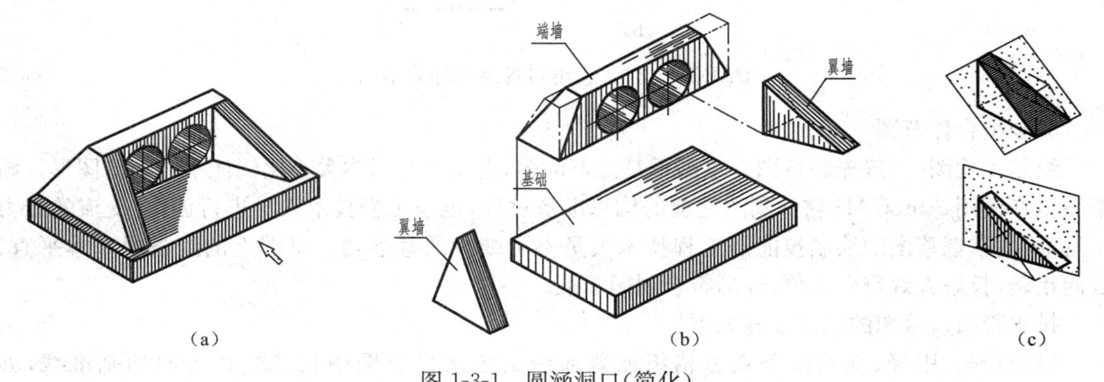

图1-3-1 圆涵洞口(简化)

子任务1 形体分析法绘制组合体草图

画组合体投影图的基本方法是形体分析法。所谓形体分析法就是：假想将组合体分解成几个基本体，分析它们的形状、相对位置、组合形式和表面交线，将基本体的投影图按其相互位置进行组合，便得出组合体的投影图。

现以图1-3-2所示的简化排水管出口为例，分析一般作图步骤。

1. 形体分析

该形体可以看成由基础(L形柱体)、端墙(四棱柱体)、帽石(四棱柱体)和圆管(中空的圆柱体)组成。该形体对称于*Y-Z*平面，位于下面的基础顶与中间的端墙底共面且向前错开，顶上的帽石底与端墙顶共面并向前错开，基础顶也是圆管底的切面。

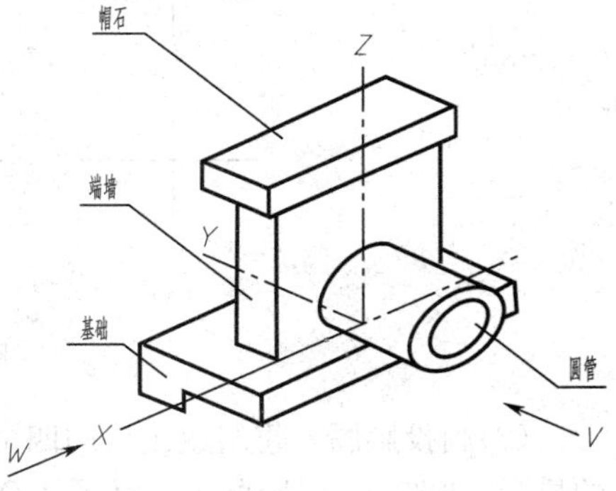

图1-3-2 排水管出口

2. 选择投影图

(1)考虑安放位置，确定正面投影方向

形体对投影面处于不同位置就可得到不同的投影图。一般应使形体自然安放且形态稳定，并将主要面与投影面平行，以便使投影反映实形；正面投影应反映形体的形状特征，并使各投影图中尽量少出现虚线。

在图1-3-2中虽然*W*方向反映该体各组成部分的相对位置明显，但考虑到*V*方向表达其形状特征明显，又便于布图，因此确定*V*面方向为正面投影方向。

(2)确定投影图的数量

应在能正确、完整、清楚地表达形体的原则下，使用最少数量的投影图。虽然基础、圆管、端墙均可用正面、侧面投影即能将其表达清楚，但帽石尚需三面投影才能确定其形状，因而该组合体采用三面投影。分析时，可先进行构思或画出各部分投影草图，如图1-3-3所示。

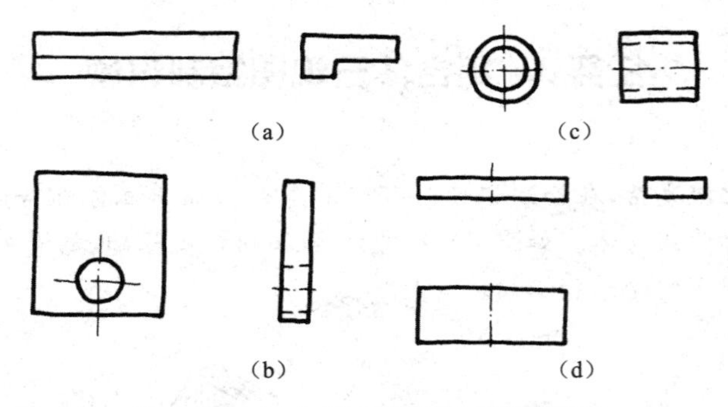

图 1-3-3　排水管出口各组成部分草图

3. 画组合体草图

绘制工程图,一般先画草图。草图不是潦草的图,它是目测形体大小比例徒手绘制的图形。画草图是在使用 AutoCAD 软件画图之前的构思准备过程,也是工程技术人员进行创作、交流的有力工具,因此掌握草图的绘制技能是工程技术人员不可缺少的基本功。草图上的线条要基本平直、方向正确,长短大致符合比例,线形符合制图标准。

排水管出口草图的画法步骤如下:

(1)布图。用轻、细的线条在方格纸或普通纸上定出投影图中长、宽、高方向的基准线,如图 1-3-4(a)所示。

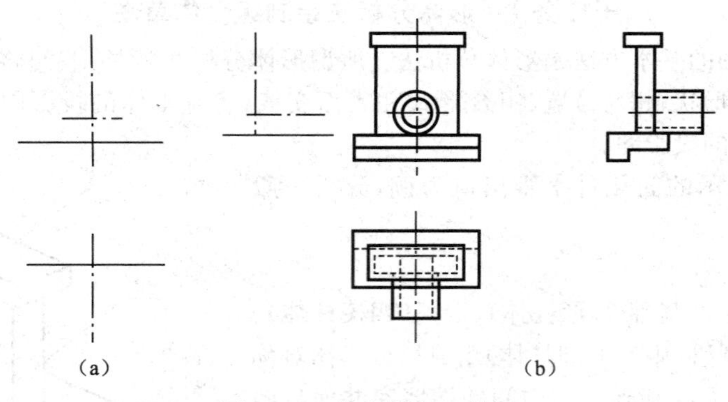

图 1-3-4　排水管出口草图

(2)画投影图。将组成出口的四个基本体的投影按顺序画出,每个基本体要先画反映底面实形的投影,如图 1-3-4(b)所示。必须注意,建筑物或构件形体,实际上是一个不可分割的整体,形体分析仅是一种假想的分析方法,因此画图时要准确反映它们的相互位置并考虑交结处的情况(不标注尺寸)。

(3)读图复核。一是复核有无错漏和多余线条,用形体分析法检查每个基本体是否表达清楚,相对位置是否正确,交结关系处理是否得当。例如:圆管是位于基础顶面且左右对称,其圆孔是通透端墙的,因此,圆管的水平投影(矩形)对称于中心线,且虚线通透端墙;二是提高读图能力。不对照直观图或实物,根据草图仔细阅读、想象立体的形状,然后再与实物比较,坚持画、读结合,就能不断提高识图能力。

4. 标注尺寸

先徒手在草图上画出全部应标注的尺寸线、尺寸界线和尺寸起止符号,然后测量实物(模型或直观图)的尺寸,按形体顺序填写。

(1)尺寸种类

根据形体分析,组合体由若干简单立体组成,在尺寸标注时,应注出三类尺寸。

①定形尺:表示组合体各组成部分的大小尺寸。

②定位尺寸:各组成部分相对于基准的位置尺寸。

③总体尺寸:组合体的总长、宽、高尺寸。

(2)尺寸基准

在标注尺寸之前需要先确定尺寸基准,即标注定位尺寸的起始位置。组合体需有长、宽、高三个方向的尺寸基准,才能确定各组成部分的左右、前后、上下关系,组合体通常以其底面、端面、对称平面、回转体的轴线和圆的中心线作尺寸基准,如图1-3-9所示。

(3)标注尺寸的顺序

①首先注出定形尺寸,如基础长600,宽1 800、900,高500、700;端墙长3 900,宽750,高4 200;帽石长4 700,宽1 600,高600;圆管直径1 500、2 000,轴向尺寸3 250、2 500。

②再标注定位尺寸,如圆管轴线高100,基础后端面、帽石后端面定位宽1 100、500,其他组成部分的端面或轴线位于基准线上,则该方向定位尺寸为零,省略不注。

③最后注总体尺寸,如总长6 000,总宽4 350,总高6 000。

(4)注意事项

①尺寸标注要严格遵守制图标准和有关规定。

②各基本体的定形、定位尺寸,宜注在反映该体形状、位置特征的投影上,且尽量集中排列。

③尺寸一般注在图形之外和两投影之间,便于读图。

④以形体分析为基础,逐个标注各组成部分的定形、定位尺寸,不重不漏。

⑤尺寸排列要整齐,大尺寸在外、小尺寸在内,各尺寸线间隔大致相等,尽量避免在虚线上标注尺寸。

子任务2 组合体三视图识读

读图和画图是相反的思维过程,画图是按照投影法将立体表达在图纸上,读图是根据已有的视图,通过对图样的分析,想象出形体的空间形状的过程。

要提高读图能力,就必须熟悉各种位置的直线、平面和简单立体的投影特征,掌握投影规律及正确的读图方法,而且要通过大量的绘图和读图实践才能做到。

读图时要注意的问题:

(1)一个视图只能反映组合体在一个方向的形状或位置特征,读图时必须将几个视图联系起来对照识读。

(2)从反映各简单立体形状特征比较明显的视图入手,再根据"三等"关系,分析各组成部分的相对位置。

(3)理解视图中图线和线框的含义,每一个封闭线框通常都是立体某一表面的投影。

【例题4】 识读图1-3-5所示的T形桥台投影图。

读图的基本方法也是形体分析法,其基本思路是:先大致了解组合体的形状,在反映形状特征明显的视图上,按封闭线框将投影图假想分解成几个部分,根据投影关系,找出该线框在其他视图中的对应投影,读出各部分的形状及相对位置,最后综合起来想象出整体形状。

分析:图1-3-5(a)中正面投影较明显地分成基础、前墙、后墙三个部分,以正面投影为主,首先划分三个线框,然后根据"三等"关系找出各线框对应的其他投影,想象出三部分的基本形状,如图1-3-5(b)、(c)、(d)所示。再分析各部分的相对位置,最后综合起来想象整体形状,如图1-3-6所示。

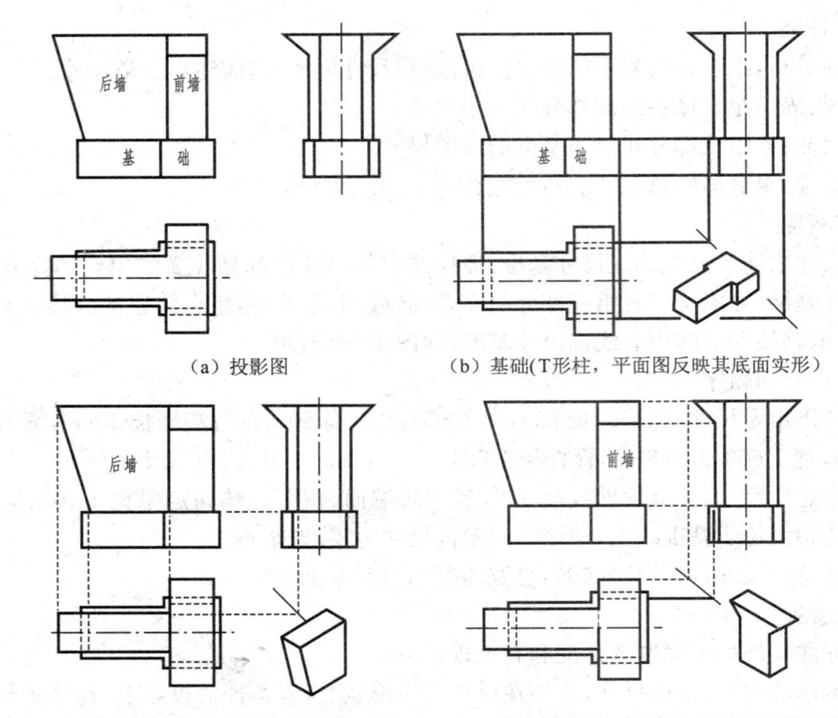

（a）投影图 （b）基础(T形柱，平面图反映其底面实形）

（c）后墙(梯形四棱柱，正面投影反映其底面实形） （d）前墙(Y形柱，左侧面图反映其形状特征)

图 1-3-5 T 形桥台图识读(一)

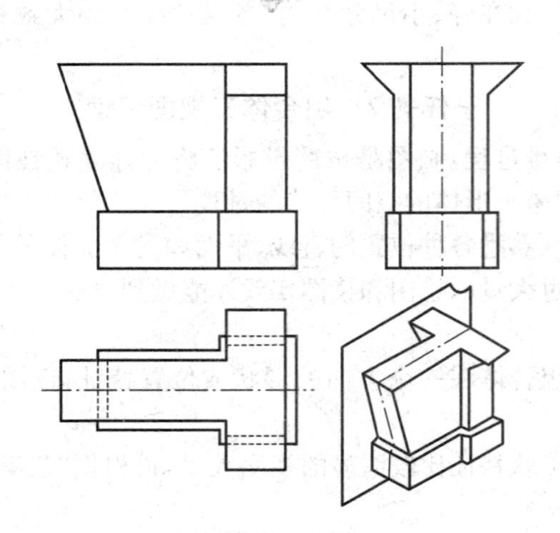

图 1-3-6 T 形桥台图识读(二)

有些复杂形体无法分解成几部分，就要逐个分析形体表面上的线、面，进而构思出整个形体的形状。

【例题 5】 识读图 1-3-7 所示拱涵翼墙的投影图。

分析：由于拱涵翼墙平面图中的线框明显清楚，因此首先将其分成六个线框进行识读。

与线框 1 对应的正面、侧面图中为水平线，说明它是一水平面，且居位最高；与线框 2 对应的正面图为平行四边形，而侧面为一斜线，说明线框 2 为一侧垂面，其上连水平面 1，下接水平面 3；线框 4 对应的正面图为一斜线(虚线)，侧面图为一类似梯形，它是位于 1 面左侧且左低右高的正垂面；线框5的正面、侧面图均为三角形，说明线框5表示一般位置平面，它与平面2、4、6相连；还可以用分析棱线的投影确定面的空间位置，如线框6，其前后两边为侧垂线，则它一定为侧垂面；线框7″、线框8′，可自行分析。

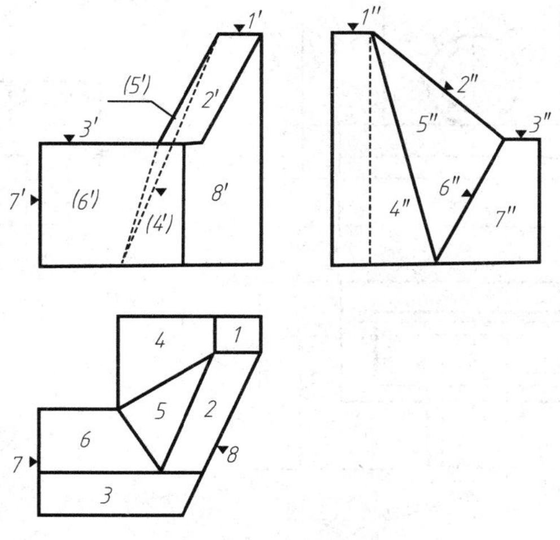

图1-3-7　拱涵翼墙投影图

将翼墙各表面的形状、位置、相互关系识读清楚，综合起来，即可想象出翼墙的外形，如图1-3-8所示。

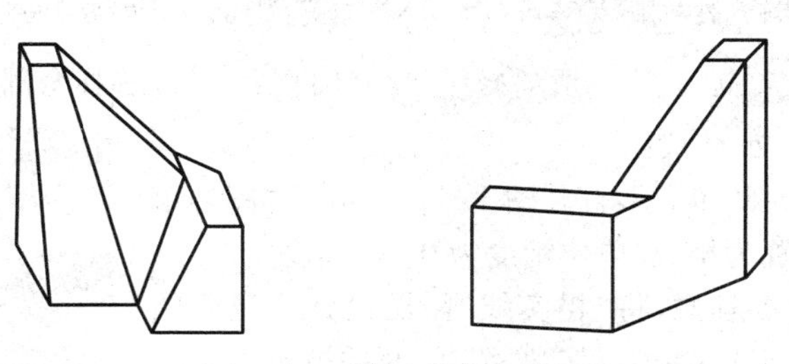

图1-3-8　拱涵翼墙立体图

子任务3　排水管出口三视图绘制

识读图1-3-9排水管出口三视图，利用AutoCAD软件进行绘制，比例1∶1，不标注尺寸。

步骤1：设置图形界限。

绘图界限相当于手工绘图时选择适当大小的图纸，可通过选择“格式”菜单下“图形界限”，或在命令行中输入“limits”来设置绘图界限。

命令：_limits

重新设置模型空间界限：

指定左下角点或[开(ON)/关(OFF)] <0.0000,0.0000>：//直接回车

指定右上角点 <420.0000,297.0000>：12 000,9 000　//设定右上角点坐标

步骤2：按所设绘图界限最大化显示绘图区域。

为便于绘制图形，可最大化显示图形界限所设的绘图区域。为此，用户可以执行“ZOOM”命令，输入“Z”(ZOOM命令的缩写形式)并按【Enter】键，执行“ZOOM”命令。

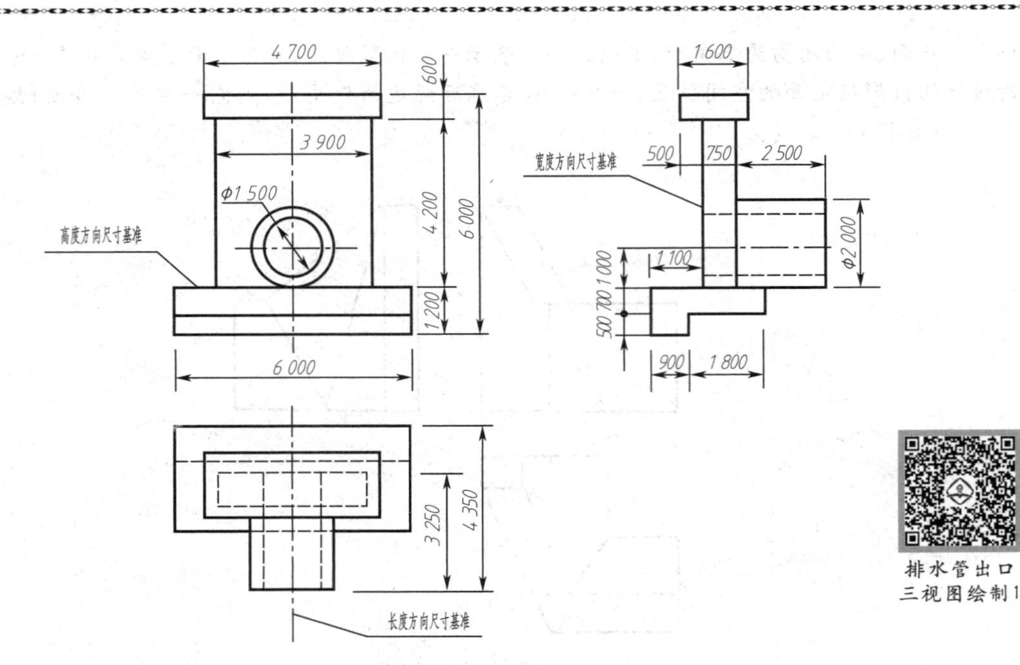

图 1-3-9　排水管出口三视图

命令：z //回车

指定窗口的角点，输入比例因子（nX 或 nXP），或者[全部(A)/中心(C)/动态(D)/范围(E)/上一个(P)/比例(S)/窗口(W)/对象(O)]＜实时＞：a　//选择全部显示

步骤 3：设置图形单位。

单击"格式"菜单，选择"单位"，打开图 1-3-10 所示的"图形单位"对话框，长度类型设置为小数，单位精度为 0。

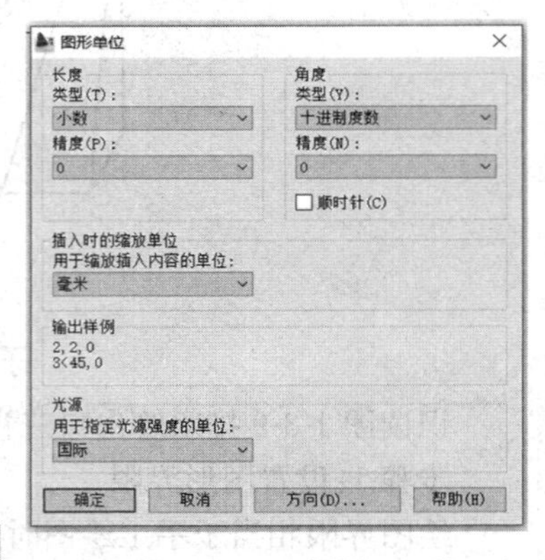

图 1-3-10　"图形单位"对话框

步骤 4：单击"图层"工具栏，将"粗实线"图层设置为当前图层，确认状态栏中的"正交""对象追踪"和"线宽"开关被打开。

步骤 5：绘制 L 形基础。

单击绘图工具栏上的矩形按钮，在屏幕适当位置单击，后输入"@6 000,2 700"，完成俯视图矩形线框的绘制。

命令：_rectang

指定第一个角点或[倒角(C)/标高(E)/圆角(F)/厚度(T)/宽度(W)]：

指定另一个角点或[面积(A)/尺寸(D)/旋转(R)]：@6 000,2 700

按【Enter】键重复执行"矩形"命令，捕捉图 1-3-11 所示的端点 *A*，并竖直向上移动光标，待出现追踪线后，在合适位置单击，输入"@6 000,1 200"。

单击绘图工具栏上的直线按钮，捕捉图 1-3-11(a)所示的点 *B*，然后向右移动光标，待出现追踪线后，在合适位置单击指定 L 形左下角点，如图 1-3-11(a)所示。

命令：_line 指定第一点：

指定下一点或［放弃(U)］：＜正交 开＞ 1 200 //竖直向上移动光标

指定下一点或［放弃(U)］：2 700　//水平向右移动光标

指定下一点或［闭合(C)/放弃(U)］：700　//竖直向下移动光标

指定下一点或［闭合(C)/放弃(U)］：1 800 //水平向左移动光标

指定下一点或［闭合(C)/放弃(U)］：500　//竖直向下移动光标

指定下一点或［闭合(C)/放弃(U)］：c　//闭合

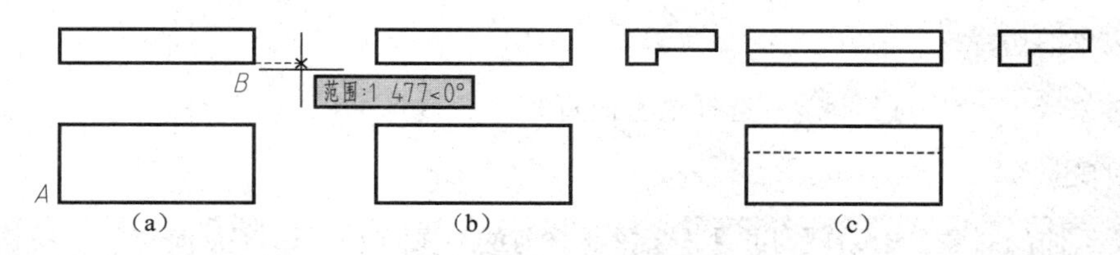

图 1-3-11　基础三视图绘制

重复执行直线命令，补齐主视图、俯视图中所缺的图线，如图 1-3-11 所示。

步骤 6：绘制端墙。

(1)将“点画线”图层置为当前，单击绘图工具栏上的直线按钮，捕捉俯视图矩形底边中点，然后向上移动光标，作主、俯视图的对称线，向两侧各偏移 1 950，如图 1-3-12(a)所示。

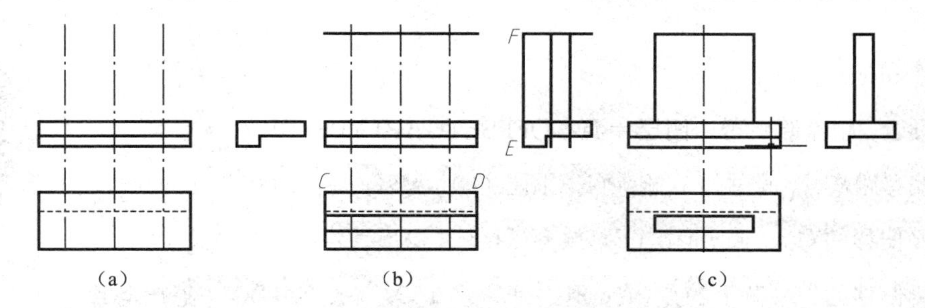

图 1-3-12　绘制端墙

命令：_offset

当前设置：删除源＝否　图层＝源　OFFSETGAPTYPE＝0

指定偏移距离或［通过(T)/删除(E)/图层(L)］＜通过＞：1 950

选择要偏移的对象，或［退出(E)/放弃(U)］＜退出＞：//选中点划线

指定要偏移的那一侧上的点，或［退出(E)/多个(M)/放弃(U)］＜退出＞：//向两侧分别点击

(2)点击“修改”工具栏上的“分解”按钮，将主视图和俯视图的矩形分解。选主视、左视图中矩形上边，向上偏移。

命令：OFFSET

当前设置：删除源＝否　图层＝源　OFFSETGAPTYPE＝0

指定偏移距离或［通过(T)/删除(E)/图层(L)］＜1950＞：　4 200

选择要偏移的对象，或 [退出(E)/放弃(U)] <退出>：

指定要偏移的那一侧上的点，或 [退出(E)/多个(M)/放弃(U)] <退出>：

(3)选俯视图中矩形上边 *CD*，向下分别偏移 1 100，1 850。

单击“修改”工具栏“延伸”命令按钮，将左视图最左边直线延长，再向右偏移 1 100 和1 850，如图 1-3-12(b)所示。

命令：_extend

当前设置：投影=UCS，边=无

选择边界的边...

选择对象或 <全部选择>：//选择最上面直线

选择对象：

选择要延伸的对象，或按住【Shift】键选择要修剪的对象，或[栏选(F)/窗交(C)/投影(P)/边(E)/放弃(U)]：

(4)单击绘图工具栏上的修剪按钮，去掉多余图线，选中点画线，在图层工具栏右侧点击粗实线层，如图 1-3-12(c)图所示。

步骤 7：绘制圆管。

(1)将主视图基础最上边向上偏移 1 000，以交点为圆心绘制两个同心圆，半径分别是 750 和 1 000。

排水管出口
三视图绘制2

命令：_offset

当前设置：删除源=否　图层=源　OFFSETGAPTYPE=0

指定偏移距离或[通过(T)/删除(E)/图层(L)] <750>：1 000

选择要偏移的对象，或 [退出(E)/放弃(U)] <退出>：

指定要偏移的那一侧上的点，或 [退出(E)/多个(M)/放弃(U)] <退出>：

命令：

CIRCLE 指定圆的圆心或[三点(3P)/两点(2P)/切点、切点、半径(T)]：//捕捉圆心

指定圆的半径或[直径(D)]<750>：1 000　//分别输入 750，1 000。

再使用偏移命令，将俯视图中直线向下偏移 4 350，左视图中直线向右偏移 2 500，如图 1-3-13(a)所示。

(2)单击单击绘图工具栏上的直线按钮，捕捉图 1-3-13(a)所示圆的四个象限点，然后向下，向右分别移动光标，画出水平线和竖直线，如图 1-3-13(b)所示。

(3)单击绘图工具栏上的修剪按钮，去掉多余图线。

命令：_trim

当前设置：投影=UCS，边=无

选择剪切边……　//根据图 1-3-13 分别选择

选择对象或<全部选择>：

选择要修剪的对象,或按住【Shift】键选择要延伸的对象,或[栏选(F)/窗交(C)/投影(P)/边(E)/删除(R)/放弃(U)]:　　　　//选择延长线伸出边界之外的部分

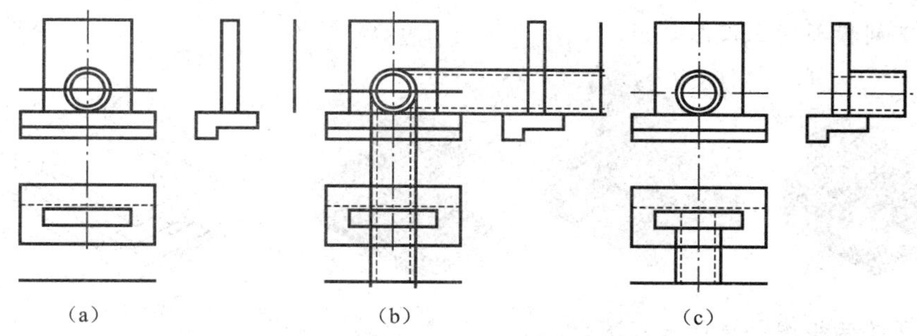

图1-3-13　绘制圆管

步骤8:绘制帽石。

排水管出口三视图绘制3

分析:帽石是长宽高分别为4 700、1 600、600的四棱柱,视图是三个矩形。

(1)使用偏移命令,将主、俯视图对称线向两侧分别偏移2 350,主视图中端墙最上线向上偏移600,俯视图最上轮廓线向下分别偏移600、2 200,如图1-3-14(a)所示。

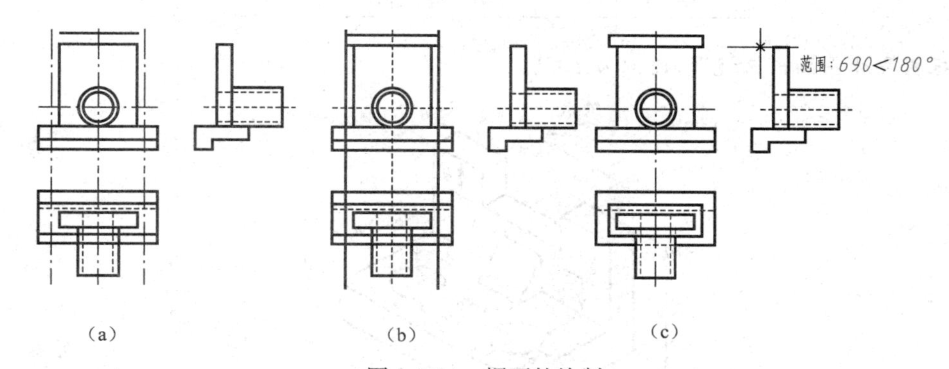

图1-3-14　帽石的绘制

(2)点击"修改"工具栏上的"延伸"按钮,将主视图中最上两条水平线延伸。

命令:_extend

当前设置:投影=UCS,边=无

选择边界的边...

选择对象或 <全部选择>://选择图1-3-14(a)两条竖直点画线

选择对象:

选择要延伸的对象,或按住【Shift】键选择要修剪的对象,或[栏选(F)/窗交(C)/投影(P)/边(E)/放弃(U)]:

再执行修剪命令,去掉多余图线,将帽石视图外轮廓线线形统一改为粗实线,如图1-3-14(b)所示。

(3)单击绘图工具栏上的矩形按钮,捕捉左视图左上端点,水平向右移动光标,待出现追踪线后,输入数值500,回车,指定帽石左视图矩形左下角点。输入"@1 600,600",按【Enter】键完成绘制。

步骤 9:读图复核。

将俯视图中被帽石和圆管遮挡的图线改为虚线,如图 1-3-14(c)所示。

·检查与评价·

(1)绘制下列模型的三视图草图。

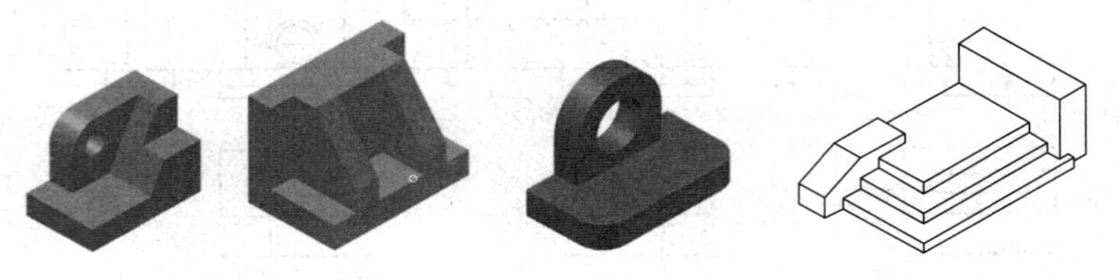

(2)根据所给两视图补画第三视图。

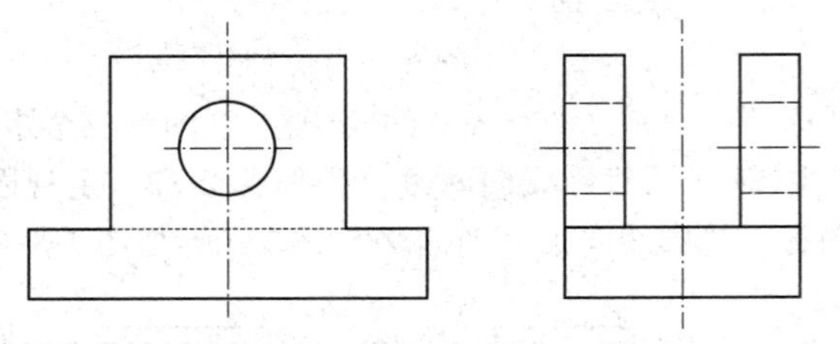

(3)根据立体图画出三视图,比例为 1∶1。

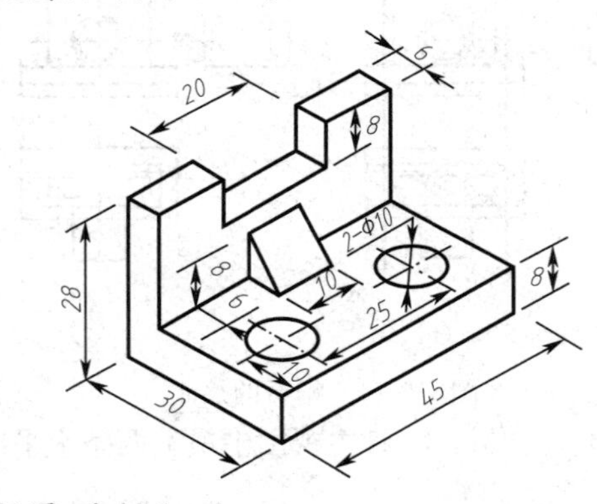

(4)根据立体图画出三视图,比例 1∶1。

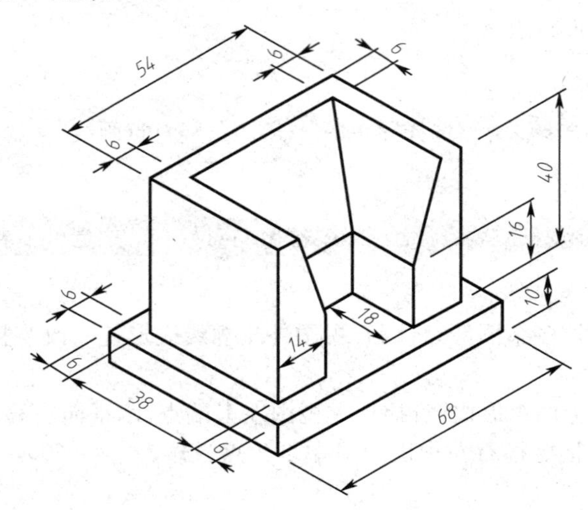

任务4　剖面图绘制识读

·任务描述·

当工程建筑物内部构造复杂时，在视图中会出现很多虚线，影响图示效果，也不便于标注尺寸，为清楚表达形体结构的内部形状，常采用剖面的方法。

本任务学习剖面图的绘制和识读。

子任务1　剖面图基本知识认知

读图，图1-4-1所示为U形桥台的三视图，其内部形状在正立面图中以虚线示出，想象出该立体的形状。

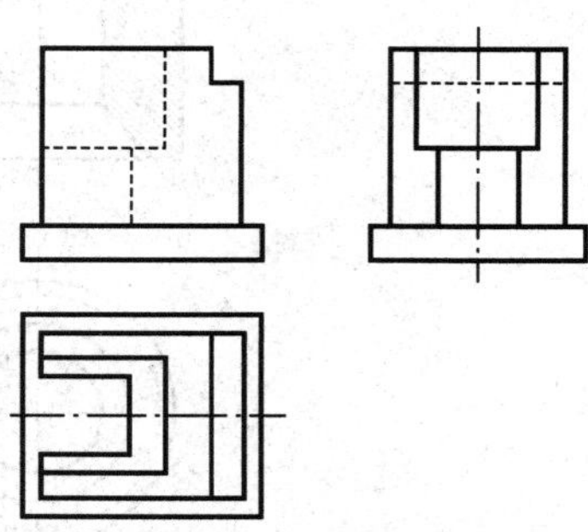

图1-4-1　U形桥台的三视图

1. 剖面图概念

假想用剖切平面在适当的位置将物体剖开，移去观察者和剖切平面之间的部分，将剩余部分向基本投影面进行投影，并在物体的截面(剖切平面与物体接触部分)上画出工程材料图例所得到的图形，称为剖面图。

图1-4-2(b)为U形桥台的剖面图，显然，在剖面图中，台体及其内部的空心部分均可清晰地表达出来。

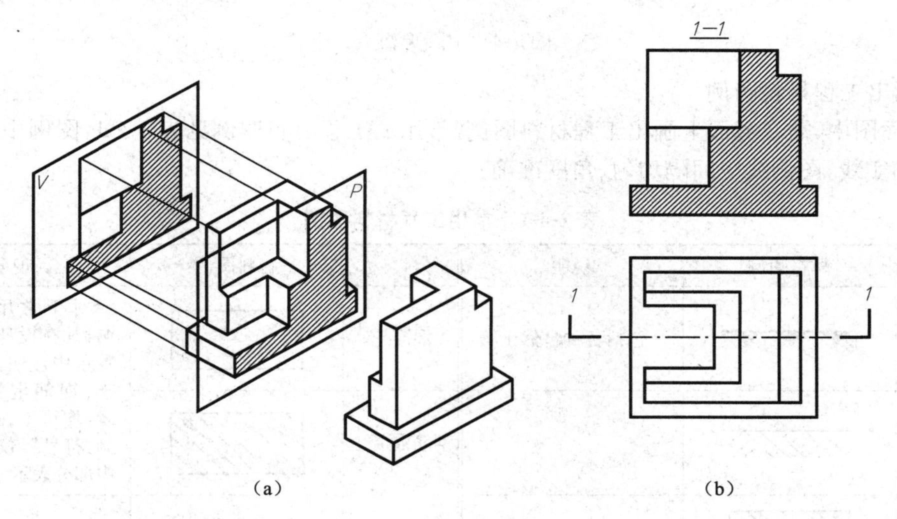

(a)　(b)

图1-4-2　剖面图的形成

比较U形桥台的投影图和剖面图，我们会发现，剖面图相对于其同面投影图，只是将虚线变为实线，并在剖到实体部分时标注了材料图例。

2. 剖面图绘制识读时的注意事项

(1)剖切面和投影面平行

为了使剖面图能充分反映物体内部的实形，剖切平面一般应和基本投影面平行，并且常使剖切面与物体的对称面重合或通过物体上的孔、洞、槽等隐蔽部分的中心，如图1-4-2(a)所示，图中剖切面P平行于V面。

(2)画完整的剖切面

物体的剖切是假想的，在物体的一个视图位置作了剖面，其他视图不受影响，仍按完整的形状画出，如图1-4-2(b)所示。

(3)画出剖切面后方的所有可见部分

物体剖开后,剖切平面后方的可见部分应画全,不得遗漏。图 1-4-3 为圆形沉井正面图中的阶梯孔遗漏图线,且平面图不完整。

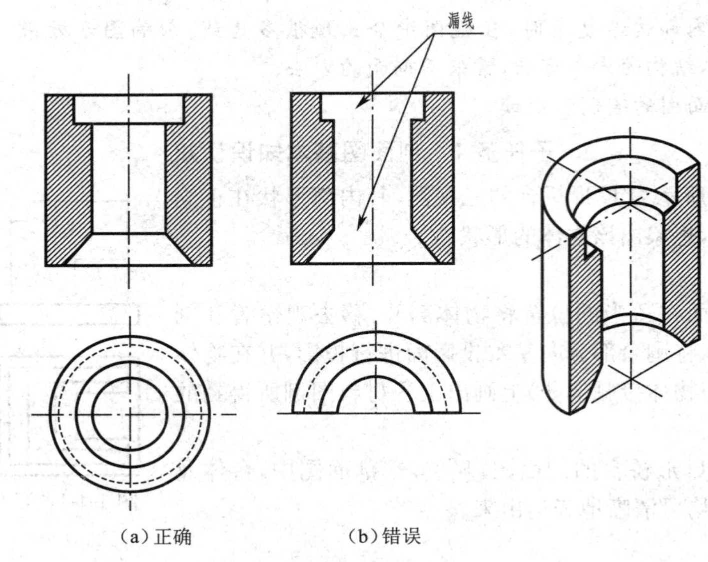

(a)正确　　(b)错误

图 1-4-3　圆形沉井

(4)画出工程材料图例

在剖面图中,需在截面上画出工程材料图例,常用的工程材料图例见表 1-4-1,图例中的斜线一般为 45°细实线,图例线应间隔均匀、角度准确。

表 1-4-1　常用工程材料图例

材料名称	材料图例	说明	材料名称	材料图例	说明
自然土壤		包括各种自然土壤	混凝土		对于常用墩台、涵洞,凡在设计图的工程数量中注明部位,混凝土、钢筋混凝土名称者,均可不在图形中绘制"符号",仅在断面图中部分表示
夯实土壤			钢筋混凝土		
石材			空心砖		指非承重砖砌体
毛石			石膏板		包括圆孔、方孔石膏板、防水石膏板等
普通砖		包括实心砖、多孔砖、砌块等砌体,断面较窄不易绘出图例线时,可涂红	橡胶		
砂、灰土		靠近轮廓线绘较密的点	沥青混凝土		
金属		1. 包括各种金属 2. 图形小时可涂黑	防水材料		构造层次多和比例较大时采用上面图例

(5)图中虚线的省略

在剖面图中,对于已经表达清楚的不可见结构,其对应的虚线可省略不画,如图 1- 4-2 中省去了基础顶面之虚线。

3. 剖面图的标注

如图 1-4-2 所示,剖面图中需用剖切符号表示剖切位置和投影方向。

(1)剖切位置

用剖切位置线表示剖切位置,剖切位置线可以理解成剖切平面积聚性投影的一部分,但不应与其他图线相接触,规定用长 6～10 mm 的粗实线表示。

(2)投影方向

用剖视方向线表示剖面的投影方向,剖视方向线垂直于剖切位置线,用长 4～6 mm 的粗实线表示,可以带有单边箭头,指明投影方向。

(3)剖切符号的编号

采用阿拉伯数字,由左至右、由上至下按顺序连续编写,编号数字一律水平方向注写在剖视方向线的端部,在相应的剖面图上方需注出“*X*—*X* 剖面”字样。图 1-4-2(b)中的 1-1 剖面,表示由前向后投影得到的剖面图。

子任务 2　空心桥墩模型剖面图识读

图 1-4-4(a)所示为空心桥墩模型的剖面图,识读并想象该立体形状。

分析:表达桥墩的三个投影图都采用了半剖面图,图 1-4-4(b)是其轴测图。

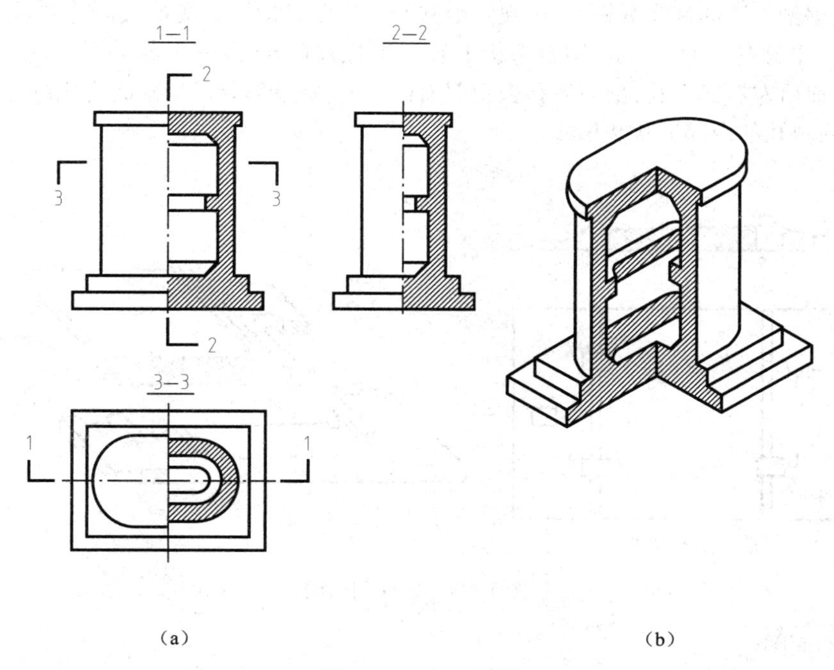

图 1-4-4　空心桥墩

1. 半剖面图

当物体具有对称平面时,在垂直于对称面的投影面上的投影可以以对称线为界,一半画成剖面图,另一半画成视图,这种画法称半剖面图,简称半剖。

半剖面图既表达了立体的外部形状,又表达了其内部结构,它适用于内、外形状都需要表达的对称物体。

2. 绘制识读半剖面图时的注意事项

(1)只有当物体对称时,在与其对称面垂直的投影面上才能作半剖面图,当物体基本对称,而不对称部分在其他视图中已经表达清楚,也可画成半剖面图。

(2)半个剖面图与半个视图必须用点划线作为分界线,剖面部分一般画在垂直对称线的右侧或水平对称线的下方,如立体的轮廓线与对称线重合,不能采用半剖面图。

(3)物体的内部结构已在半个剖面中表达清楚,其对应虚线在半个视图中不必画出。

根据 1-1 剖面图剖切符号编号,分析其剖切位置和投影方向,可知是用正平面与桥墩前后对称面重合剖切,移去剖切平面前面部分,将剩余部分由前向后进行投影所获得的剖面图,符合半剖条件所以用半剖面图表示。对称线左侧部分是外形视图,反映墩身和基础立面形状,右侧部分反映剖开后的内部结构。

3-3 剖面图是用水平面剖切获得,在 1-1 剖面图中标注有剖切位置和投影方向,分析可知是将剖切面以上部分移去,剩余部分由上向下进行投影,在对称线左侧为俯视图外形,内部不可见部分不画虚线。

2-2 剖面是沿模型左右对称面剖切,移走左侧部分,将截面右侧部分由左向右进行投影得到,对称线左侧为半个左视图,右侧为半个剖视图,视图部分不画虚线。

子任务 3　钢轨垫板剖面图识读

如图 1-4-5(a)所示为钢轨垫板的阶梯剖面图,识读 1-1 剖面图并想象该立体形状。

分析:根据剖面图的标注分析,在俯视图中其剖切位置线构成折线形或阶梯状,这种剖切形式称为阶梯剖。如图 1-4-5(b)所示,钢轨垫板上有五个长方形孔,用三个相互平行的正平面进行剖切,分别通过前后左右四个孔,剖切后移去切面前面部分,剩余部分三个截面构成阶梯状,在 1-1 剖面图中能够反映孔的内部形状和尺寸。

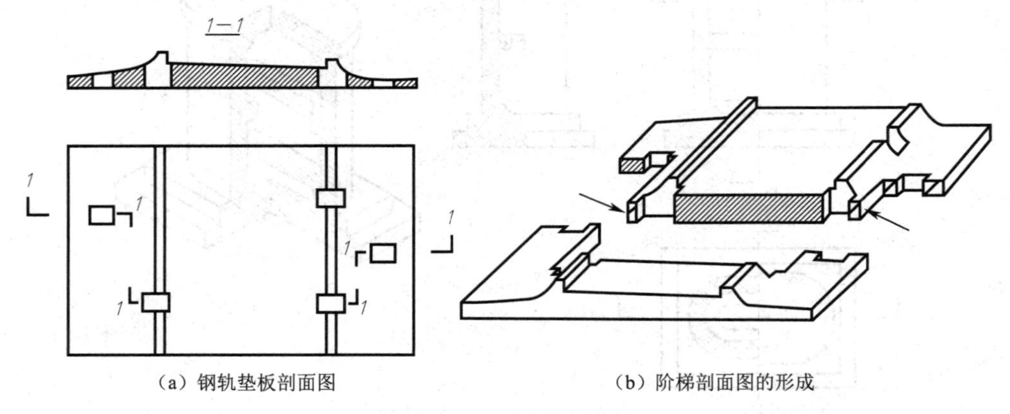

(a) 钢轨垫板剖面图　　(b) 阶梯剖面图的形成

图 1-4-5　阶梯剖面图

1. 阶梯剖面图

当物体上的孔或槽无法用一个剖切平面同时将其剖开时,可采用两个或两个以上互相平行的剖切面将其剖开,这样画出的剖面图称为阶梯剖面图,简称阶梯剖。

2. 绘制识读阶梯剖面图时的注意事项

(1)剖切是假想的,将几个平行的剖切面可以视为一个平面进行剖切,在剖面图上不画出剖切平面转折棱线的投影,如图 1-4-5(b)箭头所示。

(2)剖切面的转折处不应与图上的轮廓线重合。

(3)阶梯剖必须进行标注，在剖切面的起止转折处画上剖切符号，在转角的外侧应加注相同的编号，如图 1-4-5(a)中的 1-1。

子任务 4　沉井模型剖面图绘制

利用 AutoCAD 软件绘制图 1-4-6 所示为沉井模型剖面图，比例 1∶1，不标注尺寸，下面介绍一下其绘制步骤。

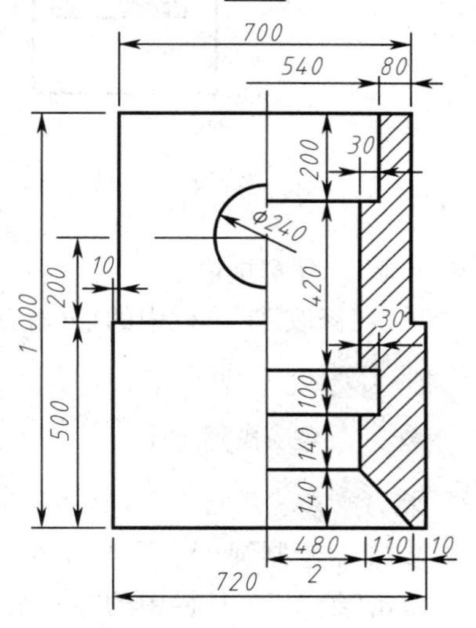

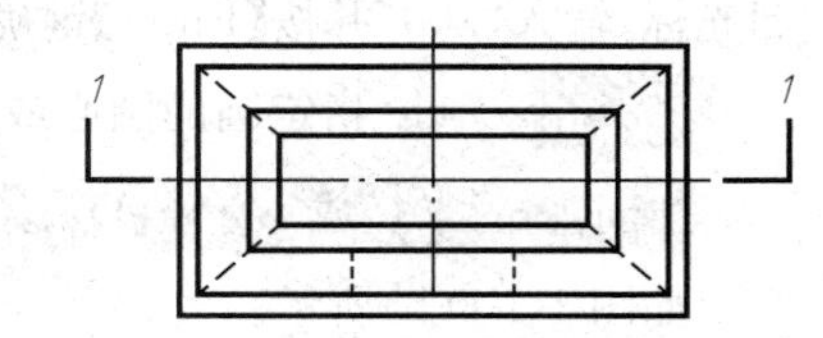

图 1-4-6　沉井模型剖面图

分析：该形体用两个视图表达，分别是俯视图和剖面图，其中剖面图用了半剖。

根据半剖面图概念，以点画线为界，右侧表达内部结构，左侧表达外部形状，结合俯视图分析，可知该模型前面有直径为 240 mm 圆孔，在半个外形图上显示为半圆，绘图时其尺寸仍需按直径标注，如图 1-4-6 中的 ϕ240，尺寸线的另一端应稍过圆心。

在半剖面图中，有些部分只能表示出全形的一半，尺寸的另一端无法画出尺寸界线，此时，尺寸线在该端应超过对称中心线或轴线，尺寸注其全长，如图中的 540。也可用“二分之一全长”的形式注出，如$\frac{480}{2}$等。

如需在画有材料图例线的地方注写尺寸数字时，应将图例线断开，如图中的尺寸 30。

绘制步骤如下：

步骤 1：单击图层工具栏中的“图层特性管理器”按钮，新建“点画线”层，“粗实线”层，“细实线”层，将“粗实线”层设置为当前图层。确认状态栏中的“正交”“对象捕捉”“对象追踪”“线宽”开关被打开。

步骤 2：单击绘图工具栏上的“矩形”按钮，在屏幕适当位置单击，确定 1-1 剖面图左下角点。

沉井模型
剖面图绘制

命令：_rectang

指定第一个角点或［倒角(C)/标高(E)/圆角(F)/厚度(T)/宽度(W)］：//图 1-4-7(a)中点 *A*

指定另一个角点或［面积(A)/尺寸(D)/旋转(R)］：@720，500////图 1-4-7(a)中点 *C*

回车，继续执行矩形命令，绘制上面的矩形。

命令：_rectang

指定第一个角点或［倒角(C)/标高(E)/圆角(F)/厚度(T)/宽度(W)］：// 捕捉图 1-4-7(a)所示的端点 B，并水平向右移动光标，待出现追踪线后，输入数字 10，回车

指定另一个角点或［面积(A)/尺寸(D)/旋转(R)］：@700，500

如图 1-4-7(b)所示。

步骤 3：绘制对称线

单击“绘图”工具栏中的“直线”按钮，将光标移至矩形底边的中间位置，待显示中点捕捉符号后

向下移动光标，输入“30”并按【Enter】键。然后向上移动光标，输入“1060”并按两次【Enter】键，绘制一条垂直的中心线，如图 1-4-7(c)所示。

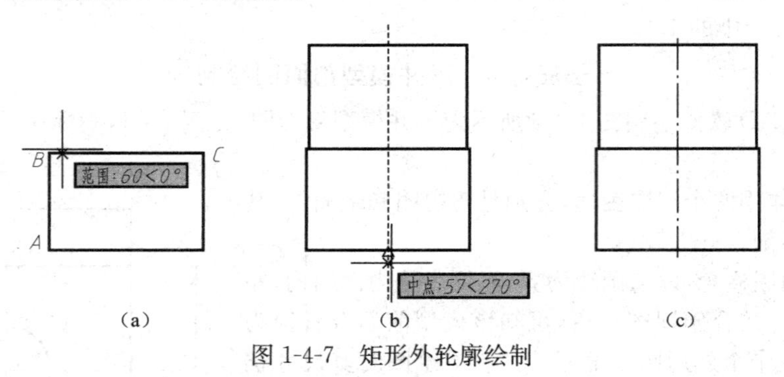

图 1-4-7　矩形外轮廓绘制

步骤 4:分解矩形

单击“修改”工具栏中的“分解”按钮，选中绘制完成的两个矩形。

命令:_explode

选择对象:找到 1 个

选择对象:找到 1 个，总计 2 个

步骤 5:绘制圆

单击“绘图”工具栏中的“圆”按钮，将光标移至矩形边中间位置，待显示中点捕捉符号后向上移动光标，输入“200”并按【Enter】键确定圆心位置。

命令:_circle 指定圆的圆心或［三点(3P)/两点(2P)/切点、切点、半径(T)］:200

指定圆的半径或［直径(D)］:120

如图 1-4-8(b)所示。

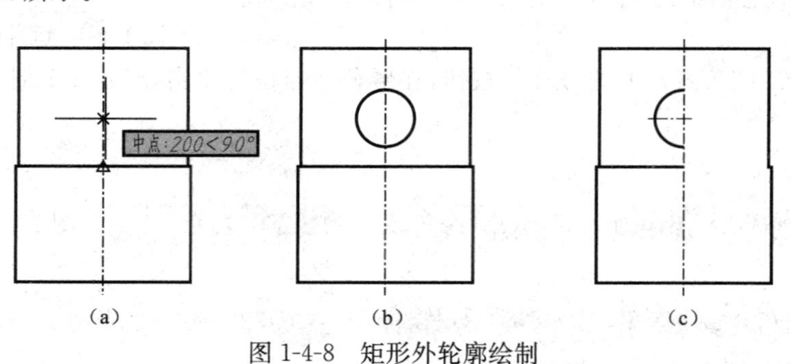

图 1-4-8　矩形外轮廓绘制

步骤 6:修剪多余图线

命令:_trim

当前设置:投影=UCS,边=无

选择剪切边...

选择对象或 <全部选择>://选择图 1-4-8(b)图中对称线和右上矩形边

选择对象:

选择要修剪的对象，或按住 Shift 键选择要延伸的对象，或

[栏选(F)/窗交(C)/投影(P)/边(E)/删除(R)/放弃(U)]：//选择半圆和直线

步骤 7：绘制半剖面图

命令：_line 指定第一点：80 //将光标移至矩形边右上端点，待显示捕捉符号后向左移动光标，输入“80”，如图 1-4-9(a)所示。

指定下一点或[放弃(U)]：//向下移动光标输入“200”

指定下一点或[放弃(U)]：//向左移动光标输入“30”

指定下一点或[闭合(C)/放弃(U)]：//向下移动光标输入“420”

指定下一点或[闭合(C)/放弃(U)]：//向右移动光标输入“30”

指定下一点或[闭合(C)/放弃(U)]：////向下移动光标输入“100”

指定下一点或[闭合(C)/放弃(U)]：//向左移动光标输入“30”

指定下一点或[闭合(C)/放弃(U)]：//向下移动光标输入“140”

指定下一点或[闭合(C)/放弃(U)]：//输入相对坐标“@110，－140”

指定下一点或[闭合(C)/放弃(U)]：

步骤 8：补齐剖面图中的直线

按【Enter】键，继续执行“直线”命令，捕捉直线的右端点，如图 1-4-9(c)所示，将光标移水平左移，同时上移追踪最上直线的中点，出现交点标记后单击。

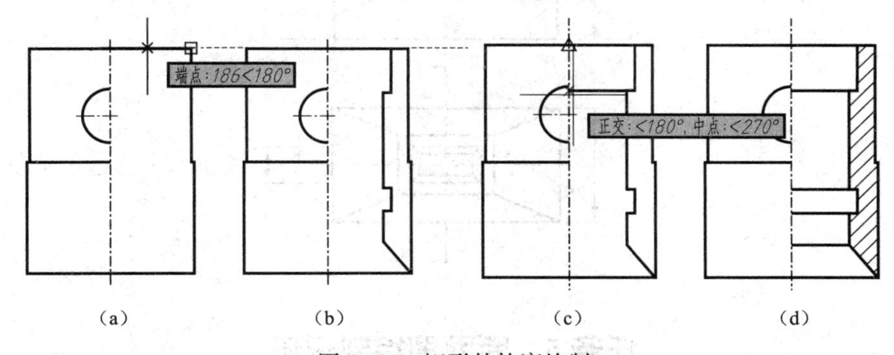

图 1-4-9　矩形外轮廓绘制

步骤 9：图案填充

单击“绘图”工具栏中的“图案填充”按钮，打开“图案填充和渐变色”对话框。

命令：BHATCH

拾取内部点或[选择对象(S)/删除边界(B)]：　//在图 1-4-9 右侧封闭区域内点击，

选择图案类型为“ANSI31”，调整角度和旋转比例，预览填充效果后点击确定。

·检查与评价·

(1)什么是剖面图？

(2)半剖面图绘制识读时注意哪些问题？

(3)读图，作 1-1 剖面图，单位：mm。

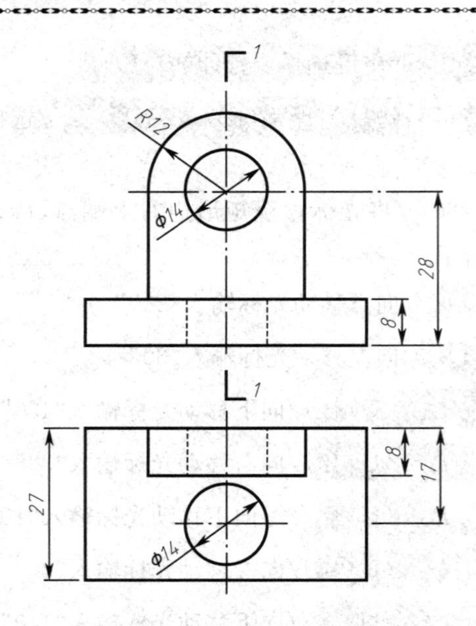

(4)读图,作杯形基础的 1-1 剖面图。

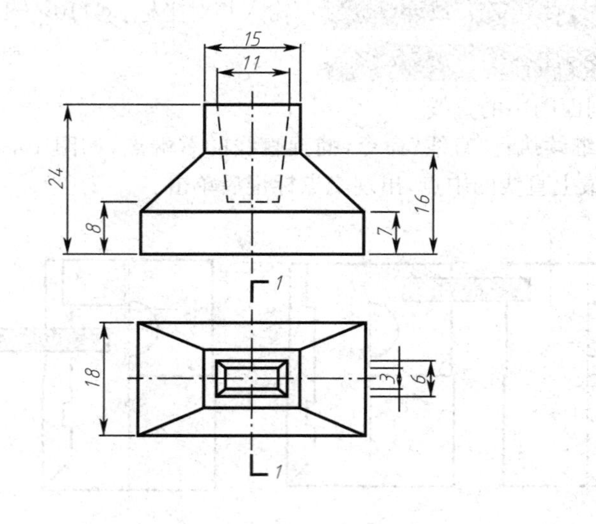

任务 5　断面图绘制识读

· 任务描述 ·

当物体某些部分的形状,用投影图不易表达清楚,又没有必要画出剖面图时,可采用断面图来表示,断面图是用来表达物体某一局部断面形状的图形。

本任务学习断面图的绘制和识读。

子任务 1　断面图基本知识认知

1. 断面图的基本概念

假想用一个剖切平面,将物体某部分切断,仅画出剖切面切到部分的图形,并在截面上画出材料图例,这样所得到的图形称断面图。

断面图适用于表达变截面的杆状构件,如图 1-5-1 所示为某混凝土梁的立体图,假想被剖切面

1截断后，将其投影到与剖切面平行的投影面上，所得到的断面图如图1-5-1(b)所示，称为1-1断面图。

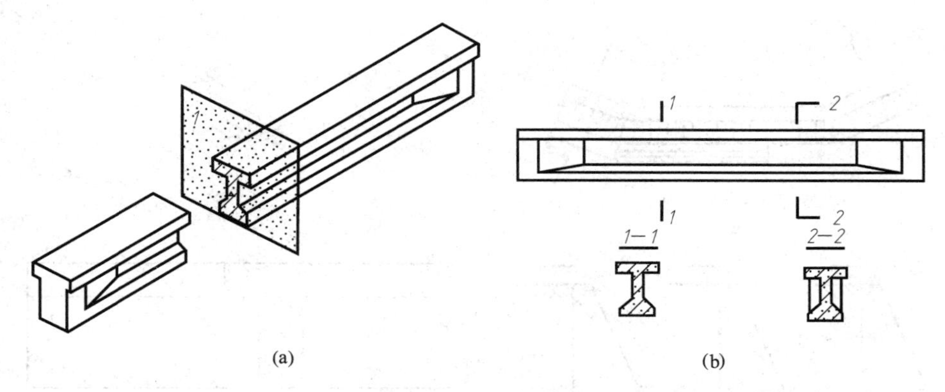

(a)　　(b)

图1-5-1　钢筋混凝土梁

剖面图和断面图有什么区别？1-1断面图与2-2剖面图比较，仅画出了剖切面与梁接触部分的形状，而剖面图除了画出其断面形状外，还要绘出剖切面后面可见部分的投影。

2.断面图的标注

断面图只需标注剖切位置线(长6～10 mm的粗实线)，并用编号的注写位置来表示投影方向，还要在相应的断面图上注出"*X*—*X*断面"字样。图1-5-1(b)中的1-1断面图表示从左向右投影得到的断面图，为了简化图纸，"断面"二字可以省略不注。

3.移出断面

将断面图画在视图轮廓线外的适当位置，称为移出断面。绘制识读移出断面时应注意以下几点。

(1)断面轮廓线用粗实线绘制。

(2)移出断面一般画在剖切位置线的延长线上，如图1-5-2(a)所示，也可以画在投影图的一端，或画在物体的中断处，如图1-5-2(b)所示。

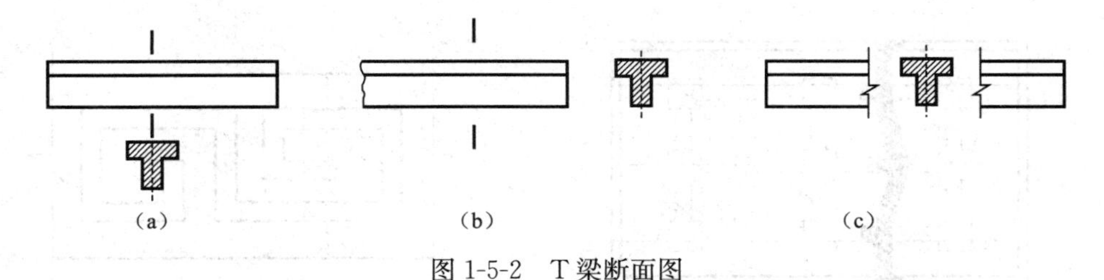

(a)　　(b)　　(c)

图1-5-2　T梁断面图

(3)作对称物体的移出断面，可以仅画出剖切位置线，如图1-5-2所示。物体不对称时，除注出剖切位置线外，还需注出数字以示投影方向，如图1-5-3所示。

(4)当物体需作多个断面时，断面图应顺序整齐排列，如图1-5-3所示。

4.重合断面

将断面图画在物体投影的轮廓线内，称重合断面。重合断面绘制识读时注意的问题：

(1)重合断面的轮廓线一般用细实线画出。

(2)当图形不对称时，需注出剖切位置线，并注写数字以示投影方向，对称重合断面可省略标注。

(3)断面轮廓线与投影轮廓线重合时，投影中的轮廓线需要完整的画出，不可间断。如图 1-5-5(a)所示，图 1-5-5(b)的画法及标注均有错误。

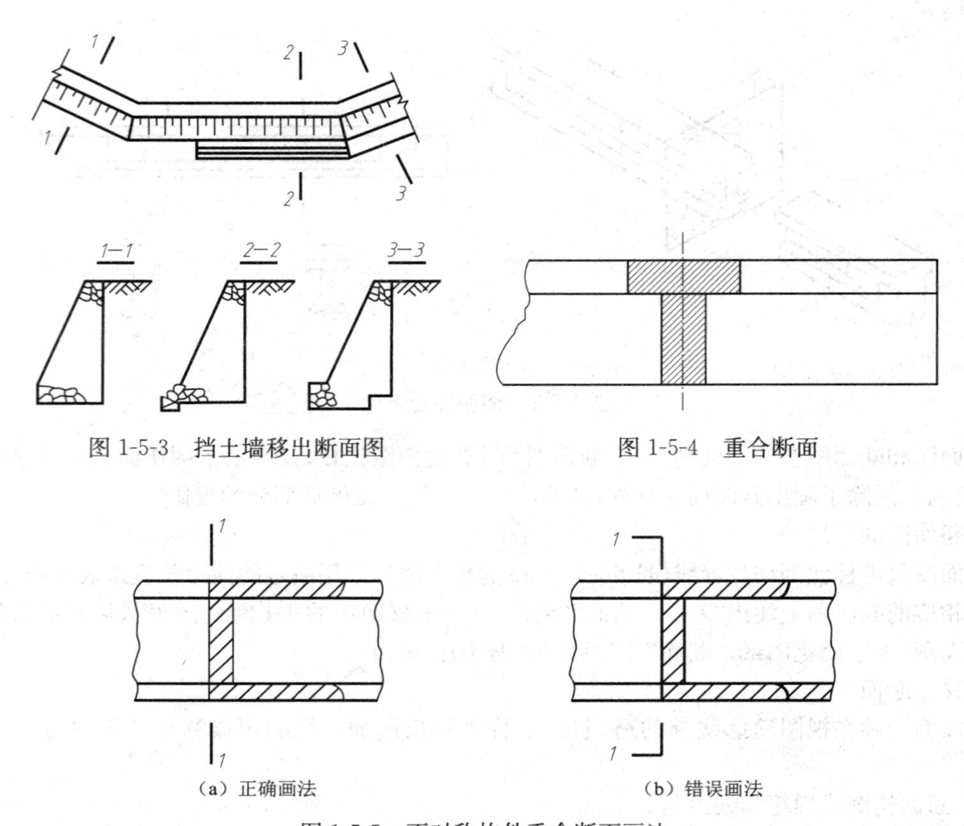

图 1-5-3　挡土墙移出断面图

图 1-5-4　重合断面

(a) 正确画法

(b) 错误画法

图 1-5-5　不对称构件重合断面画法

在工程中的其他应用如图 1-5-6、图 1-5-7 所示。

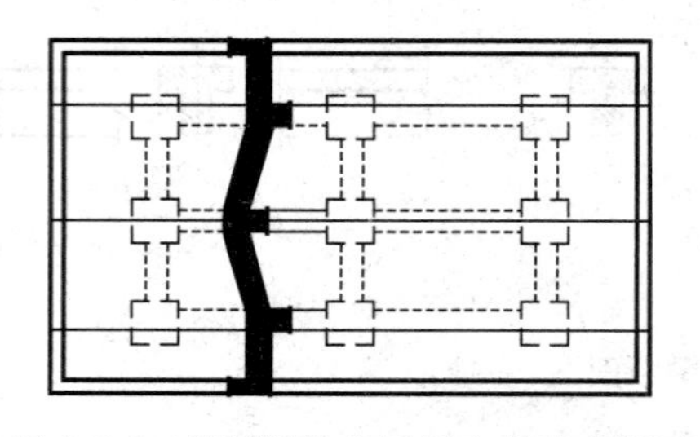

图 1-5-6　楼层结构布置图中的重合断面

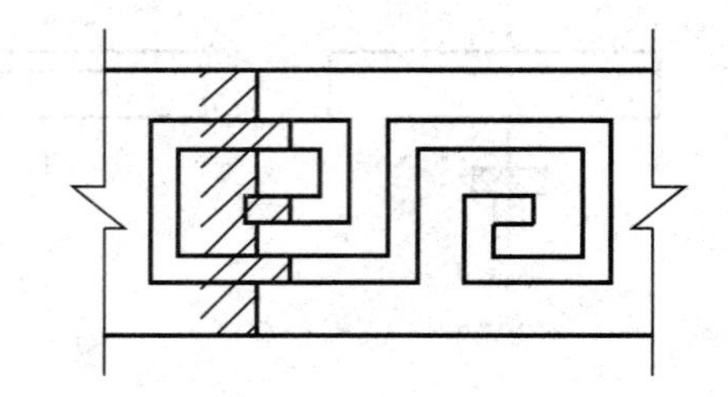

图 1-5-7　墙面装饰重合断面

子任务 2　某变截面梁断面图绘制

识读图 1-5-8 所示某钢筋混凝土梁的两视图，利用 AutoCAD 软件画出 1-1 断面图和 2-2 断面图。

1. 分析

该梁的原始形状可以视为为一个五棱柱，在五棱柱的下部中央，前后对称各切去一个薄四棱柱，两端下角处，左右对称各切去一个梯形四棱柱，如图 1-5-9 所示。

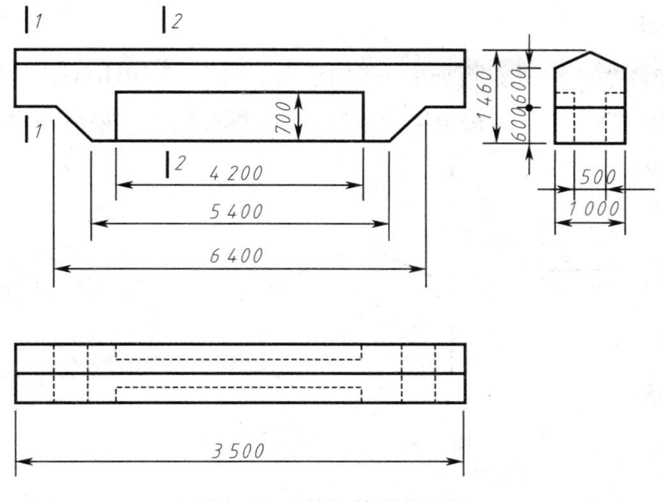

图 1-5-8　某钢筋混凝土梁

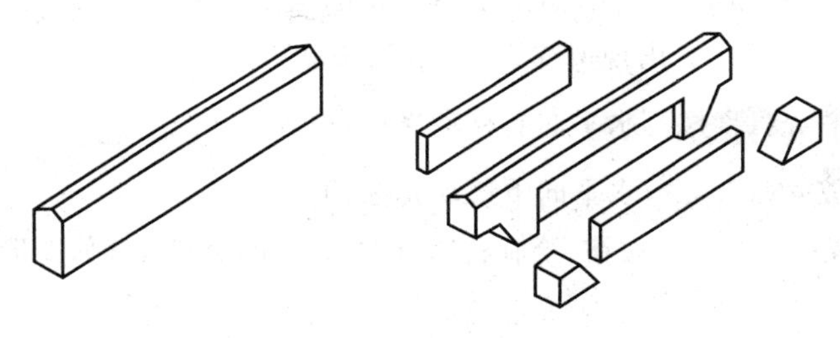

图 1-5-9　梁形体分析

2. 断面图绘制步骤

步骤1：单击图层工具栏中的“图层特性管理器”按钮，新建“粗实线”层，“细实线”层，将“粗实线”层设置为当前图层。确认状态栏中的“正交”“对象捕捉”“对象追踪”“线宽”开关被打开。

步骤2：单击绘图工具栏上的“直线”按钮，在屏幕适当位置单击，确定1-1断面图左下角点。

命令：_line 指定第一点

1—1断面图绘制

指定下一点或［放弃(U)］：//竖直向上移动鼠标，输入数值600

指定下一点或［放弃(U)］：//输入相对坐标”@500，130”，回车结束画线

如图1-5-10(a)所示，单击“修改”工具栏中的“镜像”按钮，绘制右侧对称部分。

命令：_mirror

选择对象：//选中两条直线

指定镜像线的第一点：指定镜像线的第二点：//对象捕捉斜线最高点，竖直向下移动鼠标，单击，如图1-5-10(a)所示。

要删除源对象吗？［是(Y)/否(N)］<N>：//回车

再次单击绘图工具栏上的“直线”按钮，将图形连接成封闭图形，如图1-5-10(b)所示。

步骤3：图案填充。

单击“绘图”工具栏中的“图案填充”按钮，打开“图案填充和渐变色”对话框。

命令：BHATCH

拾取内部点或[选择对象(S)/删除边界(B)]：　//在图 1-5-10(b)封闭区域内点击

选择图案类型为“ANSI31”，调整角度和旋转比例，预览填充效果后确定，完成 1-1 断面图绘制，如图 1-5-10(c)所示。

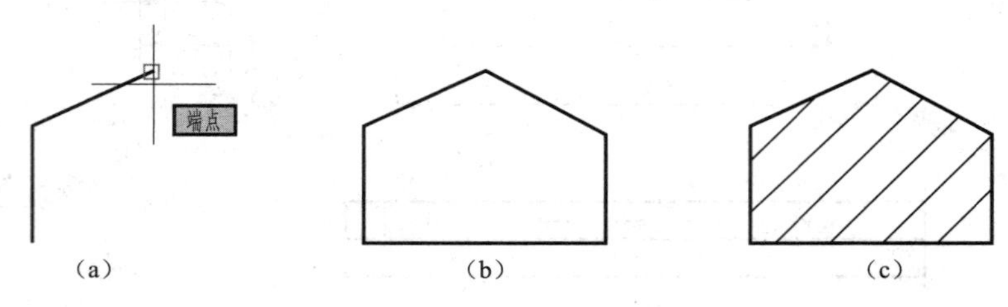

图 1-5-10　1-1 断面图绘制

步骤 4：单击”修改”工具栏“复制”按钮，在适当位置复制 1-1 断面图，删除图例线。单击单击绘图工具栏上的“直线”按钮，捕捉左下角点，向上移动光标，输入 100。

命令：_line 指定第一点：// 出现追踪线后，输入“100”

指定下一点或[放弃(U)]：//水平向右移动光标，输入“250”

指定下一点或[放弃(U)]：//水平向下移动光标，输入“700”

2—2断面图绘制

单击“修改”工具栏中的“镜像”按钮，绘制右侧对称部分，再绘制直线使图形闭合，如图 1-5-11(b)所示。

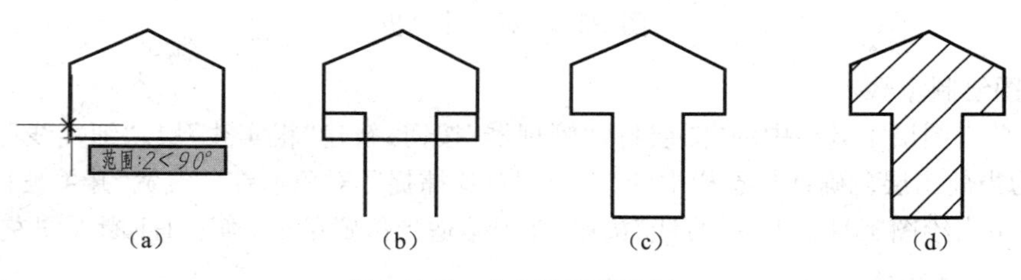

图 1-5-11　2-2 断面图绘制

步骤 5：单击修改工具栏上的修剪按钮，去掉多余图线，如图 1-5-11(c)所示。

步骤 6：图案填充。

单击“绘图”工具栏中的“图案填充”按钮，打开“图案填充和渐变色”对话框。

命令：BHATCH

拾取内部点或[选择对象(S)/删除边界(B)]：　//在图 1-5-11(c)封闭区域内点击

选择图案类型为“ANSI31”，调整角度和旋转比例，预览填充效果后确定，完成 2-2 断面图绘制，如图 1-5-11(d)所示。

· 检查与评价 ·

(1)什么是断面图？断面图和剖面图有什么区别？

(2)移出断面绘制识读时注意哪些问题？

(3)抄绘基础断面图。

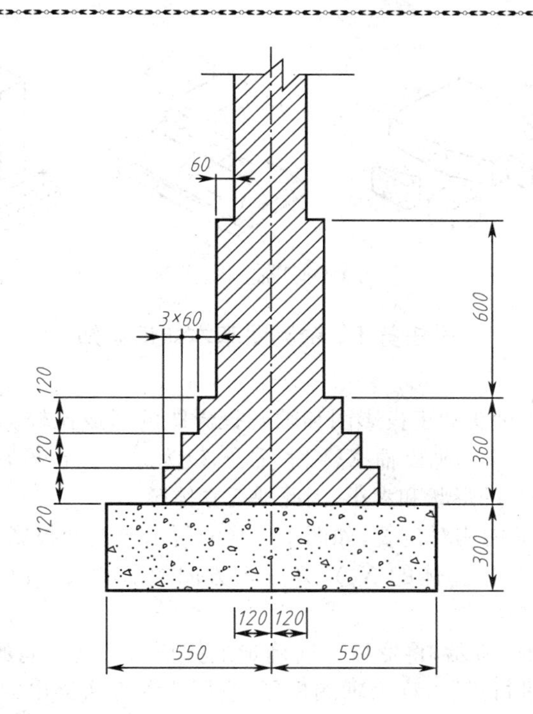

(4)抄绘 2-2 断面图。

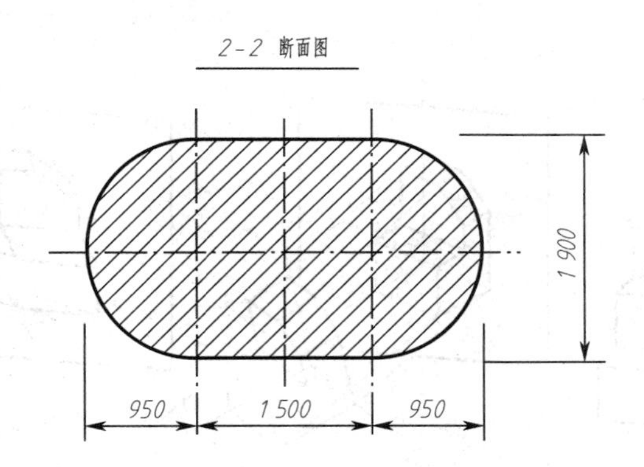

(5)识图,并作出 1-1、2-2 断面图。

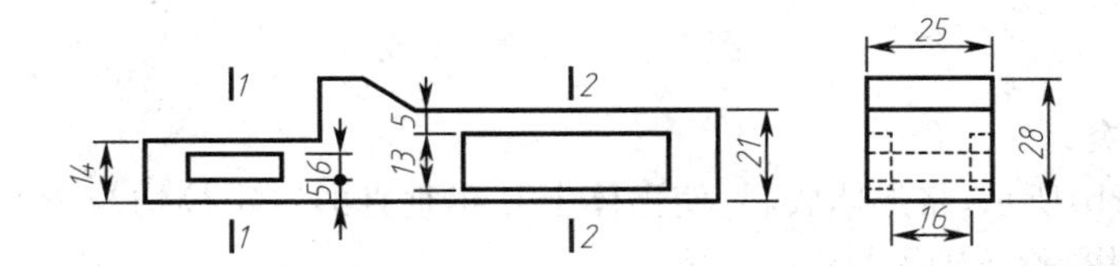

任务6　轴测图绘制

·任务描述·

正投影图能完整准确地表达形体的形状和大小,且作图简便,但缺乏立体感,所以工程上也常采用富有立体感的轴测图作轴助图样,直观地反映工程建筑物的形状和结构。本任务介绍轴测图的基本原理和作图方法。

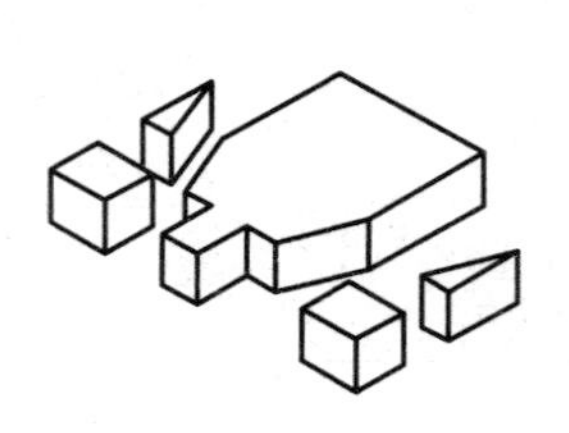
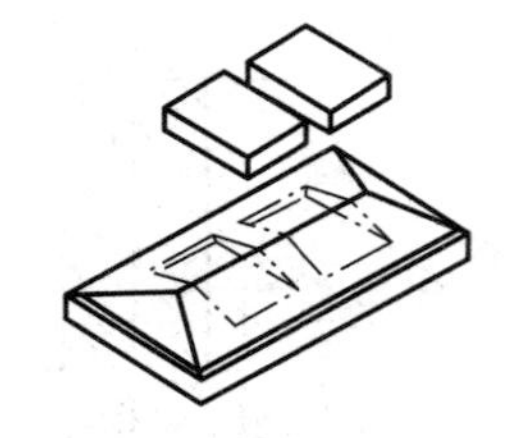
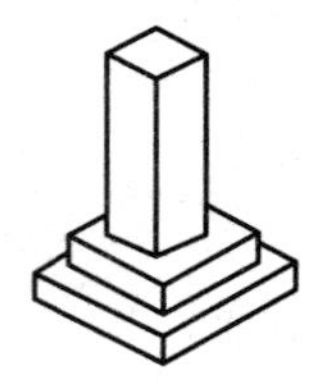

图 1-6-1　轴测图实例

子任务 1　轴测图基本知识认知

1. 轴测图的形成

图 1-6-2 所示为一个木榫头的正投影图和轴测投影图的形成比较。为了便于分析，假想将木榫头上三个互相垂直的棱与空间坐标轴 X、Y、Z 重合，O 为原点。正投影如图 1-6-2(a)所示，仅能反映木榫头正面（X、Z 方向）的形状和大小，因此缺乏立体感。

如果改变立体对投影面的相对位置，如图 1-6-3(b)所示或改变投影方向，如图 1-6-2(c)所示，就能在一个投影中同时反映出立体的 X、Y、Z 三个方向的形状，即可得到富有立体感的轴测投影图。

综上，如图 1-6-2(b)、(c)所示，将形体连同确定形体长、宽、高方向的空间坐标轴一起沿 S 方向，用平行投影法向 P 面进行投影，称为轴测投影，应用这种方法绘出的投影图称轴测投影图，简称轴测图。

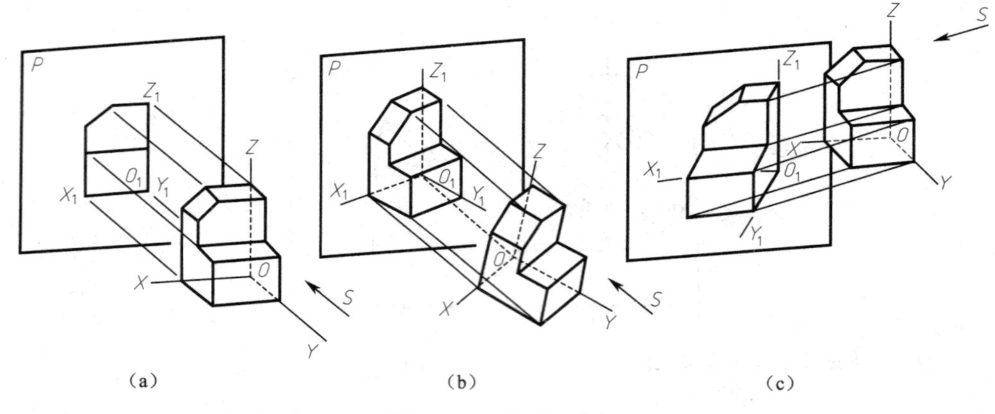

图 1-6-2　轴测图形成

2. 轴测图的种类

(1)如图 1-6-2(b)所示，将形体放斜，使立体上互相垂直的三个校均与 P 面倾斜，用垂直于 P 面的 S 方向进行投影，称正轴测投影。

(2)如图 1-6-2(c)所示，选取形体上坐标面如 XOZ 与 P 面平行，用倾斜于 P 面的 S 方向进行投影，称斜轴测投影。

常用的有正等轴测图和斜二轴测图。

3. 轴测投影的特点

(1)形体上相互平行的线段，其轴测投影平行；与空间坐标轴平行的线段，其轴测投影与相应的轴测轴平行——平行性。

(2)形体上平行于坐标轴的线段，其投影的变化率与相应轴测轴的轴向变化率相同，形体上成比例的平行线段，其轴测投影仍成相同比例——定比性。

由此，凡与 OX、OY、OZ 平行的线段，其轴测投影不但与相应的轴测轴平行，且可直接度量尺寸，与坐标轴不平行的线段，则不能直接量取尺寸，"轴测"一词即由此而来，轴测图也可说是沿轴测量所画出的图。

轴测图与三维模型不同，轴测图属于单面平行投影，在一个投影面上可以同时表达"长、宽、高"三个方向的形状，是由于投影方向或物体位置改变而使得投影具有立体感，本质上是一种二维平面图形，不能进行渲染或其他三维操作，也不具备三维立体模型的几何信息。

子任务2 平面体正等轴测图画法

【例题6】 如图1-6-3所示，图(a)为四棱柱三视图，图(b)为相应的正等轴测图，绘制过程如下。

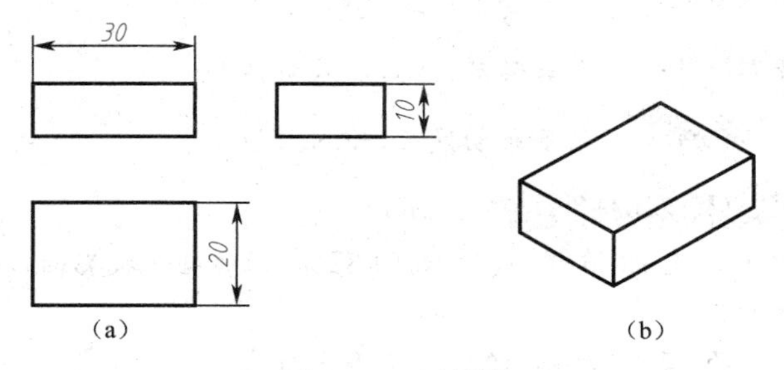

图1-6-3 四棱柱

步骤1：单击图层工具栏中的"图层特性管理器"按钮，新建"粗实线"层，"细实线"层，将"粗实线"层设置为当前图层。确认状态栏中的"正交""对象捕捉""线宽"开关被打开。

步骤2：正等轴测模式设置。

步骤3：单击"工具"菜单选择"草图设置"，打开"草图设置"对话框，如图1-6-4所示；选择"捕捉和栅格"选项卡、在"捕捉类型"选项组中选择"等轴测捕捉(M)"单选按钮，激活等轴测视图模式。单击确定按钮，退出对话框。

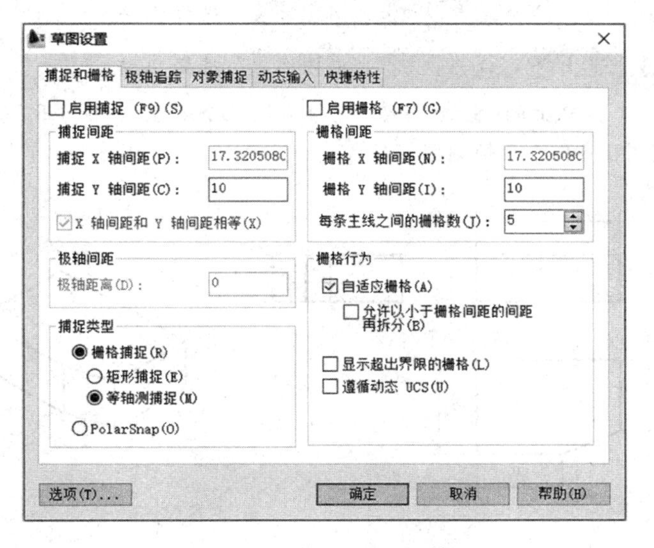

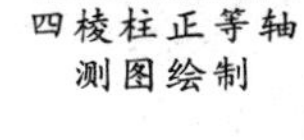

四棱柱正等轴测图绘制

图1-6-4 草图设置对话框

步骤 4：单击绘图工具栏上的“直线”按钮，在屏幕适当位置单击，确定图 1-6-5(a)中的 A 点。

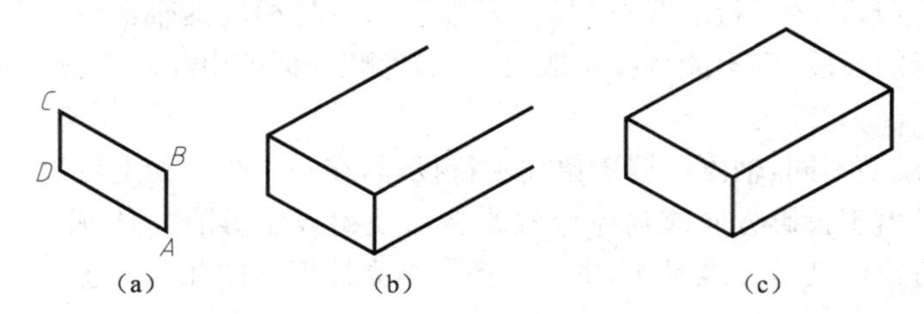

(a)　(b)　(c)

图 1-6-5　四棱柱轴测图绘制

命令：_line 指定第一点：　//指定 A 点

指定下一点或[放弃(U)]：//竖直向上移动鼠标，输入数值 10

指定下一点或[放弃(U)]：//向后移动鼠标，输入数值 20

指定下一点或[放弃(U)]：//向下移动鼠标，输入数值 10

指定下一点或[闭合(C)/放弃(U)]：c//闭合

步骤 4：单击绘图工具栏上的“直线”按钮，按【F5】键，调整轴测投影面，捕捉图中点 c，向上移动光标，在正交模式下，输入 30。

单击“修改”工具栏中的“复制”按钮，绘制另两条平行线。

命令：_copy

选择对象：指定对角点：找到 1 个 //选择过 C 点直线

选择对象：

当前设置：　复制模式＝多个

指定基点或[位移(D)/模式(O)]<位移>：　//选择 C 点

指定第二个点或[退出(E)/放弃(U)]<退出>：//选择 B 点

指定第二个点或[退出(E)/放弃(U)]<退出>：//选择 A 点

步骤 5：单击绘图工具栏上的“直线”按钮，连接右侧三个端点，如图 1-6-5(c)图所示。

【例题 7】　绘制图 1-6-6 所示轴测图。

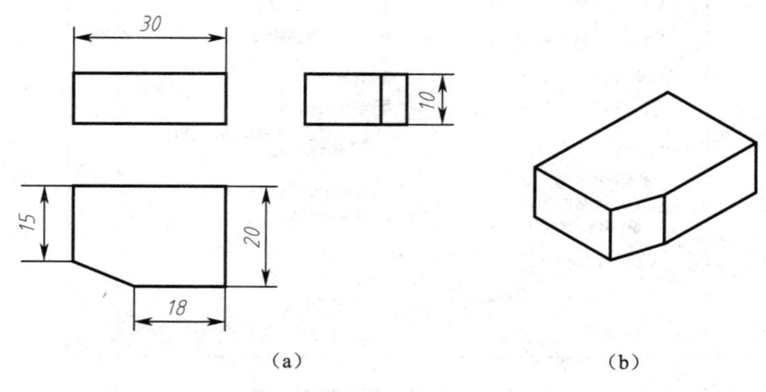

(a)　(b)

图 1-6-6　棱柱体三视图及轴测图

说明：进入正等轴测模式后，可以直接利用二维绘图和编辑命令来创建和修改图形。对于不平行于轴测轴的斜线，其长度和倾斜角度不易确定，无法指定距离或端点坐标，可以作平行于轴测轴的直线作为辅助线，确定斜线的端点。

步骤1：在1-6-5(c)图的基础上，单击“修改”工具栏中的“偏移”按钮。

命令：_offset

当前设置：删除源＝否　图层＝源　OFFSETGAPTYPE＝0

指定偏移距离或［通过(T)/删除(E)/图层(L)］＜18.0000＞：15

选择要偏移的对象，或［退出(E)/放弃(U)］＜退出＞：//直线 *CE*

指定要偏移的那一侧上的点，或［退出(E)/多个(M)/放弃(U)］＜退出＞：

重复执行偏移操作，设置偏移距离为18，将直线 *EF* 偏移，如图1-6-7(a)所示。

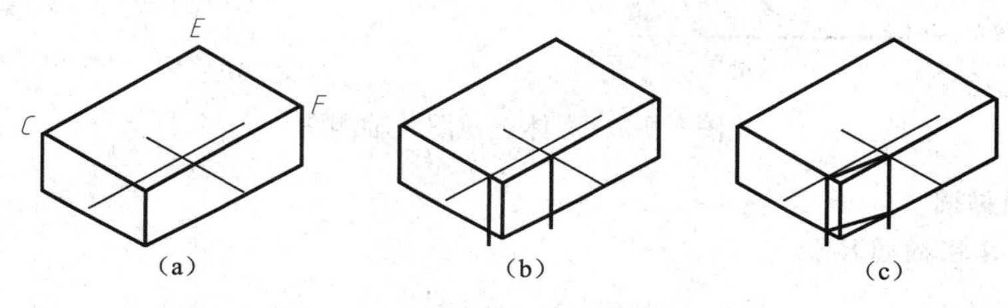

图1-6-7　棱柱体三视图及轴测图

步骤2：单击绘图工具栏上的“直线”按钮，过交点作竖直向下直线，再将各点连接起来，如图1-6-7(b)、(c)所示。

步骤3：单击“修改”工具栏中的“修剪”按钮，去掉多余图线，如图1-6-6(b)所示。

子任务3　曲面体正等轴测图画法

与投影面平行的圆或圆弧，在正等测图中成为椭圆与椭圆弧，位于不同的坐标面，椭圆的形式不同，如图1-6-8所示。

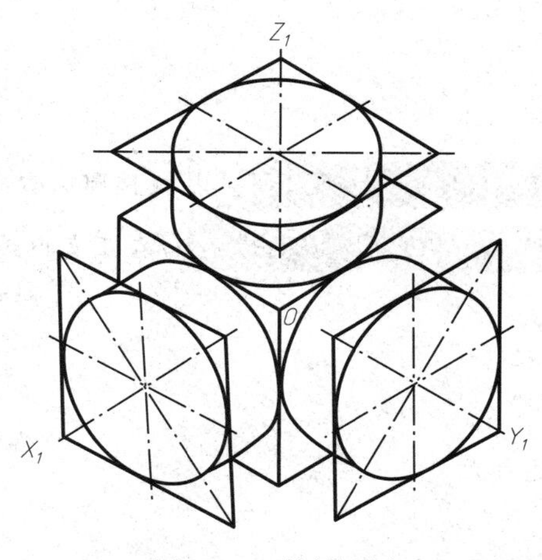

图1-6-8　等轴测圆

在AutoCAD中可以在正等轴测模式下利用“椭圆”或“椭圆弧”命令方便的绘制等轴测椭圆或椭圆弧。

【例题 8】 识读图 1-6-9(a)所示立体三视图，绘制其正等轴测图。

分析：该立体为在四棱柱上挖出一个圆孔，圆孔直径 15 mm，需要绘制等轴测圆。

平面体正等轴侧图绘制

步骤 1：打开或复制图 1-6-3 所示四棱柱。

步骤 2：在四棱柱顶面上确定圆心位置。

单击绘图工具栏上直线命令，捕捉顶面边的中点并连线，如图 1-6-9(b)所示。

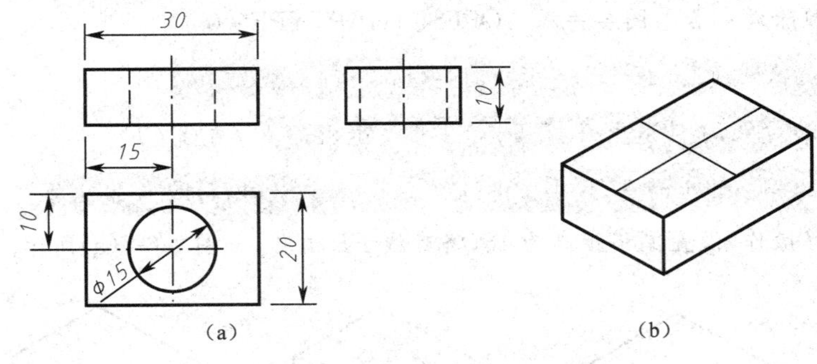

图 1-6-9　立体三视图及轴测图

步骤 3：绘制椭圆。

单击绘图工具栏椭圆按钮。

命令：_ellipse

指定椭圆轴的端点或［圆弧(A)/中心点(C)/等轴测圆(I)］：i//选择等轴测圆

指定等轴测圆的圆心：　//捕捉辅助线交点

指定等轴测圆的半径或［直径(D)］：　<等轴测平面　俯视> //按【F5】键切换

指定等轴测圆的半径或［直径(D)］：　//输入圆半径 7.5

步骤 4：复制椭圆。

命令：_copy

选择对象：//选择椭圆

当前设置：　复制模式 ＝ 多个

指定基点或［位移(D)/模式(O)］<位移>：// 捕捉椭圆圆心

指定第二个点或［退出(E)/放弃(U)］<退出>：//在正交模式下，按【F5】切换坐标面，竖直向下移动光标，输入 10

步骤 5：修剪。

命令：_trim

当前设置：投影＝UCS，边＝无

选择剪切边...

选择对象或 <全部选择>：　顶面椭圆

选择要修剪的对象，或按住【Shift】键选择要延伸的对象，或

［栏选(F)/窗交(C)/投影(P)/边(E)/删除(R)/放弃(U)］：//选择底面椭圆

如图 1-6-10 所示。

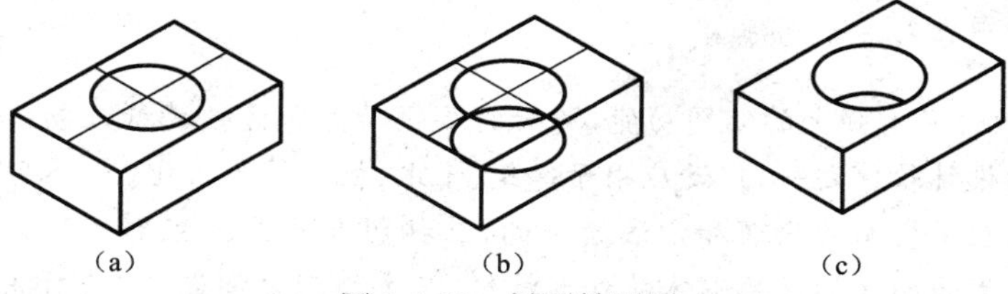

图 1-6-10　椭圆轴测图

·检查与评价·

(1)读图,作挡土墙模型的正等轴测图。

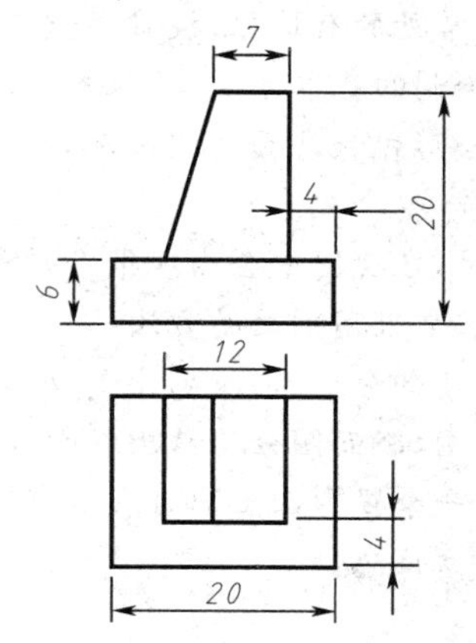

(2)读图,作台阶的正等轴测图。

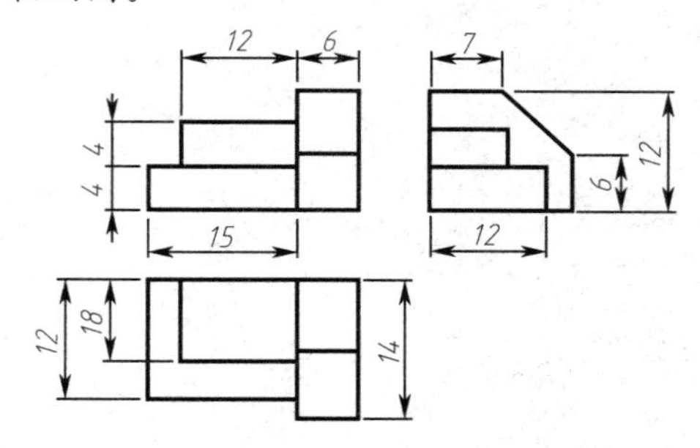

(3)读图,作正等轴测图。

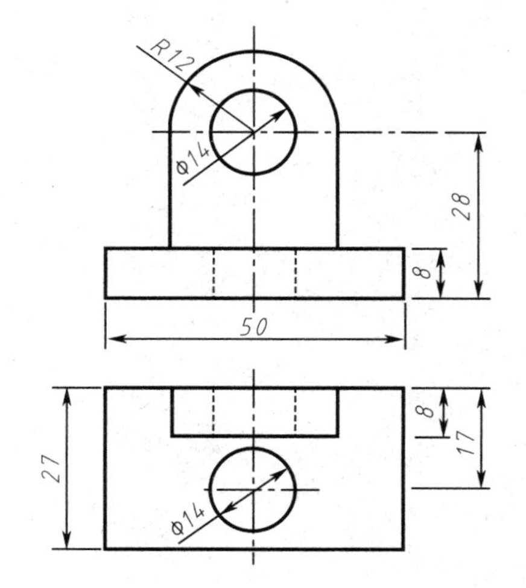

项目小结

1. AutoCAD 软件具有强大的绘图功能，灵活的编辑功能和方便的标注功能，是工程单位常用的通用计算机辅助设计软件之一，广泛应用于建筑、土木、机械等各行业。

2. 工程图样是应用投影的原理和方法绘制的，三视图是表达工程形体的最常用方式，物体安放位置应使正面投影较明显的反映形体的外形特征，三个视图之间满足“长对正、高平齐、宽相等”的三等关系。

3. 任何工程建筑物，无论形状复杂程度如何，都可以看成由一些简单的几何形体组成，这些最简单的有规则的几何体称为基本体，常见的有棱柱、棱锥、棱台、圆柱、圆锥、圆台等。

4. 形体分析法是组合体三视图绘制的基本方法，其基本思路是假想将组合体分解为几个基本体或简单立体，分析它们的形状、组合形式和表面交线情况，将各基本体的投影按其相对位置进行组合。

5. 当工程建筑物内部构造复杂时，在视图中会出现很多虚线，影响图示效果，也不便于标注尺寸，为清楚表达形体结构的内部形状，常采用剖面的方法。

6. 假想用一个剖切平面，将物体某部分切断，仅画出剖切面切到部分的图形，并在截面上画出材料图例，这样所得到的图形称断面图，断面图分为移出断面和重合断面。

7. 轴测图属于单面平行投影，在一个投影面上同时表达空间形体的“长、宽、高”三维向度，即用二维图形表达形体的三维形状，具有立体感。

项目2 用Auto CAD绘制和编辑基本工程图

【项目描述】

钢筋布置图、线路横断面图、桥台投影图和剖面图等都是土木工程中的基本过程图形，识读和绘制这些基本工程图是本项目的主要内容。

本项目主要介绍图纸图幅的绘制、作业工具(正交、捕捉、追踪、显示控制)、图层的创建与设置(图层、线形、颜色)、二维图形的绘制和编辑、图案填充文字的添加和表格的创建等功能，并使用这些功能绘制钢筋混凝土梁钢筋布置图、线路横断面图、U形桥台投影图、桥台半平面半基顶剖面图、50 kg/m钢轨断面图。

【学习目标】

1. 掌握图纸图幅的绘制方法。

2. 掌握作业工具(正交、捕捉、追踪、显示控制)的使用方法，并能够绘制钢筋混凝土梁钢筋布置图。

3. 掌握图层的创建与设置(图层、线形、颜色)；掌握二维图形的绘制的基本方法，并绘制线路横断面图。

4. 掌握图形的编辑的基本方法，能够绘制桥台投影图。

5. 掌握图案填充的方法，并绘制桥台半平面、半基顶剖面图。

6. 掌握文字的添加和表格的创建的基本方法；掌握图块的创建与使用，并能够绘制50 kg/m钢轨断面图。

【案例引入】

铁路线路是机车车辆和列车运行的基础。铁路线路是由路基、桥隧建筑物和轨道组成的一个整体工程结构。线路中心线是指距外轨半个轨距的铅垂线与两路肩边缘水平连线。线路的平面由直线、曲线(圆曲线及缓和曲线)组成。线路中心线在水平面上的投影，叫作铁路线路的平面(俯视)，表明线路的直、曲变化状态；线路纵断面由平道、坡道及设于变坡点处的竖曲线组成，线路中心线展直后在铅垂面上的投影，叫作铁路线路的纵断面(侧视)，表明线路的坡度变化。垂直于线路中心线截取的断面，称为横断面，如图2-1所示。

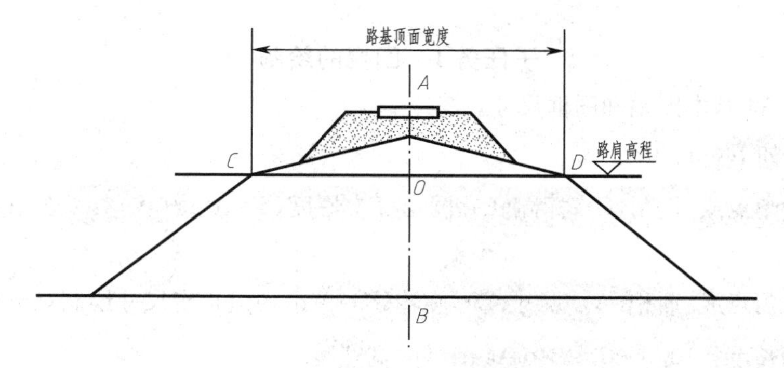

图2-1 线路横断面图

任务 1　图纸图幅的绘制

· 任务描述 ·

图幅是在绘图时所采用的图纸幅面大小，为了便于保管和装订图纸，对图纸的幅面和图框尺寸作了统一规定，见表 2-1-1。

表 2-1-1　图幅尺寸

幅面代号 尺寸代号	A0	A1	A2	A3	A4
$b \times l$	841×1189	594×841	420×594	297×420	210×297
c	10		5		
a	25				

注：b—图纸的宽度；l—图纸的长度；a—装订边的图纸边界线至图框线的距离；c—非装订边（其他三边）图纸边界线至图框线的距离。

图幅一般有横式和立式两种使用方式，如图 2-1-1 所示。A0～A3 图纸宜横式使用，必要时可以采用立式，A4 图纸只能立式使用。

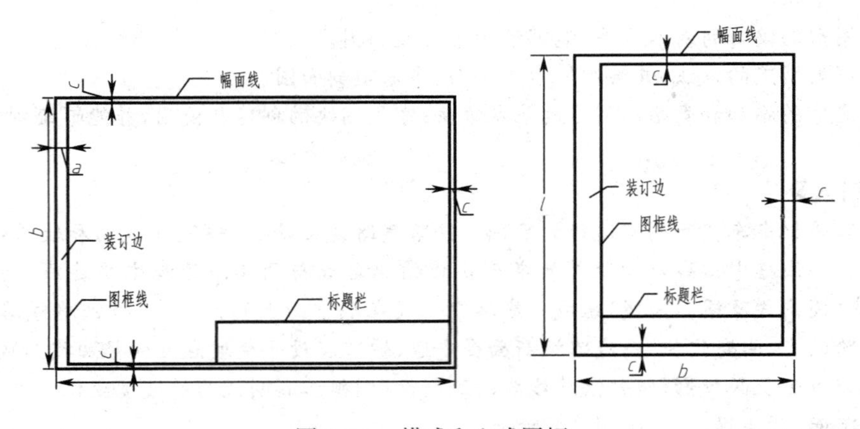

图 2-1-1　横式和立式图幅

子任务 1　图幅的绘制

本任务绘制 A4 基本图幅和图框尺寸。

命令行提示如下：_rectang

指定第一个角点或[倒角(C)/标高(E)/圆角(F)/厚度(T)/宽度(W)]：(绘图区域指定一个点)

指定另一个角点或[面积(A)/尺寸(D)/旋转(R)]：d(通过指定尺寸绘制矩形框)

指定矩形的长度<10.0000>210(A4 图纸的宽度)：

指定矩形的宽度<10.0000>297(A4 图纸的高度，按【Enter】键)：

子任务 2　内图框的绘制

命令行提示如下：_offset

当前设置：删除源＝否图层＝源　OFFSETGAPTYPE＝0

指定偏移距离或[通过(T)删除(E)图层(L)]＜通过＞：5(输入偏移距离值，根据基本图幅图框尺寸)

选择要偏移的对象，或[退出(E)放弃(U)]＜退出＞：(选择刚才画的矩形)

指定要偏移的那一侧上的点，或[退出(E)多个(M)放弃(U)]＜退出＞：(选择矩形框的内侧区域)

通过移动左侧内图框，留出装订线距离。选中内侧图框线，点击右键“特性”，在“常规”选项卡中选择”线宽”选项，将”线宽”设置为 0.3 mm，在图形状态栏中，将”显示/隐藏线宽”项 + 点开。绘制的图幅、图框如图 2-1-2 所示。

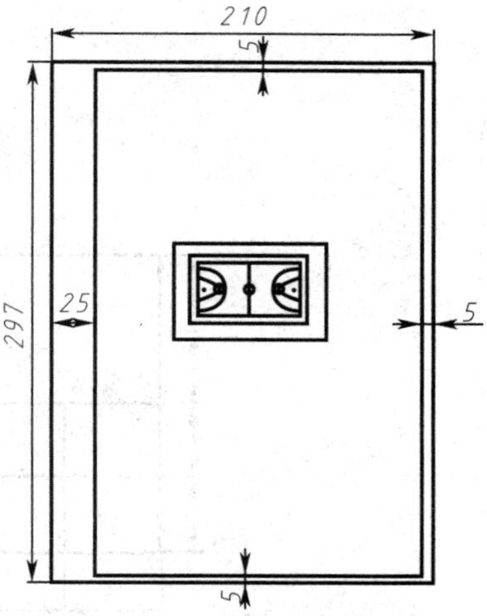

子任务 3　标题栏的绘制

图框和图纸标题栏几乎是 CAD 制图中的必备内容，一般这些样式是由公司统一制定的，每个公司所用的都有些小差别，可以通过几种方式进行标题栏的制作。

1. 可以直接通过绘制直线和添加文字完成标题栏的制作，但是文字对齐不方便，且后期修改比较繁琐。

2. 可以通过做块来实现，类似于第一种方法，通过绘制线段和文字的方法，把表格的基本属性绘制出来。在填写标题栏里的内容是可以用块属性的方式制作，但是后期修改时也比较麻烦。

3. 直接通过插入表格进行标题栏的制作。在 AutoCAD 2010 版本及其后期的版本中，都可以通过插入表格实现。下面就介绍这种方式添加标题栏。

图 2-1-2　A4 立式图纸幅面

命令行提示如下：_table

跳出如图 2-1-3 所示选项卡。

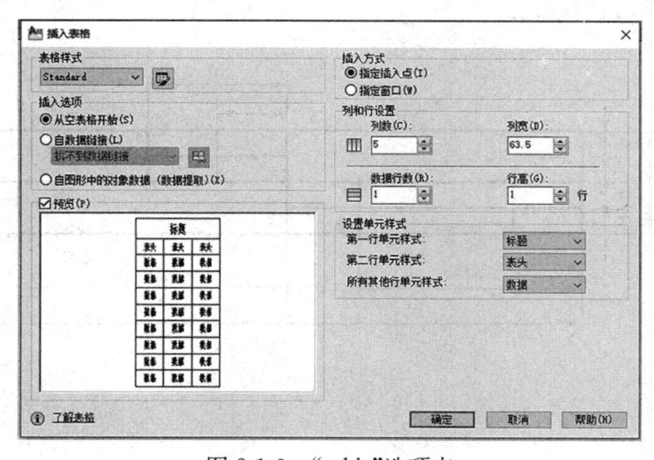

图 2-1-3　“table”选项卡

可以设置行、列的高度和宽度，以及设置单元格格式等内容。设置完毕后，点击“确定”，将设计好的表格插入到图幅图框中，如图 2-1-4 所示，标题栏如图 2-1-5 所示。

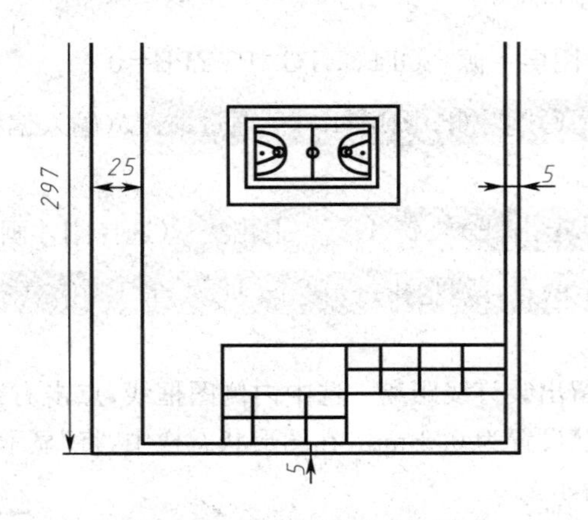

图 2-1-4　标题栏所在位置

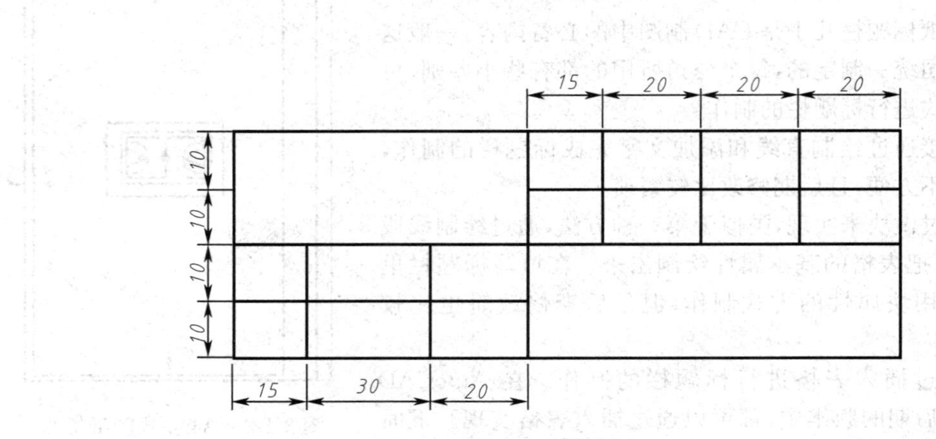

图 2-1-5　标题栏

·检查与评价·

(1)绘制下图所示的标题栏。

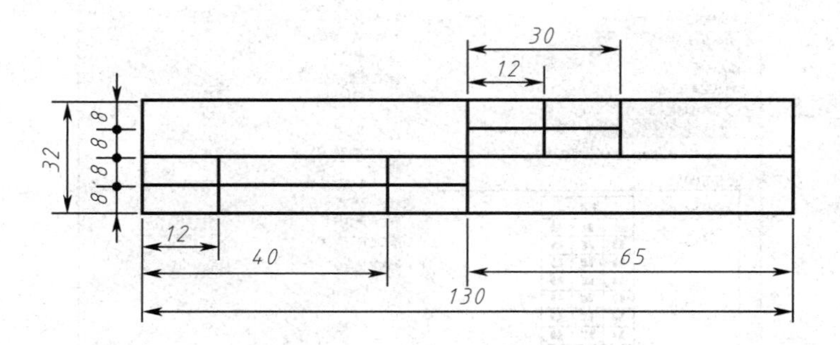

(2)绘制下图所示的图框。

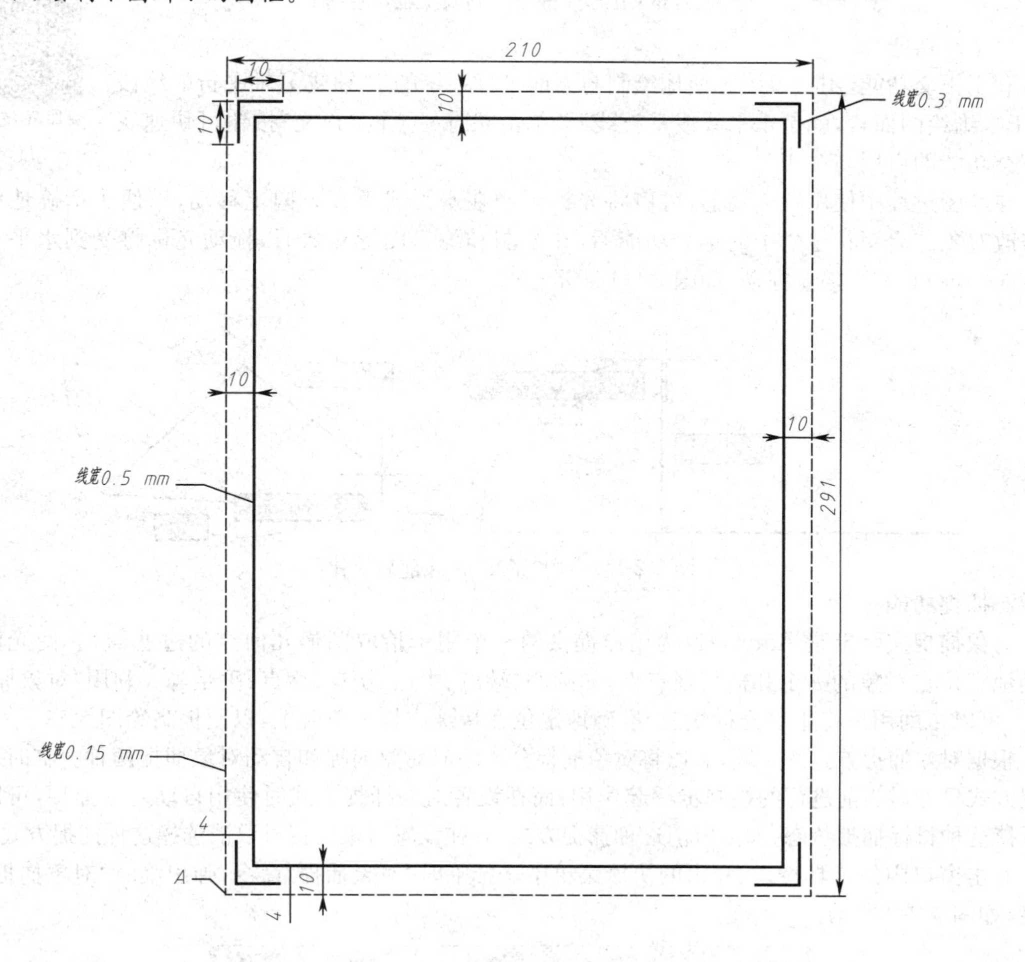

任务2 钢筋混凝土梁钢筋布置图的绘制

·任务描述·

用钢筋混凝土制成的梁、板、柱、基础等构件,称为钢筋混凝土构件。可用钢筋混凝土构件组成房屋的承重结构。全部由钢筋混凝土构件组成的房屋结构,称为钢筋混凝土结构。在钢筋混凝土梁中,一般配有受力钢筋、箍筋、架立钢筋、分布筋及构造筋。受力筋也叫主筋,是指在混凝土结构中,对受弯、压、拉等基本构件配置的主要用来承受由荷载引起的拉应力或者压应力的钢筋,其作用是使构件的承载力满足结构功能要求。箍筋指用来满足斜截面抗剪强度,并联结受力主筋和受压区混筋骨架的钢筋。架立筋用来固定梁内钢箍的位置,构成梁内的钢筋骨架。分布筋用于屋面板、楼板内,与板的受力筋垂直布置,将承受的重量均匀地传给受力筋,并固定受力筋的位置,以及抵抗热胀冷缩所引起的温度变形。构造筋是因构件构造要求或施工安装需要而配置的钢筋,如腰筋、预埋锚固筋、环等。

AutoCAD 状态栏中的作业工具,包括栅格、正交、捕捉、追踪功能都能够帮助我们提高绘图的速度和精度,本任务主要介绍这些作业工具的使用方法,并利用这些作业工具绘制钢筋混凝土梁钢筋布置图。

子任务 1　作业工具(正交、捕捉、追踪、显示控制)

1. 正交功能

利用正交功能,用户可以方便地绘制与当前坐标系统的 X 轴或 Y 轴平行的线段(对于二维绘图而言,就是水平线或垂直线)。单击状态栏上的“正交”按钮可快速实现正交功能的启用与关闭。

在绘图过程中使用正交功能,可以将光标限制在水平或垂直方向上移动,以便于精确地创建和修改对象。启用状态栏中的正交功能后,在绘制和编辑图形对象时,拖动光标将受到水平和垂直方向的限制,无法随意拖动,如图 2-2-1 所示。

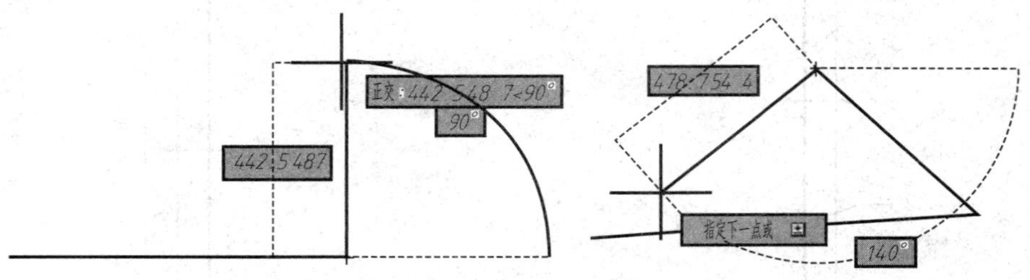

图 2-2-1　启用“正交”模式前后对比

2. 捕捉功能

对象捕捉实际上是 AutoCAD 为用户提供的一个用于拾取图形几何点的过滤器,它使光标能精确地定位在对象的一个几何特征点上,如圆心、端点、中点、切点、交点、垂足等。利用“对象捕捉”命令,可以帮助用户将十字光标快速、准确地定位在特殊或特定位置上,以便提高绘图效率。

根据对象捕捉方式的不同,可以将对象捕捉分为临时对象捕捉和自动对象捕捉两种。临时对象捕捉方式只能对当前进行的绘制步骤起作用;而在设置对象捕捉方式时使用自动对象捕捉,可以一直保持这种目标捕捉状态,如需取消这种捕捉方式,要在设置对象捕捉时取消选择这种捕捉方式。

右击窗口内的工具栏、在弹出的快捷菜单中选择临时“对象捕捉”命令,弹出临时“对象捕捉”工具栏,如图 2-2-2 所示。

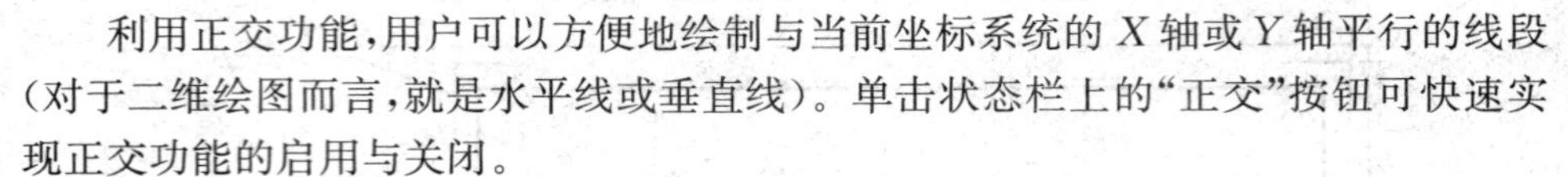

图 2-2-2　临时“对象捕捉”工具栏

在临时“对象捕捉”工具栏中,对应的各个选项的意义如下。

(1)“临时追踪点”:用于设置临时追踪点,使系统按照正交或者极轴的方式进行追踪。

(2)“捕捉自”:选择一点,以所选的点为基准点,再输入其点相对于此点的相对坐标值来确定另一点的捕捉方法。

(3)“捕捉到端点”:用于捕捉线段、矩形、圆弧等线段图形对象的端点。

(4)“捕捉到中点”:用于捕捉线段、弧线、矩形的边线等图形对象的线段中点。

(5)“捕捉到交点”:用于捕捉图形对象间相交或延伸相交的点。

(6)“捕捉到外观交点”:在二维空间中,与“捕捉到交点”选项的功能相同,可以捕捉到两个对象的视图交点。该捕捉方式还可以在三维空间中捕捉两个对象的视图交点。

(7)“捕捉到延长线”:使光标从图形的端点处开始移动,沿图形一边以虚线来表示此边的延长线,光标旁边显示对于捕捉点的相对坐标值,光标显示形状。

(8)“捕捉到圆心”:用于捕捉圆形、椭圆形等图形的圆心位置。

(9)“捕捉到象限点”:用于捕捉圆形、椭圆形等图形上象限点的位置,如 0°、90°、180°、270°位置处的点。

(10)“捕捉到切点”:用于捕捉圆形、圆弧、椭圆图形与其他图形相切的切点位置。

(11)“捕捉到垂足”:用于绘制垂线,即捕捉图形的垂足。

(12)“捕捉到平行线”:以一条线段为参照,绘制另一条与之平行的直线。在指定直线起始点后,单击“捕捉直线”按钮,移动光标到参照线段上,出现平行符号“//”表示参照线段被选中。移动光标,与参照线平行的方向会出现一条虚线表示轴线,输入线段的长度值即可绘制出与参照线平行的一条直线段。

(13)“捕捉到插入点”:用于捕捉属性、块或文字的插入点。

(14)“捕捉到节点”:用于捕捉使用“点”命令创建的点的对象。

(15)“捕捉到最近点”:只用于捕捉距离对象的最近点。

(16)“无捕捉”:用于取消当前所选的临时捕捉方式。

(17)“对象捕捉设置”:单击此按钮,弹出“草图设置”对话框,可以启用自动捕捉方式,并对捕捉方式进行设置。

3. 追踪功能

在 AutoCAD 中,用户可以指定按某一角度或利用点与其他实体对象特定的关系来确定所要创建点的方向,称为自动追踪。自动追踪分为极轴追踪和对象捕捉追踪。极轴追踪是利用指定角度的方式设置点的追踪方向;对象捕捉追踪是利用点与其他实体对象之间特定的关系来确定追踪方向。

(1)极轴追踪

所谓极轴追踪,是指当 AutoCAD 提示用户指定点的位置时(如指定直线的另一端点),拖动光标,使光标接近预先设定的方向(即极轴追踪方向),AutoCAD 会自动将橡皮筋线吸附到该方向,同时沿该方向显示出极轴追踪矢量,并浮出一小标签,说明当前光标位置相对于前一点的极坐标,如图 2-2-3 所示。

可以看出,当前光标位置相对于前一点的极坐标为 147.516 2<270°,即两点之间的距离为 147.516 2,极轴追踪矢量与 X 轴正方向的夹角为 270°。此时单击拾取键,AutoCAD 会将该点作为绘图所需点;如果直接输入一个数值(如输入 400),AutoCAD 则沿极轴追踪矢量方向按此长度值确定出点的位置;如果沿极轴追踪矢量方向拖动鼠标,AutoCAD 会通过浮出的小标签动态显示与光标位置对应的极轴追踪矢量的值(显示“距离<角度”)。

用户可以设置是否启用极轴追踪功能以及极轴追踪方向等性能参数,设置过程为执行“工具”→“草图设置”命令,弹出“草图设置”对话框,打开对话框中的“极轴追踪”选项卡,如图 2-2-4 所示(在状态栏上的“极轴”按钮上右击,从弹出的快捷菜单中选择“设置”命令,也可以打开对应的对话框)。用户根据需要设置即可。

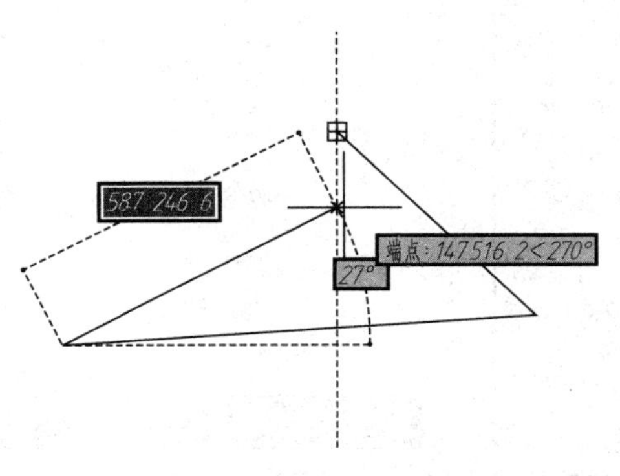

图 2-2-3　极轴追踪图

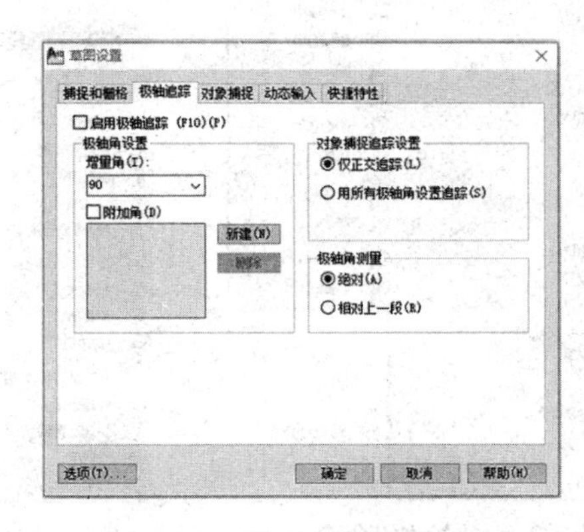

图 2-2-4　“极轴追踪”选项卡

(2)对象捕捉追踪

对象捕捉追踪是对象捕捉与极轴追踪的综合应用。例如,已知图 2-2-5 中有一个圆和一条直线,当执行“line”命令确定直线的起始点时,利用对象捕捉追踪可以找到一些特殊点,如图 2-2-5 和图 2-2-6 所示。

图 2-2-6 中捕捉到的点的 X、Y 坐标分别与已有直线端点的 X 坐标和圆心的 Y 坐标相同。图 2-2-7 中捕捉到的点的 Y 坐标与圆心的 Y 坐标相同,且位于相对于已有直线端点的 45°方向。如果单击拾取键,就会得到对应的点。

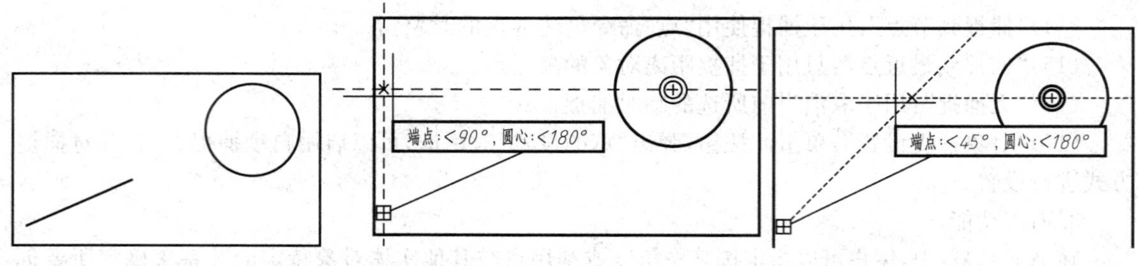

图 2-2-5　对象捕捉追踪 1　　图 2-2-6　对象捕捉追踪 2　　图 2-2-7　对象捕捉追踪 3

4. 显示控制

用户在绘图的时候,因为受到屏幕大小的限制,以及绘图区域大小的影响,需要频繁地移动绘图区域。在 AutoCAD 中,这个问题由图形显示控制来解决。

(1)视图缩放

我们把按照一定的比例、观察角度与位置显示的图形称为视图。作为专业的绘图软件,AutoCAD 提供了“zoom”(缩放)命令来完成此项功能。该命令可以对视图进行放大或缩小,而对图形的实际尺寸不产生任何影响。放大时,就像手里拿着放大镜,缩小时,就像站在高处俯视。

使用视图缩放功能的方法有以下几种:

①执行菜单中的“视图”→“缩放”命令,如图 2-2-8 所示。

②在命令窗口中输入“z”(zoom)。

③绘图时,右击,将出现如图 2-2-9 所示的快捷菜单。

④单击“标准”工具栏中的“窗口缩放”按钮并按住鼠标左键不放,弹出“缩放”工具栏,如图 2-2-10 所示,从中进行选择。

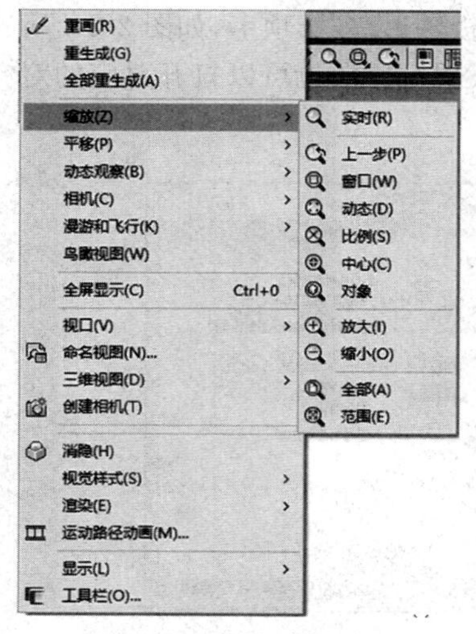

图 2-2-8　“缩放”命令

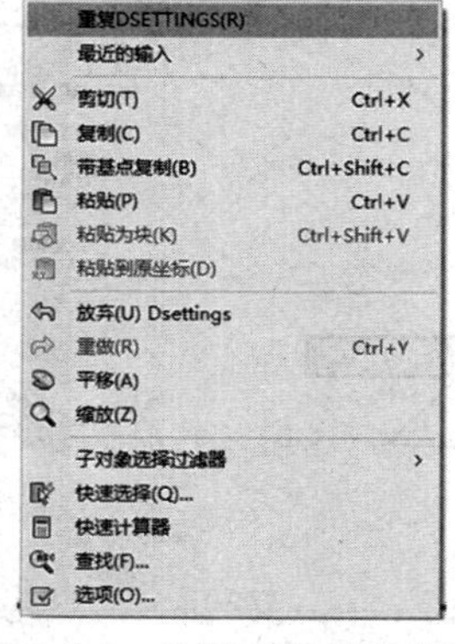

图 2-2-9　快捷菜单选择缩放

图 2-2-10　“缩放”工具栏

(2)平移

此命令用于移动视图,而不对视图进行缩放,可以使用以下方法中的任何一种来激活此项功能:

①执行菜单中的"视图"→"平移"命令,如图 2-2-11 所示。

②输入命令:pan。

③使用快捷菜单绘图时,右击,将出现如图 2-2-12 所示的快捷菜单。

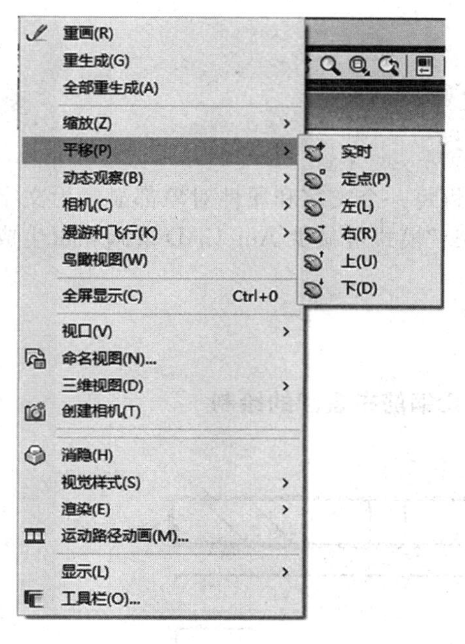

图 2-2-11　"平移"命令

图 2-2-12　快捷菜单选择平移

平移分为两种:实时平移与定点平移。实时平移是指光标变成手形,此时按住鼠标左键移动,即可实现实时平移定;点平移是指输入两个点,视图按照两点直线方向移动。

(3)重画与重生成

重画与重生成都是重新显示图形,但两者的本质不同。重画仅仅是重新显示图形,而重生成不但重新显示图形,而且将重新生成图形数据,速度上较前者稍微慢点。

①重画

激活重画方法有以下两种:

a. 执行"视图"→"重画"命令。

b. 输入命令:redraw。

②重生成

激活重生成方法也有以下两种:

a. 执行"视图"→"重生成"命令。

b. 输入命令:regen。

(4)显示控制参数

①多线、多段线、实体填充

命令: fill[on/off]

a. 开(on):打开"填充"模式。

b. 关闭(off):关闭“填充”模式。仅显示并打印对象的轮廓。重生成图形后,修改“填充”模式将影响现有对象。“填充”模式设置不影响线宽的显示。

②线宽

命令: lwdisplay[on/off]

也可以通过单击状态栏上的“线宽”按钮来控制是否显示线宽。设置随每个选项卡保存在图形中。

a. 开(on):显示线宽。

b. 关闭(off):不显示线宽

③文字快速显示

命令: qtext[on/off]

如果打开了“qtext”(快速文字),则 AutoCAD 将每一个文字和属性对象都显示为文字对象周围的边框。如果图形包含大量文字对象,打开“qtext”模式可减少 AutoCAD 重画和重生成图形的时间。

a. 开(on):显示边框。

b. 关闭(off):显示文字。

子任务 2　钢筋混凝土梁钢筋布置图的绘制

钢筋混凝土梁钢筋布置图如图 2-2-13 所示。

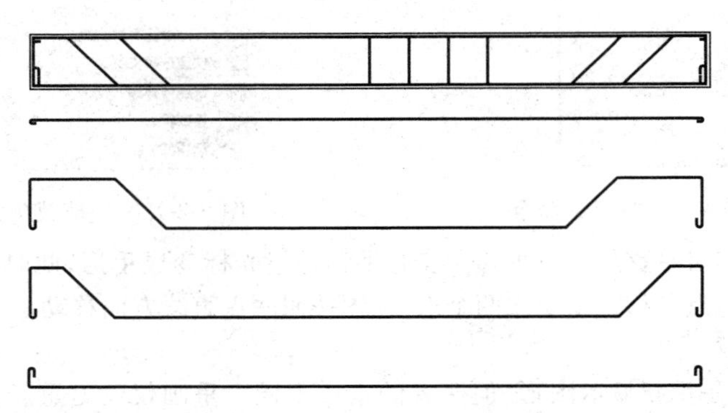

图 2-2-13　钢筋混凝土梁钢筋布置图

步骤 1:分析图形。

钢筋混凝土梁钢筋布置图是由多根钢筋组合而成,直接描图只有寥寥数根线段,体现不出钢筋的形状,达不到学习绘图的目的,因此绘出架立筋、受力筋,将其复制进构件轮廓内。

步骤 2:新建图形文件。

以“acad. dwt”为模板,新建文件。

步骤 3:绘制钢筋混凝土梁钢筋布置图。

(⏎代表回车键,↙为鼠标右键,↘为鼠标左键)

(1)绘制梁外轮廓

钢筋混凝土梁钢筋布置图的绘制

命令: rectang↙

指定第一个角点或[倒角(C)/标高(E)/圆角(F)/厚度(T)/宽度(W)]: ↘(图上点取任意点)

指定另一个角点或[面积(A)/尺寸(D)/旋转(R)]: @5200,450↙

命令：EXPLODE↙

选择对象：↘找到 1 个↙(点取上步绘出的外轮廓，将其分解)

命令：_offset↙

指定偏移距离或［通过(T)/删除(E)/图层(L)］＜30.0000＞：↙(钢筋保护层厚度，用于复制钢筋参照)

选择要偏移的对象，或［退出(E)/放弃(U)］＜退出＞：↘(选取上轮廓线)

指定要偏移的那一侧上的点，或［退出(E)/多个(M)/放弃(U)］＜退出＞：↘(单击选定轮廓线下方任意点)

选择要偏移的对象，或［退出(E)/放弃(U)］＜退出＞：↘(选取下轮廓线)

指定要偏移的那一侧上的点，或［退出(E)/多个(M)/放弃(U)］＜退出＞：↘(单击选定轮廓线上方任意点)

选择要偏移的对象，或［退出(E)/放弃(U)］＜退出＞：↙

得到如图 2-2-14 所示的图形。

(2)绘制架立筋(直径为 10 mm)

为了增加钢筋与混凝土的黏结力，受拉钢筋的两端通常做成弯钩，具体形状尺寸如图 2-2-15 所示。直径为 10 mm 的架立筋，按最小值考虑(其他筋同样处理)。

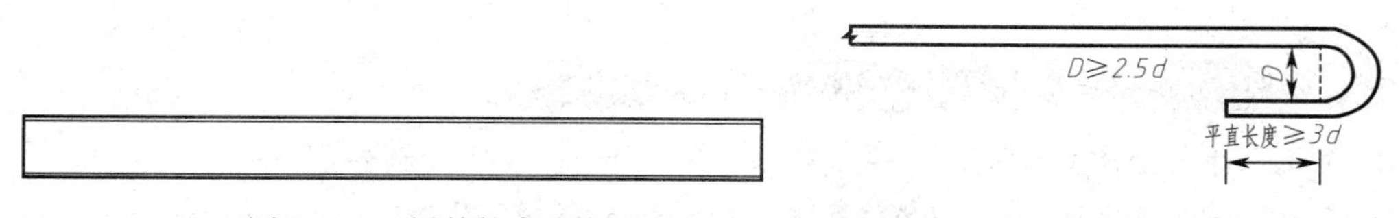

图 2-2-14　梁外轮廓　　图 2-2-15　钢筋弯钩

命令：↙(直接右键，重复上次 OFFSET 命令)

指定偏移距离或［通过(T)/删除(E)/图层(L)］＜30.0000＞：300↙(确定在轮廓线下方绘制架立筋的位置)

选择要偏移的对象，或［退出(E)/放弃(U)］＜退出＞：↘(单击下方轮廓线)

指定要偏移的那一侧上的点，或［退出(E)/多个(M)/放弃(U)］＜退出＞：↘(单击选定轮廓线下方任意点)

选择要偏移的对象，或［退出(E)/放弃(U)］＜退出＞：↙

命令：↙(直接右键，重复上次 OFFSET 命令)

指定偏移距离或［通过(T)/删除(E)/图层(L)］＜300.0000＞：35↙(以半圆形弯钩最小直径确定折弯后钢筋端位置)

选择要偏移的对象，或［退出(E)/放弃(U)］＜退出＞：↘(单击架立筋)

指定要偏移的那一侧上的点，或［退出(E)/多个(M)/放弃(U)］＜退出＞：↘(单击选定架立筋下方任意点)

选择要偏移的对象,或[退出(E)/放弃(U)]<退出>:↙

命令:L↙

指定第一个点:<打开对象捕捉>↘(分别选择上次偏移的 2 条线同一侧端点)

指定下一点或[放弃(U)]:↘

指定下一点或[放弃(U)]:↙

命令:OF↙

指定偏移距离或[通过(T)/删除(E)/图层(L)]<300.000 0>:30↙(保护层厚度)

选择要偏移的对象,或[退出(E)/放弃(U)]<退出>:↘(单击刚刚完成的垂线)

指定要偏移的那一侧上的点,或[退出(E)/多个(M)/放弃(U)]<退出>:↘(在垂线右侧单击)

选择要偏移的对象,或[退出(E)/放弃(U)]<退出>:↙

命令:↙(重复上次 OF 命令)

指定偏移距离或[通过(T)/删除(E)/图层(L)]<300.000 0>:17.5↙(半圆形弯钩半径)

选择要偏移的对象,或[退出(E)/放弃(U)]<退出>:↘(单击刚刚完成的垂线)

指定要偏移的那一侧上的点,或[退出(E)/多个(M)/放弃(U)]<退出>:↘(在垂线右侧单击)

选择要偏移的对象,或[退出(E)/放弃(U)]<退出>:↙

命令:↙(重复上次 OF 命令)

指定偏移距离或[通过(T)/删除(E)/图层(L)]<17.500 0>:30↙(钢筋弯钩后平直长度)

选择要偏移的对象,或[退出(E)/放弃(U)]<退出>:↘(单击刚刚完成的垂线)

指定要偏移的那一侧上的点,或[退出(E)/多个(M)/放弃(U)]<退出>:↘(在垂线右侧单击)

选择要偏移的对象,或[退出(E)/放弃(U)]<退出>:↙

命令:A↙(ARC)

指定圆弧的起点或[圆心(C)]:↘(选择 A 点)

指定圆弧的第二个点或[圆心(C)/端点(E)]:↘(选择 B 点)

指定圆弧的端点:↘(选择 C 点)

完成后如图 2-2-16 所示。

修剪和删除不需要的线条。

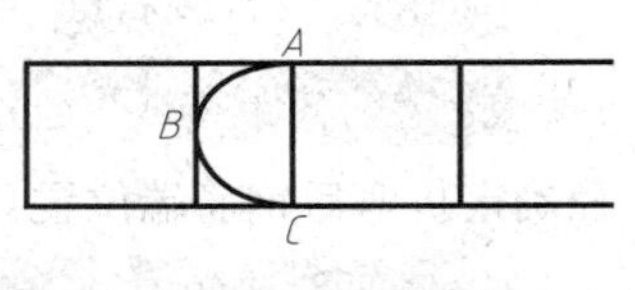

图 2-2-16　架立筋绘制 1

命令:TR↙(TRIM)

选择对象或<全部选择>:↙(使用默认值)

选择要修剪的对象,或按住 Shift 键选择要延伸的对象,或[栏选(F)/窗交(C)/投影(P)/边(E)/

删除(R)/放弃(U)]:↘(点击 A 左侧直线)

选择要修剪的对象,或按住 Shift 键选择要延伸的对象,或[栏选(F)/窗交(C)/投影(P)/边(E)/删除(R)/放弃(U)]:↘(点击 C 左侧直线)

选择要修剪的对象,或按住 Shift 键选择要延伸的对象,或[栏选(F)/窗交(C)/投影(P)/边(E)/删除(R)/放弃(U)]:↘(点击 D 右侧直线)

选择要修剪的对象,或按住 Shift 键选择要延伸的对象,或[栏选(F)/窗交(C)/投影(P)/边(E)/删除(R)/放弃(U)]:↙

完成后如图 2-2-17 所示。

命令:E↙(ERASE)

选择对象:↘指定对角点:↘找到 2 个

选择对象:↘指定对角点:↘找到 3 个,总计 5 个↙

完成后如图 2-2-18 所示。

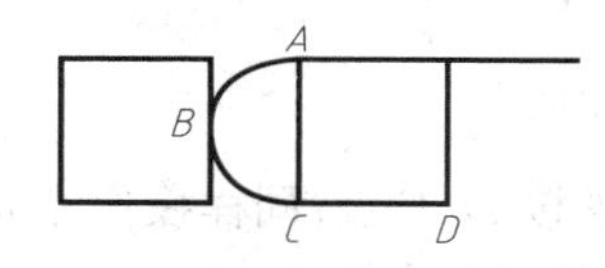

图 2-2-17　架立筋绘制 2

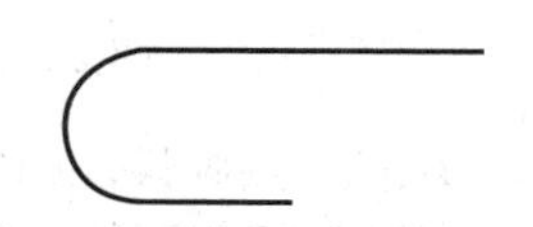

图 2-2-18　架立筋绘制 3

钢筋为左右对称图形,可以按以上步骤绘制另一半,或用镜像命令 MIRROR 完成操作。整理后如图 2-2-19 所示。

图 2-2-19　架立筋

(3)绘制受力筋

绘制所有受力筋及辅助线。

命令:L↙

指定第一个点:↘(捕捉架立筋左侧圆弧中点下拉合适位置点击)

指定下一点或[放弃(U)]:5140↘(正交方向右侧输入 5140 单击右键)

指定下一点或[放弃(U)]:↙

命令:↙(右键重复上次命令)

指定第一个点:↘(捕捉第一条线左侧端点)

指定下一点或[放弃(U)]:2000↘(垂直方向下侧输入 2 000 单击右键,2 000 为钢筋竖向布置估值)

指定下一点或[放弃(U)]:↙

可以使用 LINE 命令逐条钢筋绘制,也可使用 OFFSET 偏移命令其余线段,尺寸如图 2-2-20 所示。

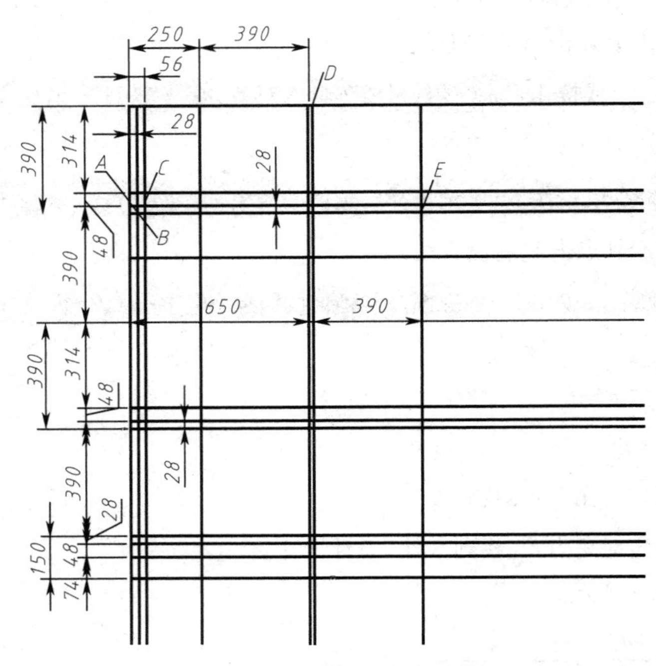

图 2-2-20　受力筋绘制 1

用 ARC 命令，过 A、B、C 三点画弧；以 LINE 命令连接 D、E 点；同样操作完成剩余钢筋绘制。以 TRIM 和 ERASE 命令整理，MIRROR 命令镜像完成受力筋绘制。

得到图形如图 2-2-21 所示。

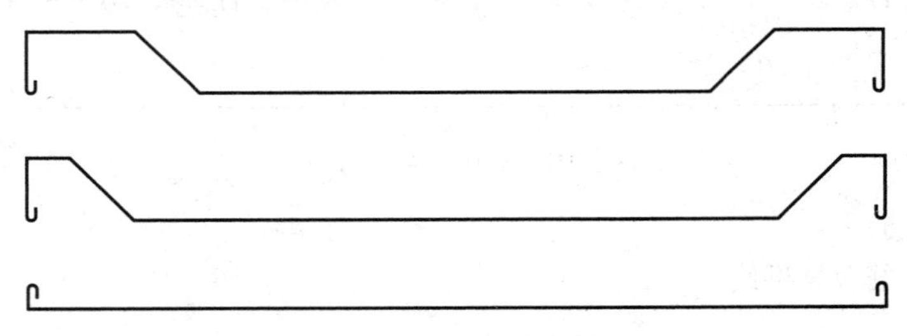

图 2-2-21　受力筋绘制 2

(4)调整线宽

选中所有的钢筋，点击“线宽控制”选择线宽为 0.35，如图 2-2-22 所示。选中外轮廓线，点击“线宽控制”选择线宽为 0.20。

(5)复制架立筋、受力筋到梁外轮廓

命令：CO↙(COPY)

选择对象：↘指定对角点：↘找到 11 个(选择架立筋)

选择对象：↙

指定基点或[位移(D)/模式(O)]＜位移＞：↘(捕捉架立筋中点后单击)

指定第二个点或[阵列(A)]＜使用第一个点作为位移＞：↘(捕捉轮廓线内上辅助线中点单击)

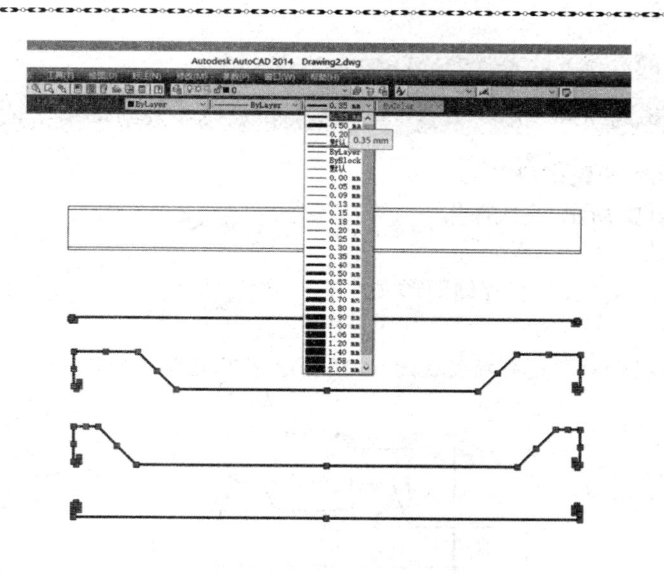

图 2-2-22　调整线宽

指定第二个点或［阵列(A)/退出(E)/放弃(U)］<退出>：↙

同样方式，复制钢筋至合适位置。使用 ERASE 命令，删除 2 条辅助线，完成架立筋及受力筋绘制。

(6)绘制箍筋

箍筋 16 根，间距 300 mm，可知其左侧第 N 根距左侧外轮廓距离为 $200+N\times300$。第 8 根正好在中点位置，其他箍筋可用画线、复制、偏移、阵列等方式绘出(下面以阵列为例)。

命令：L↙

指定第一个点：↘(捕捉上部中点单击)

指定下一点或［放弃(U)］：↘(捕捉下部中点单击)

指定下一点或［放弃(U)］：↙

命令：arrayrect↙

选择对象：↘找到 1 个(单击画好的箍筋)

选择对象：↙

选择夹点以编辑阵列或［关联(AS)/基点(B)/计数(COU)/间距(S)/列数(COL)/行数(R)/层数(L)/退出(X)］<退出>：COL↙(选择列数)

输入列数数或［表达式(E)］<3>：4↙(输入列数)

指定列数之间的距离或［总计(T)/表达式(E)］<1>：300↙(输入列间距)

选择夹点以编辑阵列或［关联(AS)/基点(B)/计数(COU)/间距(S)/列数(COL)/行数(R)/层数(L)/退出(X)］<退出>：R↙(选择行数)

输入行数数或［表达式(E)］<3>：1↙(输入列数 1)

指定行数之间的距离或［总计(T)/表达式(E)］<585>：↙

指定行数之间的标高增量或［表达式(E)］<0>：↙

选择夹点以编辑阵列或［关联(AS)/基点(B)/计数(COU)/间距(S)/列数(COL)/行数(R)/层数(L)/退出(X)］<退出>：↙

完成后如图 2-2-12 所示，完成操作。

步骤 4：存储图形文件。

以“钢筋布置图. dwg”文件名存储图形文件。

· 检查与评价 ·

(1)使用对象捕捉和对象追踪功能快速、准确的绘制下图所示图形。

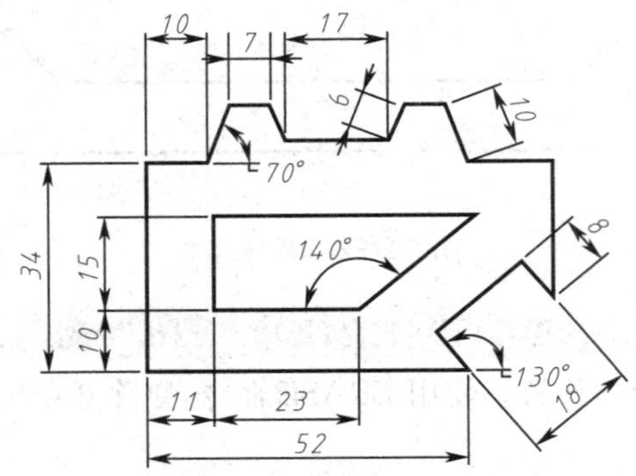

(2)绘制 3 个半径分别为 40、60、90 的同心圆，将半径为 60 和 90 的 2 个圆等分为 12 份，利用对象捕捉和对象追踪功能连接等分点。

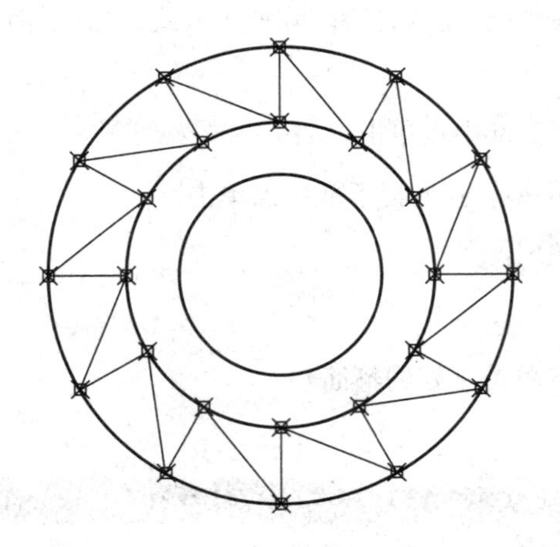

任务 3　线路横断面图的绘制

· 任务描述 ·

绘图环境是 AutoCAD 的重要组成部分。与手工绘图相比，使用 AutoCAD 绘图的最大优点是效率高，其依赖于 AutoCAD 提供的诸多辅助绘图手段，称之为绘图环境。借助图层可将各种图形元素分类管理；借助坐标、捕捉、极轴追踪、对象捕捉和对象捕捉追踪可以轻松地定位点；借助各种视图调整命令可以方便地缩放和平移图形；设置了合适的绘图环境，不仅可以简化大量的调整、修改工作，而且有利于统一格式，便于图形的管理和使用。

子任务 1 图层的创建与设置

1. 设置图层

在 AutoCAD 中，创建与删除图层，包括对图层进行其他操作，都是通过“图层特性管理器”来实现的，如图 2-3-1 所示。

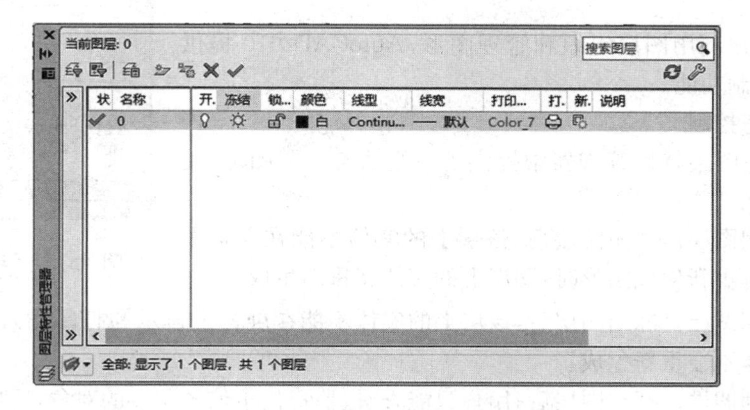

图 2-3-1 “图层特性管理器”对话框

用户可以通过以下三种方法打开图层特性管理器。

①菜单栏 ：“格式”→“图层”。

②命令行：输入“layer”。

③在“图层”面板中单击“图层特性管理器”按钮。

2. 设置线形

单击任一图层的线形，系统将打开“选择线形”对话框，如图 2-3-2 所示。

默认情况下，系统仅加载一种 Continuous(连续)线形。要在图形中使用其他线形，必须首先加载线形。为此，可在“选择线形”对话框中单击“加载”按钮，系统将打开“加载或重载线形”对话框，如图 2-3-3 所示。在其中选择希望使用的线形后，单击“确定”按钮，这些线形会显示在“选择线形”对话框中，然后就可以从加载的线形中选择所需的线形给图层使用。

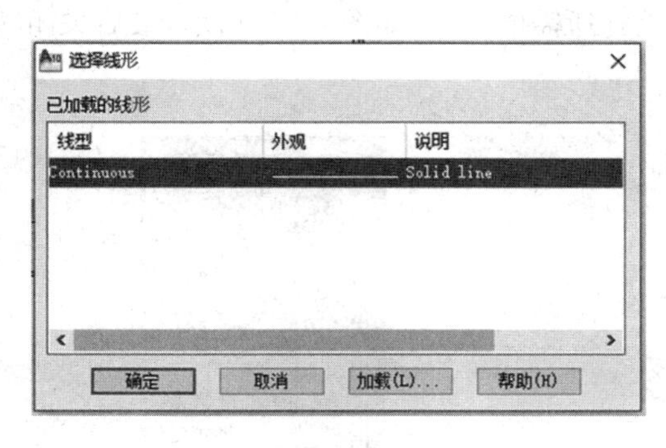

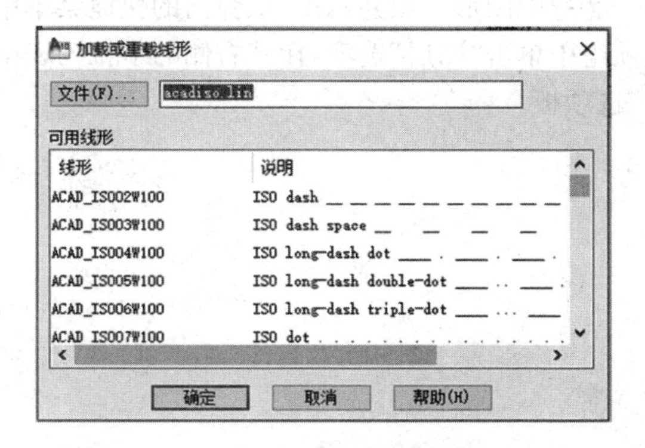

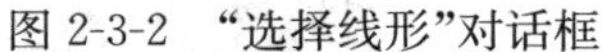

图 2-3-2 “选择线形”对话框

图 2-3-3 “加载或重载线形”对话框

3. 设置线宽

单击任一图层的线宽，系统将打开“线宽”对话框，选择所需要的线宽，然后单击“确定”按钮，如图 2-3-4 所示。

4. 设置颜色

单击颜色图标，系统将打开“选择颜色”对话框，在“索引颜色”“真彩色”“配色系统”选项卡中选择所需要的颜色，然后单击“确定”按钮。

5. 图层管理

为了方便用户利用图层组织和管理图形，AutoCAD2010 提供了丰富的图层控制功能。

(1)图层状态控制

AutoCAD 在图层特性管理器中提供了一组状态开关图标，用以控制图层状态。

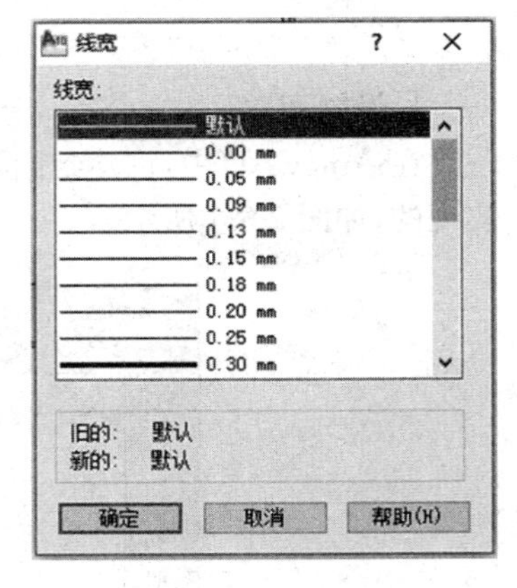

图 2-3-4　“线宽”对话框

①打开/关闭图层。关闭图层后，该层上的实体不能在屏幕上显示和打印输入，重新生成图形时，图层上的实体将重新生成。

②冻结/解冻图层。冻结图层后，该层上的实体不能在屏幕上显示和打印输入，重新生成图形时，图层上的实体不会重新生成。

③锁定/解锁图层。锁定图层后，用户只能查看、捕捉位于该图层上的对象，可以在该图层上绘制新对象，不能编辑和修改位于该图层上的图形对象，但实体仍可以显示和输出。

(2)设置当前图层

AutoCAD 只能在当前图层绘制图形实体，因此，在绘图过程中需要改变当前图层来实现不同的绘图效果，AutoCAD 的默认图层是 0 层。用户可以通过以下三种方法设置当前图层：

①在图层特性管理器中选择图层，然后单击“置为当前”按钮。

②在“图层”面板中单击图层名。

③在命令行中输入 clayer，按【Enter】键，系统提示输入 CLAYER 的新值＜“0”＞(其中，＜“0”＞表示当前图层的名称)，此时输入新图层名称即可。

(3)改变图形对象所在的图层

用户可以通过以下两种方法改变图形对象所在的图层

①选中图形对象，然后在“图层”功能区面板中选择所需的图层，如图 2-3-5 所示。

②选中图形对象并右击，从弹出的快捷菜单中选择“特性”命令，打开“特性”选项板，在“常规”选项组中单击“图层”选项，在其右侧的下拉列表中选择所需的图层，如图 2-3-6 所示，最后关闭“特性”选项板。

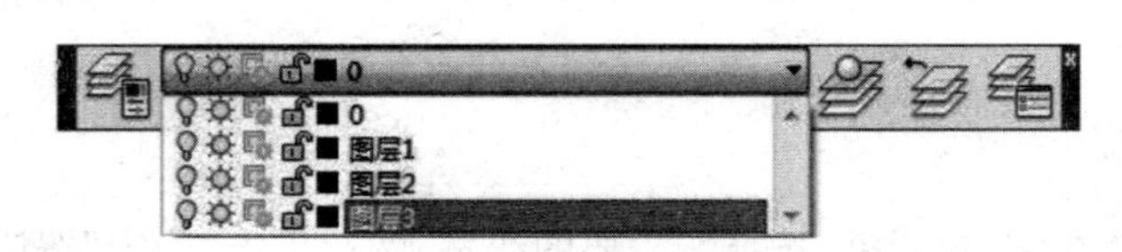

图 2-3-5　选择所需的图层

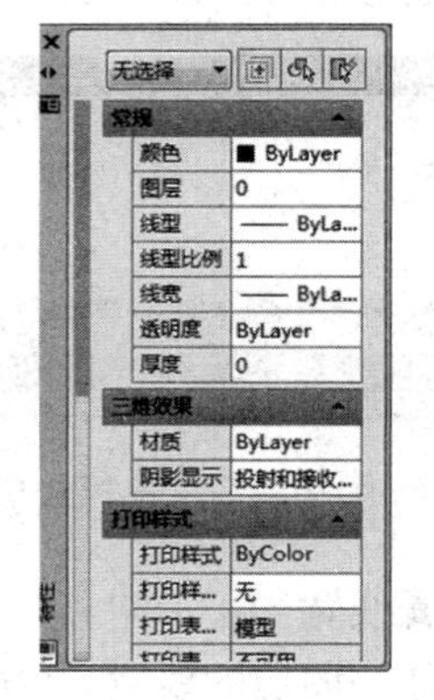

图 2-3-6　“特性”选项板

(4)改变对象的默认属性

默认情况下,用户所绘图形对象将使用当前图层的颜色、线形和线宽,称为随层(ByLayer)颜色、线形和线宽。用户可以在选中图形对象后,利用"特性"选项板中的工具按钮为该图形对象设置不同于所在图层的颜色、线形和线宽。

(5)线宽显示控制

由于线宽属性属于打印设置,在默认情况下系统并未显示线宽设置效果。如果希望在绘图区域中显示线宽设置效果,可在菜单栏中执行"格式"→"线宽"命令,在系统打开的如图 2-3-7 所示的"线宽设置"对话框中选中"显示线宽"复选框即可。

(6)设置线形比例

在 AutoCAD 中,系统提供了大量的非连续线形,如虚线、点画线等。通常,非连续线形的显示和实线线形不同,受绘图时所设置的图形界限尺寸的影响,如图 2-3-8 所示。其中图 2-3-8 (a)为虚线圆在按 A4 图幅设置的图形界限时的效果;图 2-3-8(b)则是按 A2 图幅设置时的效果。如果设置更大尺寸的图形界限,则会由于间距太小而变成了连续线。为此可对图形设置线形比例以改变非连续线形的外观。

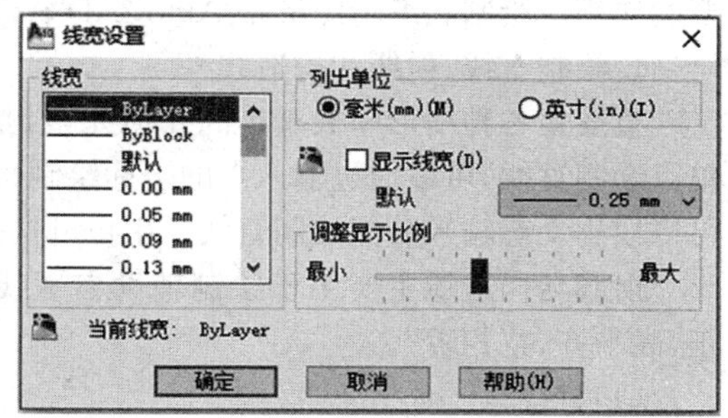

图 2-3-7 "线宽设置"对话框

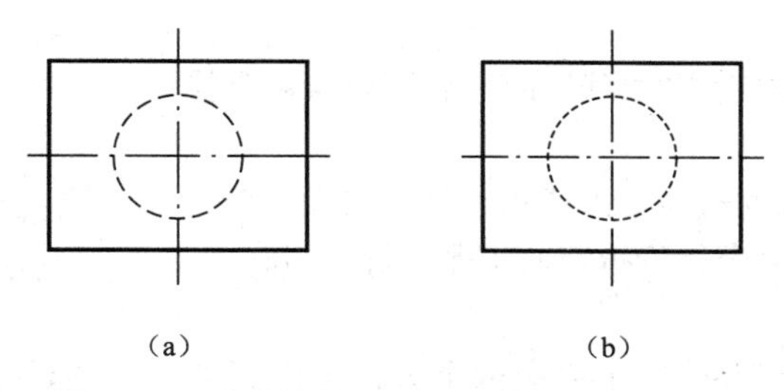

图 2-3-8 非连续线形受图形界限尺寸的影响

设置线形比例的方法为:首先打开"线形管理器"对话框,如图 2-3-9 所示;在线形列表中选择某一线形,然后在"详细信息"选项组中的"全局比例因子"文本框中输入适当的比例系数,即可设置图形中所有非连续线形的外观。

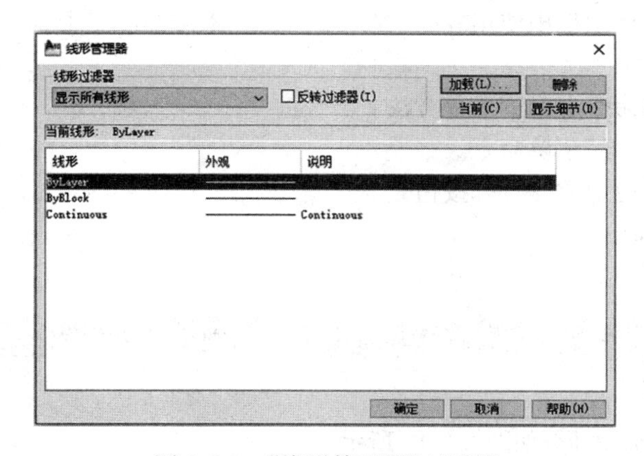

图 2-3-9 "线形管理器"对话框

利用“当前对象缩放比例”文本框，可以设置将要绘制的非连续线形的外观，而原来绘制的非连续线形的外观并不受影响。

另外，在 AutoCAD 中，也可以使用“ltscale”命令来设置全局线形比例，使用“celtscale”命令来设置当前对象线形比例。

子任务 2　二维图形的绘制

在土木工程中，无论多么复杂的图形，都是由基本图形构成的，其中使用得较多的图元有直线、圆和圆弧等，有时也会含有少量的椭圆、椭圆弧、样条曲线等，它们在建筑工程制图中都起着重要的作用。绘制和编辑图形是 AutoCAD 软件的两大基本功能。

1. 绘制直线、射线和构造线

直线是各种图形中最基本的几何元素，是 AutoCAD 中最常见的绘图元素之一。可以用鼠标单点绘制直线，可以通过输入点的坐标绘制直线，可以使用相对坐标确定点的位置来绘制直线，还可以使用动态输入功能绘制直线。用户可根据实际情况选择绘制方法。

射线与构造线主要用于绘制辅助参考线，从而方便绘图，如在绘制房屋三视图中要求“长对正、高平齐、宽相等”。

(1)直线

启用绘制“直线”的命令有以下三种方法。

①执行“绘图”→“直线”菜单命令。

②单击“标准”工具栏中的“直线”按钮。

③输入命令：line。

利用以上任意一种方法启用“直线”命令，就可以绘制直线。

(2)射线

射线是一条只有起点、通过另一点或指定某方向无限延伸的直线，一般用作辅助线。执行“绘图”→“射线”菜单命令，按命令行所指定的步骤进行绘制。

(3)构造线

构造线是指通过某两点并确定了方向两个方向无限延伸的直线，一般用作辅助线。选择“绘图”→“构造线”菜单命令，按命令行所指定的步骤进行绘制。

2. 绘制矩形和正多边形

矩形在建筑工程图形中使用较多。用户可通过定义两个对角点来绘制矩形，同时可以设定其宽度、圆角和倒角等。

正多边形在建筑工程图形中使用较少，多用于一些艺术装饰图案中。

(1)矩形

启用绘制“矩形”的命令有以下三种方法。

①执行“绘图”→“矩形”菜单命令。

②单击“标准”工具栏中的“矩形”按钮。

③输入命令：rectang。

命令行提示如下：

指定第一个角点或[倒角(C)/标高(E)/圆角(F)/厚度(T)/宽度(W)]：

指定另一个角点：

根据命令行提示绘制矩形，如图 2-3-10 所示。

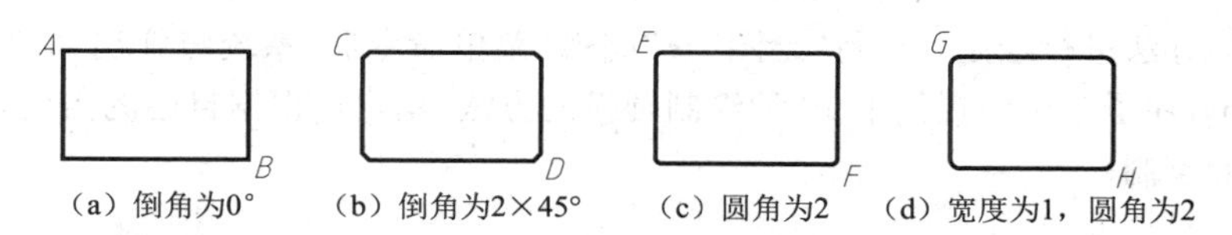

（a）倒角为0°　（b）倒角为2×45°　（c）圆角为2　（d）宽度为1，圆角为2

图 2-3-10　绘制矩形图例

(2)正多边形

在 AutoCAD 中，正多边形是具有等边长的封闭图形，其边数为 3～1 024。绘制正多边形时，用户可以通过与假想圆的内接或外切的方法来进行绘制，也可以指定正多边形某边的端点来绘制。

启用绘制"正多边形"的命令有以下三种方法。

①执行"绘图"→"正多边形"菜单命令。

②单击"标准"工具栏中的"正多边形"按钮。

③输入命令：pol(polygon)。

启用"正多边形"命令后，命令行提示如下。

指定正多边形的中心点或[边(E)]：

输入选项[内接于圆(I)/外切于圆(C)]<I>：

根据命令行提示绘制矩形，如图 2-3-11 所示。

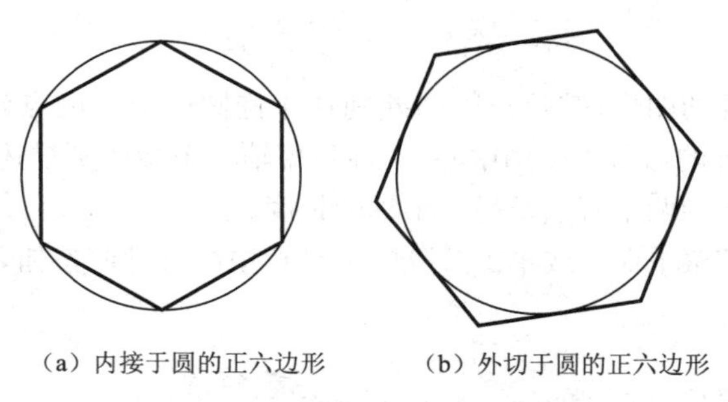
（a）内接于圆的正六边形　（b）外切于圆的正六边形

图 2-3-11　正多边形与圆的关系

3. 绘制圆、圆弧、椭圆和椭圆弧

在绘制土木工程图形时，不仅包括直线、矩形这些规则的线性对象，还包括圆、圆弧和样条曲线这些不规则的曲线对象。圆和圆弧是工程图样中常见的曲线元素，在 AutoCAD 中提供了多种绘制圆和圆弧的方法。

椭圆与椭圆弧在土木工程图样中是很少见的曲线，在 AutoCAD 中绘制椭圆与椭圆弧比较简单，和正多边形一样，系统可自动计算数据。

(1)圆

启用"圆"命令后，命令行提示如下。

命令：_circle

指定圆的圆心或[三点(3P)/两点(2P)/相切、相切、半径(T)]：

根据图形所给出的实际尺寸来选择绘制方法。常用的圆的绘制方法如图 2-3-12 所示。

(2)圆弧

在 AutoCAD 中绘制圆弧共有 10 种方法，其中缺省状态下是通过确定三点来绘制圆弧的。绘制圆弧时，可以通过设置起点、方向、中点、角度、终点、弦长等参数来进行绘制。在绘图过程中用户可以采用不同的办法进行绘制。执行“绘图”→“圆弧”菜单命令后，系统将弹出如图 2-3-13 所示的“圆弧”下拉菜单，在子菜单中提供了 10 种绘制圆弧的方法，用户可根据自己的需要，选择相应的选项来进行圆弧的绘制。

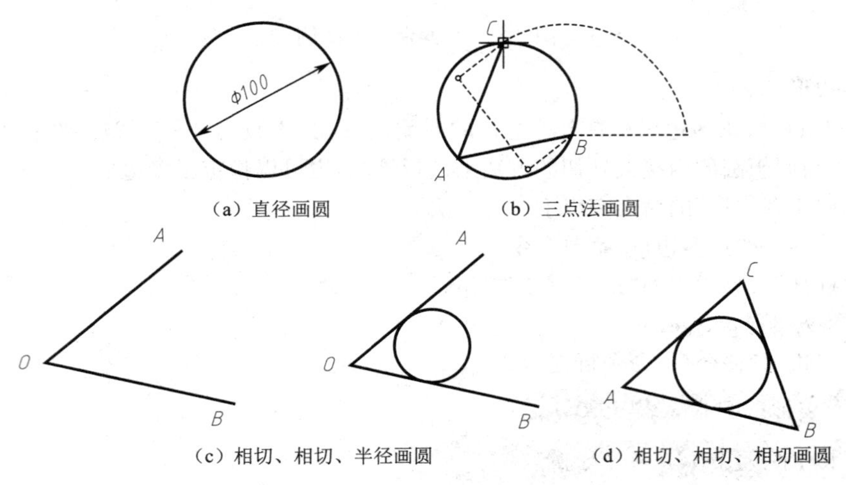

(a) 直径画圆　(b) 三点法画圆

(c) 相切、相切、半径画圆　(d) 相切、相切、相切画圆

图 2-3-12　常用的圆的绘制方法

(3)椭圆

椭圆是一种非常重要的图形，椭圆与圆的差别在于椭圆圆周上的点到中心的距离是变化的。在 AutoCAD 绘图中，椭圆的形状主要用中心、长轴和短轴三个参数来描述。绘制椭圆的缺省方法是指定椭圆的第一根轴线的两个端点及另一半轴的长度。

执行“绘图”→“椭圆”菜单命令或单击“标准”工具栏中的“椭圆”按钮，根据命令行提示绘制椭圆，如图 2-3-14 所示。

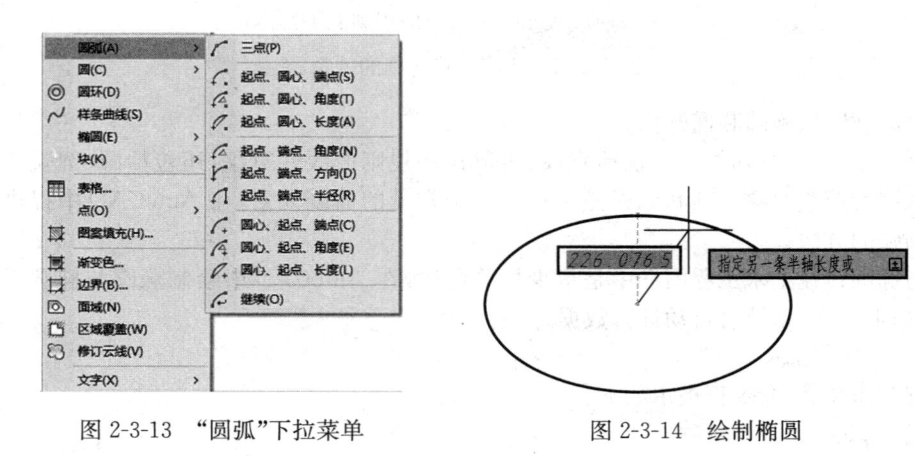

图 2-3-13　“圆弧”下拉菜单　　图 2-3-14　绘制椭圆

(4)椭圆弧

绘制椭圆弧的方法与绘制椭圆相似，首先确定椭圆的长轴和短轴，然后再输入椭圆弧的起始角和终止角即可。

执行“绘图”→“椭圆”→“椭圆弧”菜单命令或单击“标准”工具栏中的“椭圆弧”按钮，根据命令行提示绘制椭圆弧。

4.绘多段线和样条曲线

用“多段线”命令可以绘制由若干直线和圆弧连接而成的不同宽度的曲线或折线，并且无论该多段线中含有多少条直线或圆弧，它们都是一个实体，可以用“多段线编辑”命令进行编辑。在绘制过程中，用户可以随意设置线宽。

(1)多段线

启用“多段线”命令有以下三种方法。

①执行“绘图”→“多段线”菜单命令。

②单击“标准”工具栏中的“多段线”按钮。

③输入命令：pl(pline)。

启用绘制“多段线”命令后，命令行提示如下。

命令：_pline

指定起点：

当前线宽为0.0000

指定下一个点或[圆弧(A)/半宽(H)/长度(L)/放弃(U)/宽度(W)]：

其中“指定下一个点”选项为默认选项，指定多段线的下一点，生成一段直线。

命令行提示如下：

指定下一点或[圆弧(A)/闭合(C)/半宽(H)/长度(L)/放弃(U)/宽度(W)]：

可以继续输入下一点，连续不断地重复操作。最后直接按【Enter】键，结束命令。

命令行提示如下：

指定下一个点或[圆弧(A)/半宽(H)/长度(L)/放弃(U)/宽度(W)]：

指定圆弧的端点或[角度(A)/圆心(CE)/方向(D)/半宽(H)/直线(L)/半径(R)/第二个点(S)/放弃(U)/宽度(W)]：

其中各项的含义如下。

“圆弧(A)”：用于绘制圆弧并添加到多段线中，绘制的圆弧与上一线段相切。

“半宽(H)”：用于指定从有宽度的多段线线段的中心到其一边的宽度，起点半宽将成为默认的端点半宽。端点半宽在再次修改半宽之前将作为所有后续线段的统一半宽。宽线线段的起点和端点位于宽线的中心。

“长度(L)”：在与前一段相同的角度方向上绘制指定长度的直线段。如果前一线段为圆弧，AutoCAD将绘制与该弧线段相切的新线段。

“宽度(W)”：用于指定下一条直线段或弧线段的宽度。与半宽的设置方法相同，可以分别指定起始点与终止点的宽度，可以绘制箭头图形或者其他变化宽度的多段线。

“闭合(C)”：从当前位置到多段线的起始点绘制一条直线段用以闭合多段线。

“角度(A)”：指定圆弧线段从起始点开始的包含角。输入正值将按逆时针方向创建弧线段输入负值将按顺时针方向创建弧线段。

“方向(D)”：用于指定弧线段的起始方向。绘制过程中可以用鼠标单击来确定圆弧的弦方向。

“直线(L)”：用于退出绘制圆弧选项，返回绘制直线的初始提示

“半径(R)”：用于指定弧线段的半径。

“第二个点(S)”：用于指定三点圆弧的第二点和端点。

"放弃(U)"：删除最近一次添加到多段线上的弧线段或直线段。

(2)样条曲线

样条曲线是由多条线段光滑过渡而形成的曲线，其形状是由数据点、拟合点及控制点来控制的，其中数据点是在绘制样条曲线时，通过用户确定的拟合点及控制点由系统自动产生，用来编辑样条曲线。

执行"绘图"→"样条曲线"菜单命令或单击"标准"工具栏中的"样条曲线"按钮，即可绘制样条曲线。

线路横断面图的绘制

子任务 3　线路横断面图的绘制

1. 创建图形文件

用创建新图形或样板文件创建一个新的文件。将此文件命名为"线路横断面图"进行保存，执行"文件"，随后在"另存为"菜单命令中，将文件保存到用户自己制定位置。

2. 绘制横断面图

在"格式"下拉菜单中选择"点样式"命令，，在弹出的"点样式"对话框中选择"十"字样式，并将点大小默认为 5%，如图 2-3-15 所示。

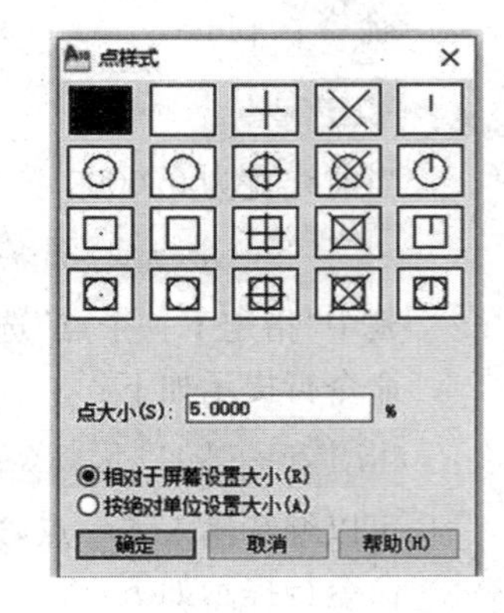

图 2-3-15　"点样式"选项卡

(1)输入命令：_point。

当前点模式：PDMODE＝2　PDSIZE＝0.0000

Point 指定点：0,0（在坐标原点处绘制一点）

(2)输入命令：_arrayclassic，或在"修改"下拉菜单中选择阵列按钮，弹出阵列选项卡，按照如图 2-3-16 所示设置各项值。然后点击"选择对象"按钮，对上一步绘制的点编制为矩形阵列，如图 2-3-17 所示。

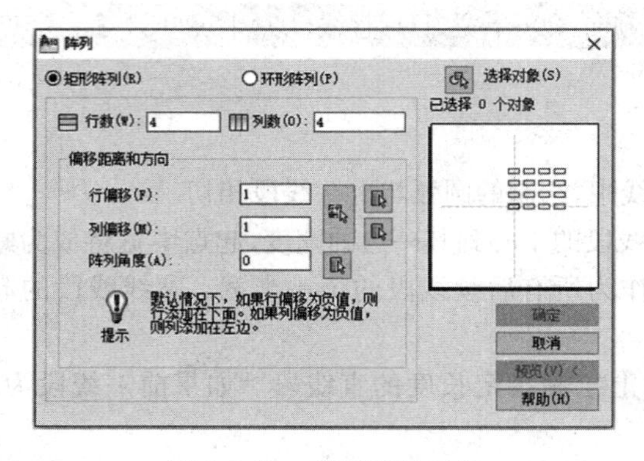

图 2-3-16　"阵列"对话框

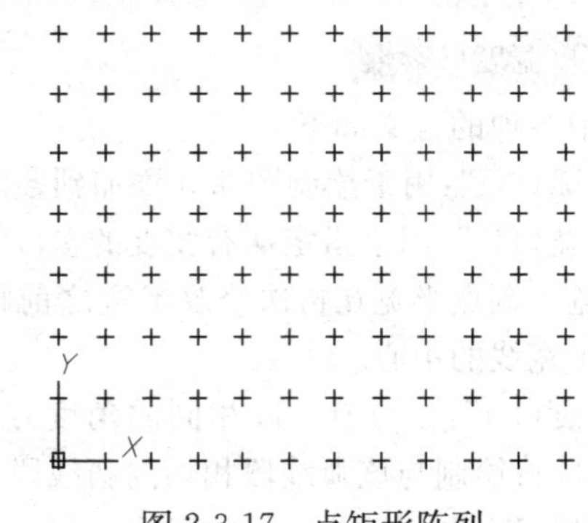

图 2-3-17　点矩形阵列

(3)输入命令：_spline。

当前设置：方式＝拟合　节点＝弦

Spline 指定第一个点或[方式(M)/节点(K)/对象(O)]：5,30（指定样条曲线的起点坐标）

Spline 输入下一个点或[起点切向(T)/公差(L)]：30,40（指定样条曲线第二个点）

Spline 输入下一个点或[端点相切(T)/公差(L)/放弃(U)]：50,40（指定样条曲线第三个点）

Spline 输入下一个点或[端点相切(T)/公差(L)/放弃(U)]：80,50（指定样条曲线第四个点）

Spline 输入下一个点或[端点相切(T)/公差(L)/放弃(U)]：100,60（指定样条曲线第五个点）

Spline 输入下一个点或[端点相切(T)/公差(L)/放弃(U)]：130,60（指定样条曲线第六个点）

Spline 输入下一个点或[端点相切(T)/公差(L)/放弃(U)]：160,65（指定样条曲线第七个点）

Spline 输入下一个点或[端点相切(T)/公差(L)/放弃(U)]：(单击鼠标右键,“确认”结束。

结果如图 2-3-18 所示。

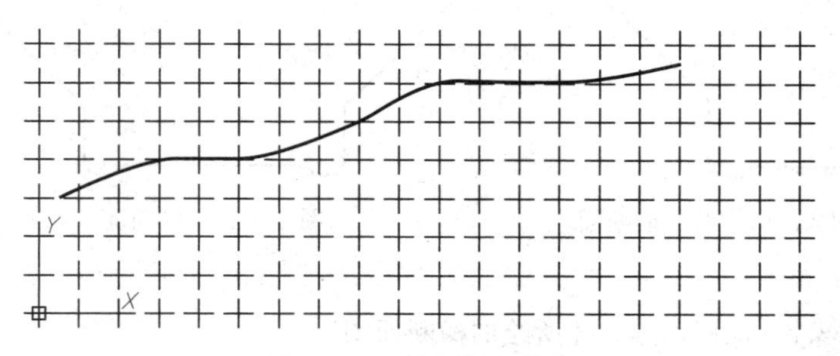

图 2-3-18　绘制样条曲线

(4)输入命令：_pline。

Pline 指定起点：(绘图区域任意指定一点)

当前线宽为 0.0000

Pline 指定下一个点或[圆弧(A)/半宽(H)/长度(L)/放弃(U)/宽度(W)]：@30,0(指定相对于前一点的坐标)

Pline 指定下一点或[圆弧(A)/半宽(H)/长度(L)/放弃(U)/宽度(W)]：@2.5，－2.5(指定相对于前一点的坐标)

Pline 指定下一点或[圆弧(A)/半宽(H)/长度(L)/放弃(U)/宽度(W)]：@7.5,0(指定相对于前一点的坐标)

Pline 指定下一点或[圆弧(A)/半宽(H)/长度(L)/放弃(U)/宽度(W)]：@2.5,2.5(指定相对于前一点的坐标)

Pline 指定下一点或[圆弧(A)/半宽(H)/长度(L)/放弃(U)/宽度(W)]：@0,20(指定相对于前一点的坐标)

Pline 指定下一点或[圆弧(A)/半宽(H)/长度(L)/放弃(U)/宽度(W)]：@50<45(指定相对于前一点的坐标)

Pline 指定下一点或[圆弧(A)/半宽(H)/长度(L)/放弃(U)/宽度(W)]：(按【Enter】键或点击鼠标右键,单击“确定”结束)(图 2-3-19)

(5)输入命令：_mirror。

Mirror 选择对象：找到 1 个　(选中方才所画的半幅线路横断面图)

Mirror 选择对象：(点击鼠标右键)

指定镜像线的第一点：

二维点无效。

Mirror 指定镜像线的第一点:(指定该横断面多段线左侧端点 A)

Mirror 指定镜像线的第一点:指定镜像线的第二点:(指定该横断面多段线左侧端点 A 的垂直线为镜像轴向左进行镜像)

Mirror 要删除源对象吗?[是(Y)/否(N)<N>:(按【Enter】键,结束镜像)(图 2-3-20)

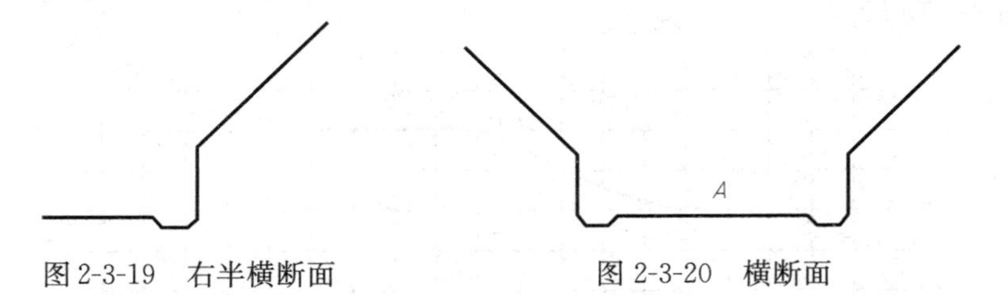

图 2-3-19　右半横断面　　　　图 2-3-20　横断面

(6)输入命令:_move。

Move 选择对象:(鼠标框选方才所绘的横断面图)

选择对象:指定对角点:找到 3 个

Move 选择对象:(点击鼠标右键,结束对象选择)

Move 指定基点或[位移(D)]<位移>:(将上一步镜像的多段线以 A 为基点)

Move 指定第二个点或<使用第一个点作为位移>:70,10(指定移动的坐标位置)(图 2-3-21)

利用修剪命令"Trim",将多余的部分剪除,结果如图 2-3-22 所示。

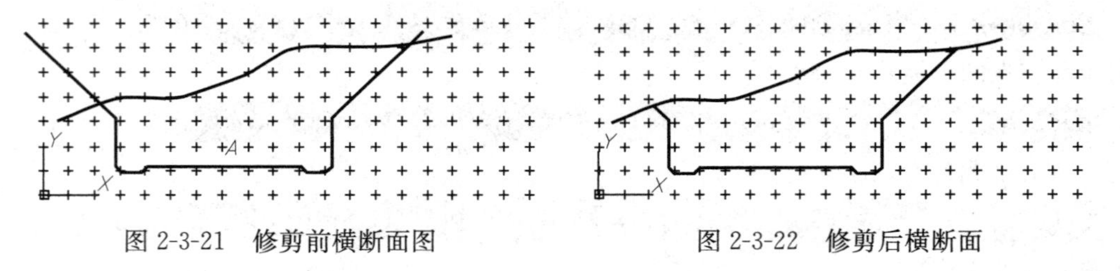

图 2-3-21　修剪前横断面图　　　　图 2-3-22　修剪后横断面

· 检查与评价 ·

(1)用"图层特性管理器"设置新图层,将各种线型绘制在不同的图层上,见图层设置要求表。

图层设置要求表

线型	颜色	线宽
点画线(ACADISO04W100)	洋红	默认
粗实线(默认)	红色	0.7
细实线(默认)	白色	默认
虚线(ACADISO04W100)	蓝色	默认

(2)绘制任意一个等边三角,不标注尺寸。

(3)绘制图所示的图形,不标注尺寸。

(4)绘制图所示的垫片,不标注尺寸。

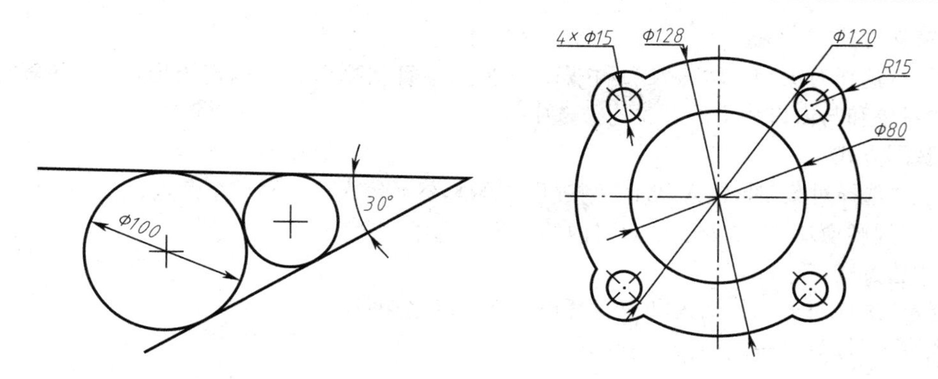

(5)绘制如图所示的六角头螺母和卡圈,不标注尺寸。

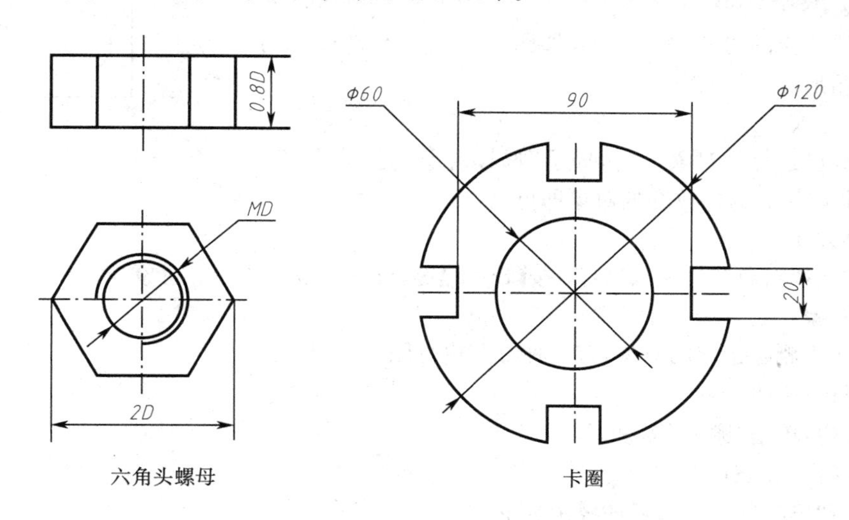

六角头螺母　　卡圈

任务 4　U 形桥台投影图绘制

· 任务描述 ·

AutoCAD 提供了强大的图形编辑工具,便于用户灵活快捷地修改、编辑图形。在土木工程中,仅靠图形绘制工具无法绘制出效果多样的图形,还需要使用 AutoCAD 的编辑工具。其中使用得较多的有“复制”“镜像”“偏移”“移动”和“旋转”等命令,另外,还有“缩放”“延伸”和“拉长”命令等,读者应熟练掌握,这对提高绘图效率、提升绘图效果非常有用。

子任务 1　二维图形的编辑

1. 选择对象

选择对象的方法有以下几种。

(1)直接点取

用鼠标直接单击选择的物体,所选对象变成虚线时表示被选中,同时可以连续选择其他对象。

(2)窗口方式

用鼠标指定窗口的一个顶点,然后移动鼠标,再单击鼠标左键,确定一个矩形窗口。如果鼠标从左移动到右来确定矩形窗口,则完全处于矩形窗口内的对象被选中;如果鼠标从右移动到左来确定矩形窗口,则完全处于矩形窗口内的对象和与窗口相交的对象均被选中。

(3)窗交方式

当提示“选择对象”时，输入“C”后按【Enter】键，不管从哪个方向确定矩形窗口，完全处于矩形窗口内的对象和与窗口相交的对象均被选中。

(4)圈围方式

当提示“选择对象”时，输入“WP”后按【Enter】键，然后依次输入第一个角点、第二个角点……，绘制出一个不规则窗口，完全处于该窗口内的对象被选中。

(5)栏选方式

当提示“选择对象”时，输入“F”后按【Enter】键，系统提示如下。

第一栏选点：(指定围线第一点)

指定直线的端点或[放弃(U)]：(指定一些点，形成折线)

与该折线相交的对象均被选中，如图 2-4-1 所示，被选中的对象包括三角形、矩形和正方形。

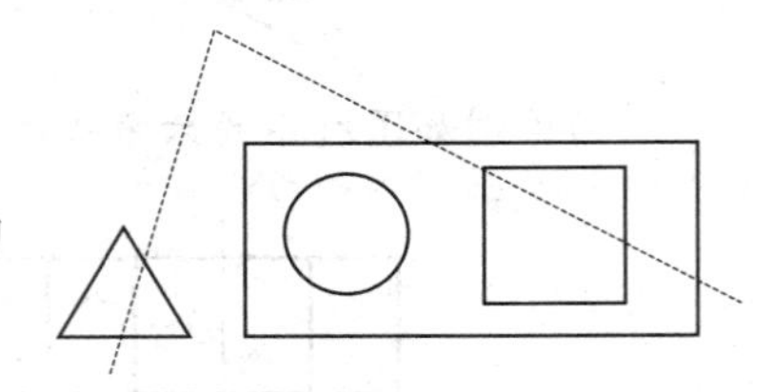

图 2-4-1　栏选方式选择对象

(6)删除方式

若想放弃已选择的对象，可在提示“选择对象”时，输入“R”后按【Enter】键，然后选择放弃的对象即可。

(7)放弃方式

在提示“选择对象”时，输入“U”后按【Enter】键，可取消最后选择的对象。

2. 删除对象

该功能用于删除指定的对象，有三种方式执行删除命令。

(1)菜单栏：修改—删除。

(2)工具栏：单击“删除”按钮。

(3)命令行：ERASE。

开始执行“删除”命令后，系统提示如下。

选择对象：(选择要删除的对象)

选择对象：(按【Enter】键或继续选择对象)

结束删除命令。

若要恢复被删除对象，在命令行输入“OOPS”，按【Enter】键，则最后一次被删除的对象被恢复，并且在“删除”命令执行一段时间后，仍能恢复，这和“U”命令不同。

3. 复制对象

该功能用于单个或多个对象，有三种方式执行删除命令。

(1)菜单栏：修改—复制。

(2)工具栏：单击复制按钮。

(3)命令行：COPY。

开始执行“复制”命令后，系统提示如下。

选择对象：(选择要复制的对象)

选择对象：(按【Enter】键或继续选择对象)

指定基点或[位移(D)]<位移>：(指定基点)

指定第二点或[退出(E)/放弃(U)]<退出>：(指定位移点)

4. 镜像对象

当绘制的对象是对称的，可以只画一半，然后用镜像功能复制出另一半，有三种方式执行镜像命令。

(1)菜单栏：修改—镜像。

(2)工具栏：单击镜像按钮。

(3)命令行：MIRROR。

实例说明如下。

命令：MIRROR

选择对象：(选择要镜像的对象 A1，按【Enter】键)

指定镜像线的第一点：(指定直线 12 的点 1)

指定镜像线的第二点：(指定直线 12 的点 2)

是否删除源对象？[是(Y)/否(N)]<N>：按【Enter】键

执行结果如图 2-4-2 所示。若在“是否删除源对象？[是(Y)/否(N)]”选择“Y”，则删除源对象 A1，只绘制出新的对象 A2。

5. 偏移对象

偏移是创建一个与选定对象类似的新对象，并把它放置在离原对象一定距离的位置，同时保留原对象的命令。

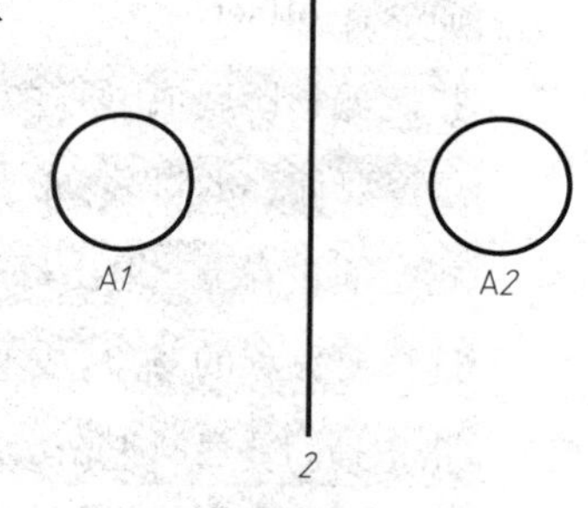

图 2-4-2 镜像对象示例

(1)指定偏移距离方式

有三种方式执行偏移命令。

①菜单栏：修改—偏移。

②工具栏：单击偏移按钮。

③命令行：OFFSET。

实例说明如下。

命令：OFFSET

指定偏移距离或[通过(T)/删除(E)/图层(L)]<1.00>：输入 100

选择要偏移的对象，或[退出(E)/放弃(U)]<退出>：(选择最中心的矩形)

指定要偏移的那一侧上的点，或[退出(E)/多个(M)/放弃(U)]<退出>：(指定偏移向外的方向)

选择要偏移的对象，或[退出(E)/放弃(U)]<退出>：继续执行偏移命令

执行结果如图 2-4-3 所示。

(2)指定通过点方式

实例说明如下。

绘制如图 2-4-4 所示的操场跑道。绘制时可以用矩形命令 rectang 的圆角矩形方式绘制一个圆端形，再用偏移命令 offset 绘制其他平行线。

命令：rectang

指定第一个角点或[倒角(C)/标高(E)/圆角(F)/厚度(T)/宽度(W)]：f

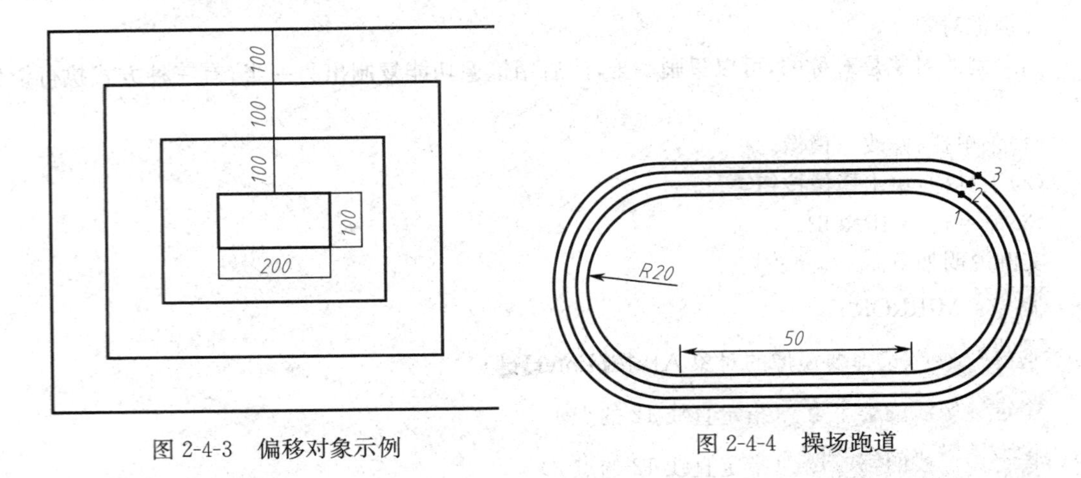

图 2-4-3　偏移对象示例　　图 2-4-4　操场跑道

制定矩形的圆角半径<0.0000>：20（按【Enter】键输入圆角半径）

指定第一个角点或[倒角(C)/标高(E)/圆角(F)/厚度(T)/宽度(W)]：（制定第一个角点）

指定另一个角点或[面积(A)/尺寸(D)/旋转(R)]：@90,40（输入对角点相别坐标）

命令：_offset

指定偏移距离或[通过(T)/删除(E)/图层(L)]<通过>：T

选择要偏移的对象，或[退出(E)/放弃(U)]<退出>：（选择绘制的圆角矩形）

指定通过点或[退出(E)/多个(M)/放弃(U)]<退出>：（选择外一圈跑道通过的点 1）

选择要偏移的对象，或[退出(E)/放弃(U)]<退出>：（选择偏移出的圆角矩形）

指定通过点或[退出(E)/多个(M)/放弃(U)]<退出>：（选择外一圈跑道通过的点 2）

选择要偏移的对象，或[退出(E)/放弃(U)]<退出>：（选择偏移出的圆角矩形）

指定通过点或[退出(E)/多个(M)/放弃(U)]<退出>：（选择外一圈跑道通过的点 3）

执行结果如图 2-4-4 所示。

6. 阵列对象

该功能可以对选择的对象进行矩形或环形复制。

(1)矩形阵列

有三种方式执行阵列命令如下。

①菜单栏：修改—阵列—矩形阵列。

②工具栏：。

③命令行：ARRAY。

实例说明如下。

命令：ARRAY

选择对象：选择图 2-4-5(a)左下角的矩形

选择夹点以编辑阵列或[关联(AS)/基点(B)/计数(COU)/间距(S)/列数(COL)/行数(R)/层数(L)/退出(X)]<退出>：输入“cou”

输入列数数或［表达式(E)］＜4＞：3

输入行数数或［表达式(E)］＜3＞：3

选择夹点以编辑阵列或［关联(AS)/基点(B)/计数(COU)/间距(S)/列数(COL)/行数(R)/层数(L)/退出(X)］＜退出＞：按【Enter】键

结果如图 2-4-5 所示。

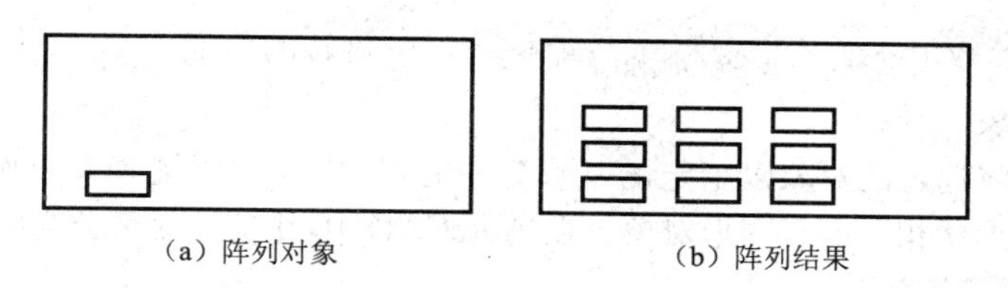

(a) 阵列对象　　(b) 阵列结果

图 2-4-5　矩形阵列示例

(2)环形阵列

实例说明如下。

菜单栏：修改—阵列—环形阵列。

选择对象：选择左上角矩形，按【Enter】键

类型＝极轴关联＝是

指定阵列的中心点或［基点(B)/旋转轴(A)］：拾取中心点

选择夹点以编辑阵列或［关联(AS)/基点(B)/项目(I)/项目间角度(A)/填充角度(F)/行(ROW)/层(L)/旋转项目(ROT)/退出(X)］＜退出＞：f(填充角度)

指定填充角度(＋＝逆时针、－＝顺时针)或［表达式(EX)］＜360＞：180(逆时针填充角度)

选择夹点以编辑阵列或［关联(AS)/基点(B)/项目(I)/项目间角度(A)/填充角度(F)/行(ROW)/层(L)/旋转项目(ROT)/退出(X)］＜退出＞：i(填充个数)

输入阵列中的项目数或［表达式(E)］＜6＞：4

选择夹点以编辑阵列或［关联(AS)/基点(B)/项目(I)/项目间角度(A)/填充角度(F)/行(ROW)/层(L)/旋转项目(ROT)/退出(X)］＜退出＞：按【Enter】键

结果如图 2-4-6 所示。

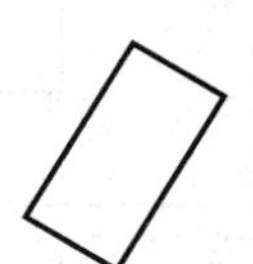

图 2-4-6　环形阵列

7. 移动对象

该功能可移动对象到指定位置，有三种方式执行移动命令。

①菜单栏：修改—移动。

②工具栏：✣。

③命令行：MOVE。

8. 旋转对象

该功能可将指定的对象绕指定的中心点旋转，有三种方式执行旋转命令。

①菜单栏：修改—旋转。

②工具栏：。

③命令行：ROTATE。

执行旋转命令后如下。

选择对象：(选择要旋转的对象)，按【Enter】键

指定基点：指定旋转的基点

指定旋转角度，或［复制(C)/参照(R)］<0>：50(旋转的角度)

9. 比例缩放对象

利用该工具可将选定的对象以指定的基点为中心，按指定的比例放大或缩小，以创建出与原对象成一定比例且形状相同的新图形对象。在 AutoCAD 中，比例缩放可分为两种缩放类型。

(1)指定比例因子缩放对象

执行缩放命令有三种方法。

①菜单栏：修改—缩放。

②工具栏：。

③命令行：SCALE。

执行完缩放命令后如下。

选择对象：选择要缩放的对象，按【Enter】键

确定基点：指定基点

指定比例因子或［复制(C)/参照(R)］<1.00>：指定比例因子

该方式是直接输入比例因子，系统将根据该比例因子相对于基点将对象放大或缩小。当输入的比例因子大于 1 时将放大对象；比例因子介于 0 和 1 之间时将缩小对象。

(2)参照方式缩放

实例说明如下。

执行完缩放命令后如下。

选择对象：选择要缩放的对象，按【Enter】键

确定基点：指定基点

指定比例因子或［复制(C)/参照(R)］<1.00>：输入 R

指定参考长度<1>：指定参考长度即原对象的任一个尺寸 80

指定新长度：指定缩放后该尺寸的大小 100

结果如图 2-4-7 所示。

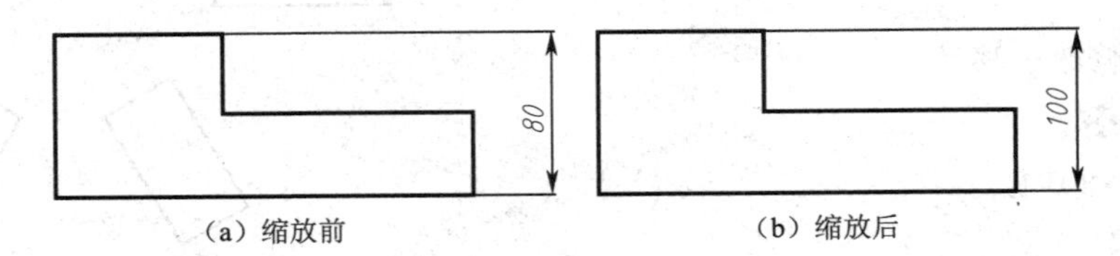

(a) 缩放前　　(b) 缩放后

图 2-4-7　参照方式缩放

10. 拉伸对象

该功能可以将对象拉伸或移动。执行该命令必须使用窗口方式选择对象。当对象位于窗口内，执行的是移动命令。当对象与窗口相交时，执行的是拉伸或压缩命令。有三种方式执行拉伸命令。

①菜单栏：修改—拉伸。

②工具栏：。

③命令行：STRETCH。

实例说明如下。

命令： STRETCH

选择对象： 用窗口方式选择对象，A 和 B 点必须在窗口内才能拉伸，按【Enter】键

指定基点： 指定基点 A

指定第二个点或＜使用第一个点作为位移＞： 沿拉伸的水平方向输入拉伸值 300

结果如图 2-4-8 所示。

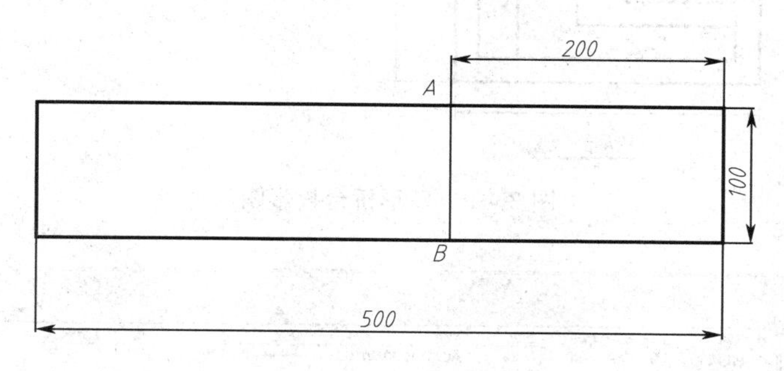

图 2-4-8　拉伸对象

子任务2　U 形桥台投影图的绘制

U 形桥台投影图如图 2-4-9 所示。

步骤 1：分析图形

从整体上看，该图为左右对称图形，但其主要由横竖线组成，使用偏移命令能很方便的完成绘图任务。此图要求绘三视图，要求“长对正、高平齐、宽相等”，因此 CAD 中的对象捕捉追踪功能熟练运用能够减少甚至不再使用 45°轴线。

步骤 2：新建图形文件

以“acad. dwt”为模板，新建图形文件。

步骤 3：设置图层

图层有如下几点作用。

(1)控制图形的显示。比如一张房子建筑平面图，可以把家具、电气、进排水、暖通等全部画在一张图的不同图层里，这样要打印时就可以通过控制图层的显示与否来打某张需要的图纸。

(2)控制图形的修改。可以把某个图层锁住，在改图的时候就不用担心其他图层变动了。

(3)图层可以设定颜色、线形、线宽。

使用中可以设这样几个图层，来规范图纸，如图 2-4-10 所示。

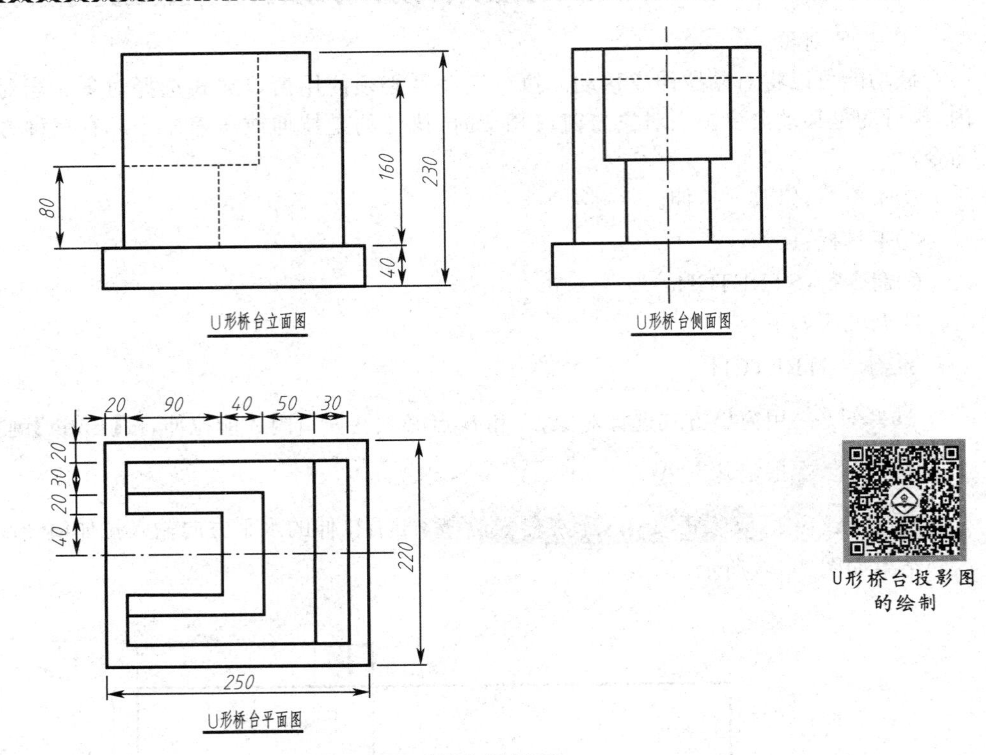

U形桥台投影图的绘制

图 2-4-9　U 形桥台投影图

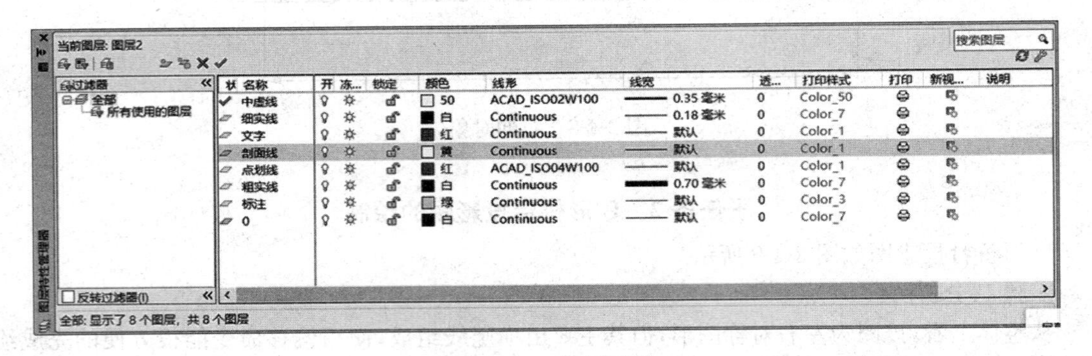

图 2-4-10　设置图层

图层 1:粗实线(主要可见轮廓线,黑色)

图层 2:细实线(可见轮廓线、图例等,黑色)

图层 3:中虚线(不可见轮廓线,黄色)

图层 4:点画线(中心线、对称线、轴线,红色)

图层 5:文字(红色)

图层 6:剖面线(细实线,黄色)

图层设置完成后存储为 dwt 文件,设为快速新建的默认样板即可。

步骤 4:绘制 U 形桥台投影图

(1)绘制 U 形桥台平面图

选择“粗实线”为当前图层。

命令：rectang↙

指定第一个角点或[倒角(C)/标高(E)/圆角(F)/厚度(T)/宽度(W)]：↘(合适位置单击左键)

指定另一个角点或[面积(A)/尺寸(D)/旋转(R)]：@250,220↙

命令：offset↙

指定偏移距离或[通过(T)/删除(E)/图层(L)]<通过>：20↙(偏移距离根据桥台尺寸确定)

选择要偏移的对象，或[退出(E)/放弃(U)]<退出>：↘

指定要偏移的那一侧上的点，或[退出(E)/多个(M)/放弃(U)]<退出>：↘

选择要偏移的对象，或[退出(E)/放弃(U)]<退出>：↙

命令：explode↙(分解内部矩形，便于偏移复制)

选择对象：找到 1 个↘(选取内部矩形)

选择对象：↙

按上述命令操作得到图 2-4-11。使用 OFFSET 命令，按图 2-4-12 偏移尺寸偏移。使用 TRIM 命令，完成 U 形桥台平面图绘制，如图 2-4-13 所示。

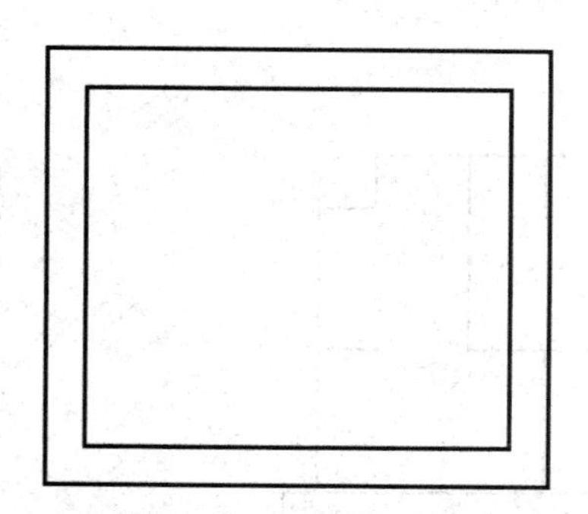
图 2-4-11 U 形桥台投影图 1

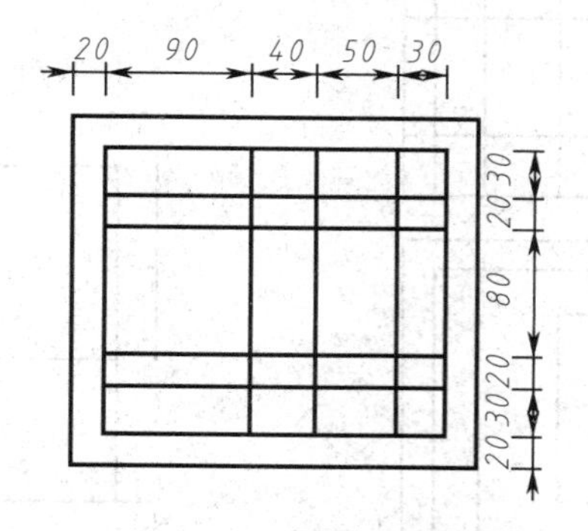

图 2-4-12 U 形桥台投影图 2

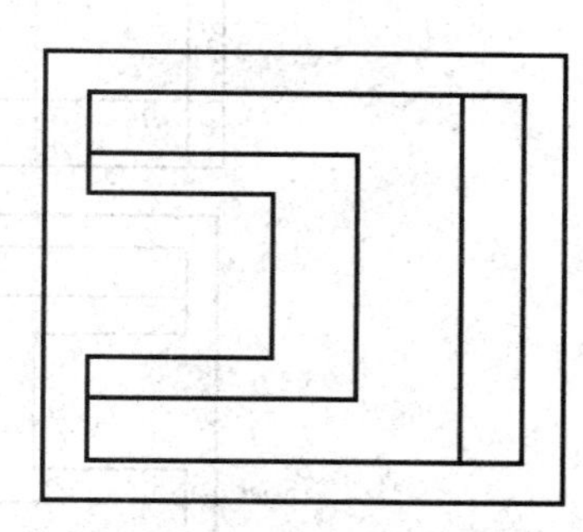
图 2-4-13 U 形桥台投影图 3

(2)绘制 U 形桥台立面图

命令：L↙

LINE

指定第一个点：<对象捕捉追踪开><打开对象捕捉><正交开>↘(在 U 台左侧边延长线上合适位置单击)

指定下一点或[放弃(U)]：230↙(水平方向右侧)

指定下一点或[放弃(U)]：↘

指定下一点或[放弃(U)]：↙

如图 2-4-14、图 2-4-15 所示。使用 OFFSET 命令，得到如图 2-4-16 所示。使用 TRIM 命令，得到如图 2-4-17 所示。使用 ERASE 命令，删除多余的线段，选择 3 条不可见轮廓线，放入中虚线图图层中，完成 U 形桥台立面图绘制。

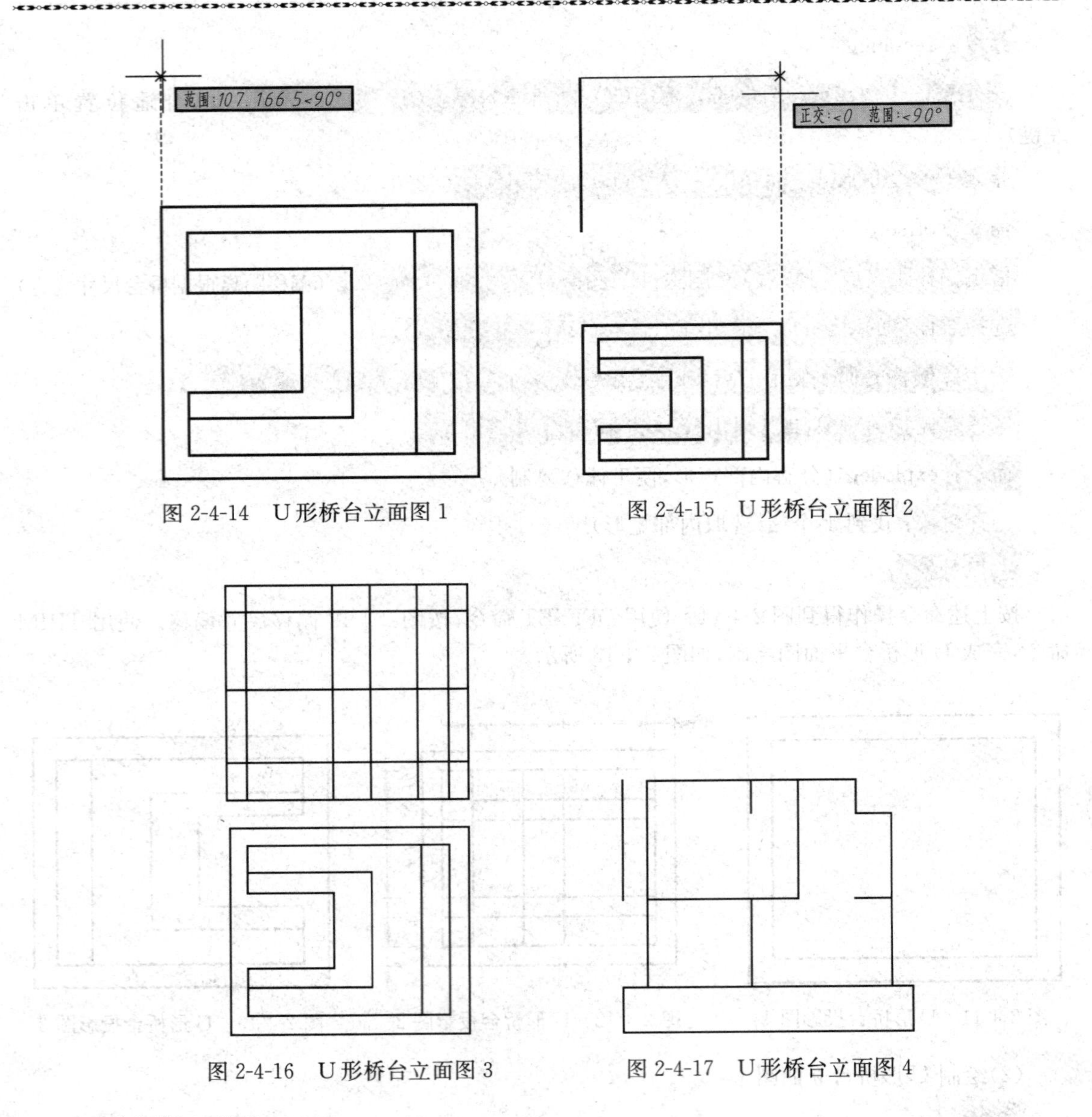

图 2-4-14　U 形桥台立面图 1　　图 2-4-15　U 形桥台立面图 2

图 2-4-16　U 形桥台立面图 3　　图 2-4-17　U 形桥台立面图 4

(3)绘制侧立面图

使用 LINE 命令,在捕捉模式下根据尺寸绘出侧立面轮廓,如图 2-4-18 所示。使用 OFFSET 命令,得到如图 2-4-19 所示。

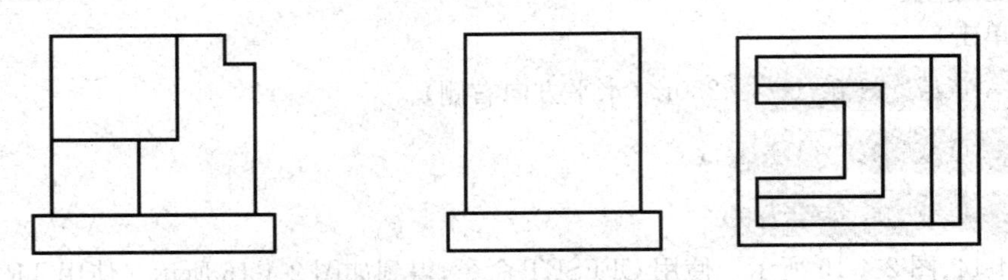

图 2-4-18　U 形桥台侧立面图 1

使用 TRIM 命令,得到如图 2-4-20 所示。选中“中虚线”图层,绘制不可见轮廓线。使用 LINE

命令，捕捉立面图位置，绘出不可见轮廓线。

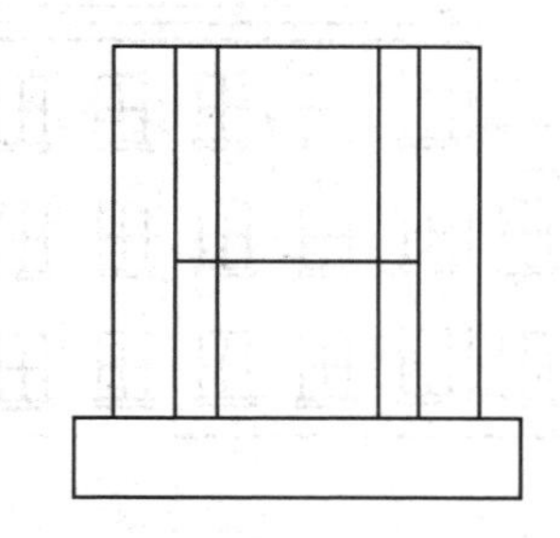

图 2-4-19　U 形桥台侧立面图 2

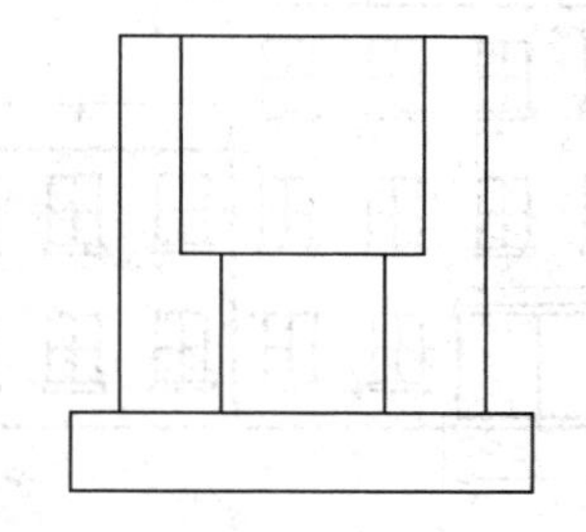

图 2-4-20　U 形桥台侧立面图 3

(4)绘制轴线

选择"点划线"图层。

命令：L↙

指定第一个点：↘(捕捉外轮廓中点)

指定下一点或［放弃(U)］：↘(捕捉外轮廓中点)

指定下一点或［放弃(U)］：↙

……

按上述命令操作完成图形如图 2-4-21 所示，延长轴线。

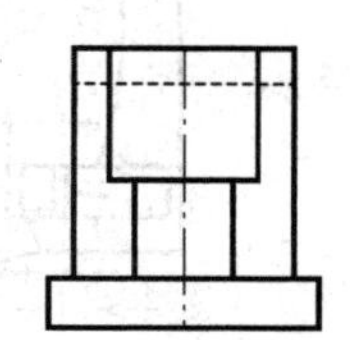

图 2-4-21　U 形桥台侧立面图 4

命令：_lengthen(修改—拉长)↙

选择对象或［增量(DE)/百分数(P)/全部(T)/动态(DY)］：de↙

输入长度增量或［角度(A)］<0.0000>：10↙

选择要修改的对象或［放弃(U)］：↘

……

选择要修改的对象或［放弃(U)］：↙

按上述命令操作完成 U 形桥台投影图 2-4-22 的绘制。

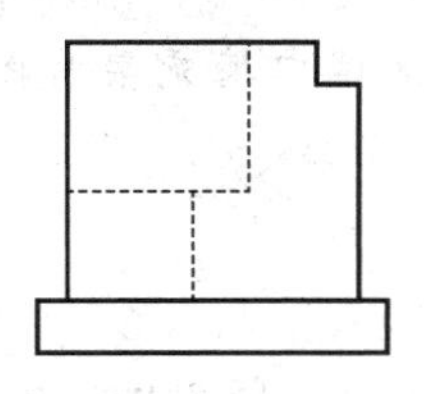

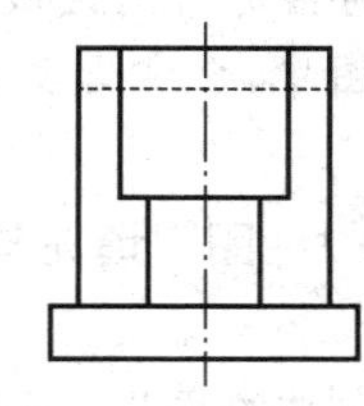

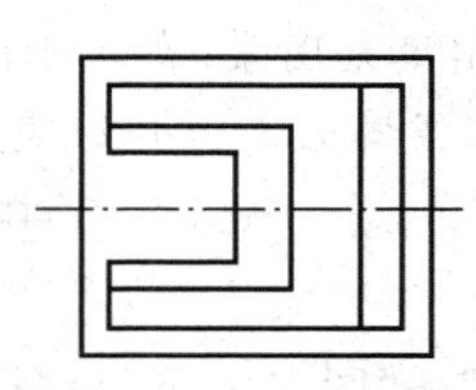

图 2-4-22　完成 U 形桥台投影图

步骤 5：存储图形文件

以"U 形桥台投影图. dwg"文件名存储图形文件。

· 检查与评价 ·

(1)绘制如图所示的房屋立面图，无需标注尺寸。

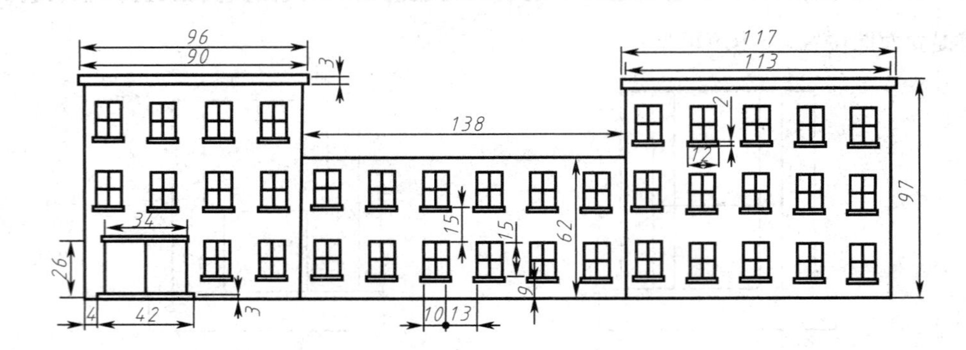

(2)绘制如图所示的隧道洞门图,无需标注尺寸。

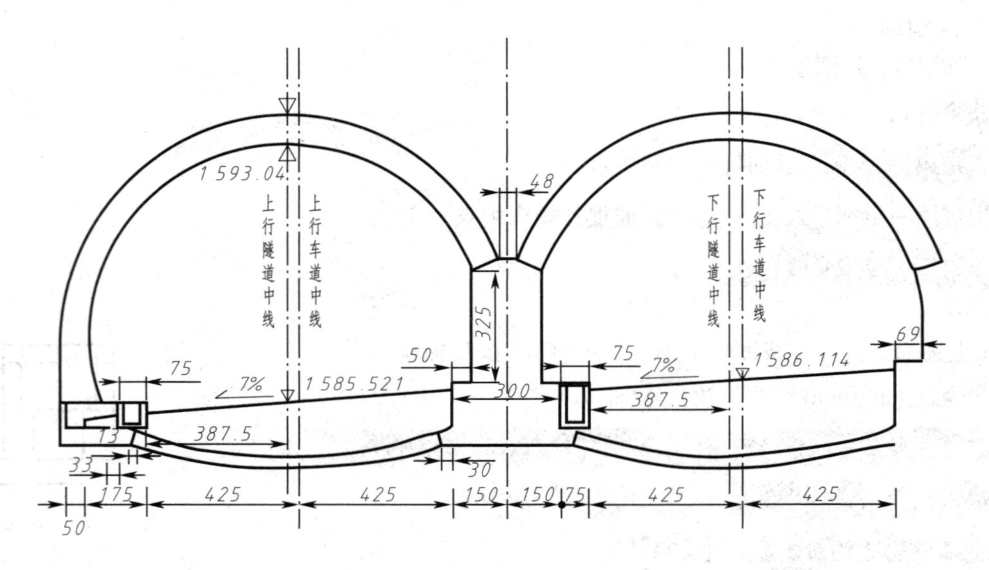

任务 5　桥台半平面、半基顶剖面图的绘制

·任务描述·

图案填充是用某种图案充满图形中的指定封闭区域。在大量道路工程图样中,需要在剖面图、断面图上绘制填充图案;在其他设计图中,也常需要在某一区域内填充某种图案。用 AutoCAD2010 实现图案填充非常方便、灵活。

子任务 1　图案填充与编辑

1. 图案填充

执行"绘图"→"图案填充"命令或单击"绘图"工具栏中的"图案填充"按钮,弹出"图案填充和渐变色"对话框,如图 2-5-1 所示。在该对话框右侧排列的相关选项用于选择图案填充的区域,它们的位置是固定的,即无论选择哪个选项卡都可以发生作用,可根据实际图形选择并进行填充。

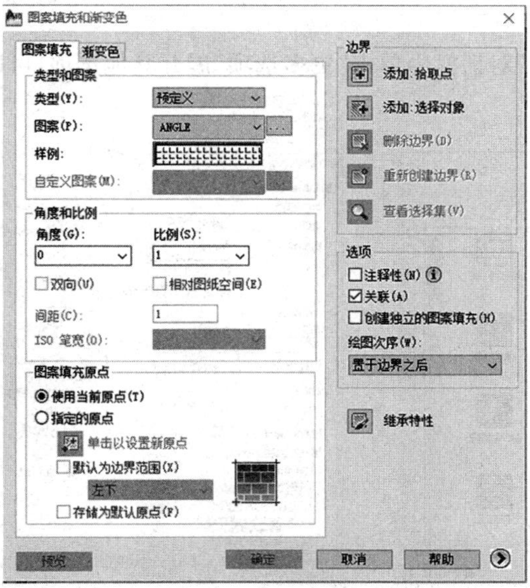

图 2-5-1　“图案填充和渐变色”对话框

2. 选择图案样式

在“图案填充和渐变色”对话框的“图案填充”选项卡中，使用“类型和图案”选项组可以选择要填充图案的样式。在“图案”下拉列表框中列出了图案的样式，如图 2-5-2 所示，用户可以选取所需要的图案样式。所选择的图案样式将在下面的“样例”显示框中显示。

单击“图案”下拉列表框右侧按钮或单击“样例”显示框，会弹出“填充图案选项板”对话框，如图 2-5-3 所示，其中列出了所有预定义图案的预览图像。

图 2-5-2　图案样式下拉列表

3. 孤岛的控制

在“图案填充和渐变色”对话框中单击“更多选项”展开其他选项，可以控制“孤岛”的样式，此时对话框如图 2-5-4 所示。

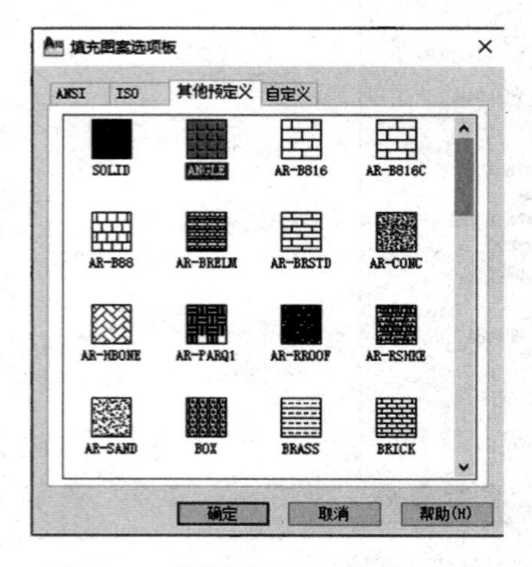

图 2-5-3　“填充图案选项板”对话框

图 2-5-4　带有“孤岛”选项组的“图案填充和渐变色”对话框

子任务 2　桥台半平面、半基顶剖面图的绘制

桥台半平面、半基顶剖面图如图 2-5-5 所示。

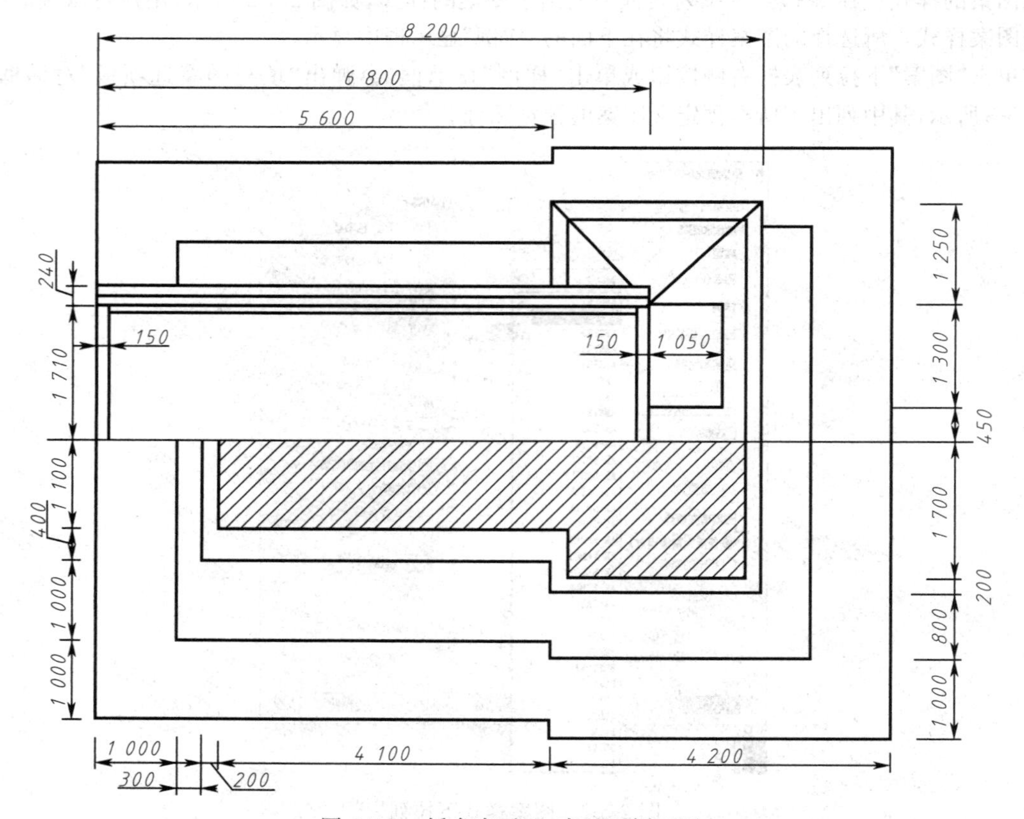

图 2-5-5　桥台半平面、半基顶剖面图

步骤 1:分析图形

从整体上看,该图左右对称,要求画半剖面图,因此不能用“镜像”命令绘制另一半。第一选择为基线偏移。

步骤 2:新建图形文件

以“acad. dwt”为模板,新建图形文件。

步骤 3:绘制桥台半平面、半基顶剖面图

选定“粗实线”图层。

(1)绘制外轮廓

使用 LINE 命令绘制如图 2-5-6 所示。

(2)绘制基础平面图

使用 OFFSET 命令绘制如图 2-5-7 所示。选定“点划线”图层为当前图层。利用 LINE 命令绘制对称轴,如图 2-5-8 所示。

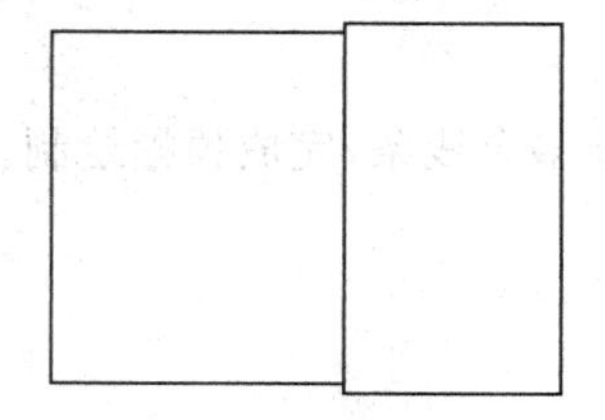

图 2-5-6　外轮廓

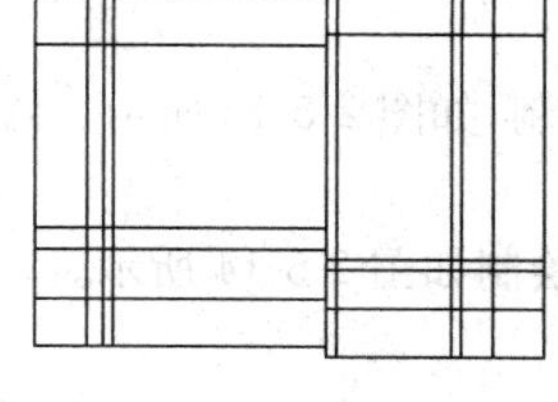

图 2-5-7　基础平面 1

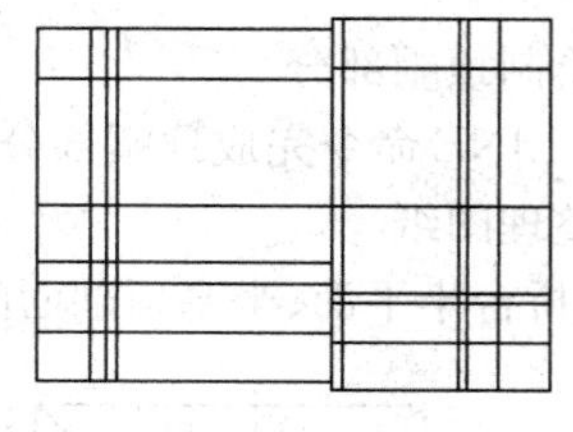

图 2-5-8　基础平面 2

选定“粗实线”图层为当前图层。使用 TRIM 命令修剪多余的对象,修剪完成后如图 2-5-9 所示。

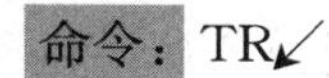

命令:TR↙

TRIM

选择对象或<全部选择>:↙

完成图形如图 2-5-9 所示。

桥台半平面图的绘制

(3)绘制剖面线

选定“剖面线”图层为当前图层。

命令:HATCH↙

出现对话框(图 2-5-10),按①②③处设置处理。点击④处图标,在图上拾取剖面内部点。选中对象后右键,回到对话框点击确定,完成剖面绘制(图 2-5-11)。

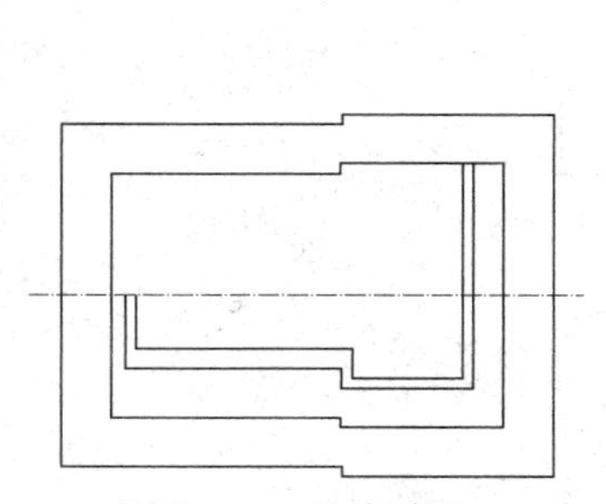

图 2-5-9　基础平面 3

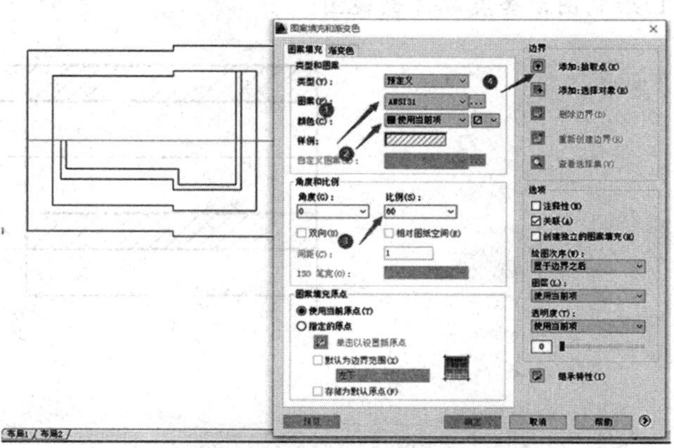

图 2-5-10　图案填充对话框

(4)绘制道砟槽部分

选定“粗实线”图层为当前图层。使用 LINE、OFFSET、TRIM 命令完成道砟槽部分绘制，完成图形如图 2-5-12 所示。

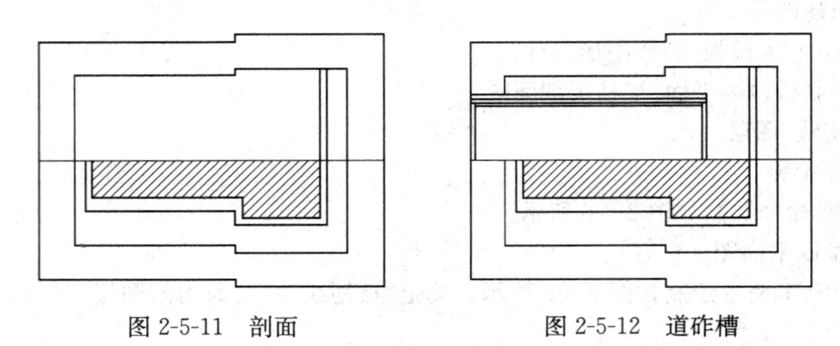

图 2-5-11　剖面　　　图 2-5-12　道砟槽

(5)绘制顶帽部分

使用 LINE 命令完成顶帽部分绘制，如图 2-5-13 所示。修剪多余线条，完成顶帽绘制。

(6)整理图纸

完成桥台半平面、半基顶剖面的绘制如图 2-5-14 所示。

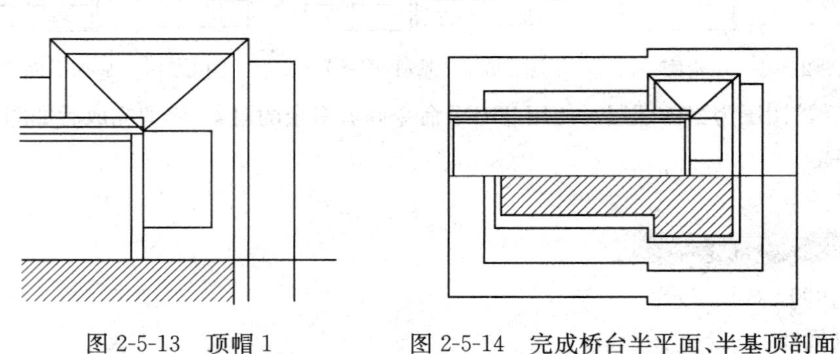

图 2-5-13　顶帽 1　　　图 2-5-14　完成桥台半平面、半基顶剖面

步骤 4:存储图形文件

以“桥台半平面、半基顶剖面图. dwg”文件名存储图形文件。

· 检查与评价 ·

(1)绘制图示套类零件剖视图。

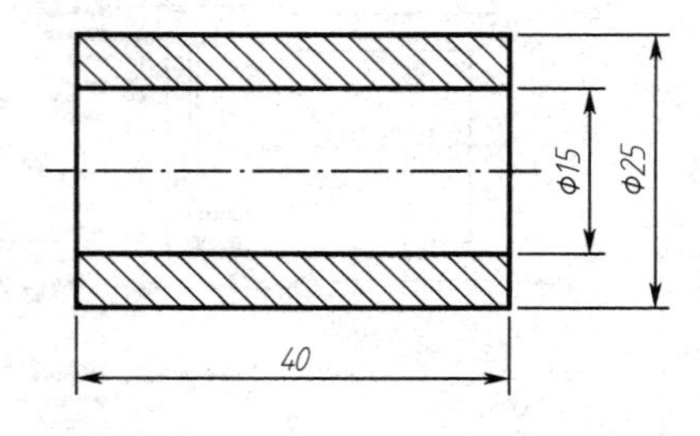

(2)识读并绘制图所示的图形。

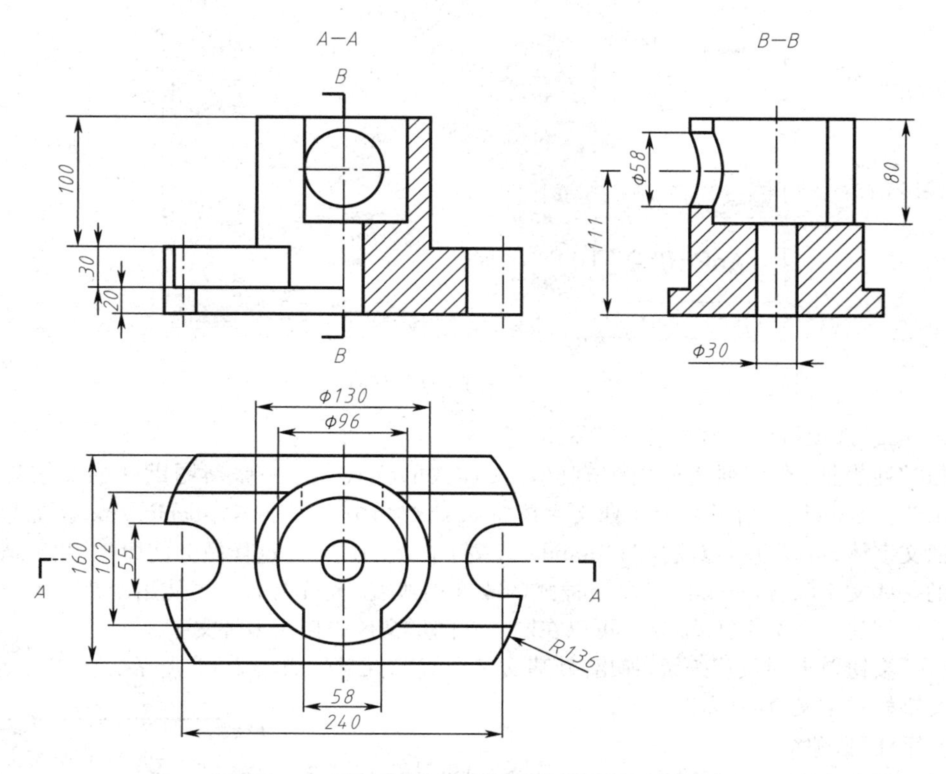

任务 6　50 kg/m 钢轨断面图的绘制

·任务描述·

文字与表格是土木工程图中不可缺少的一部分,其中文字传达了重要的图形信息,如图纸说明、注释、标题等,文字和图形一起表达完整的设计思想。表格在制图中最常见的用法是一些关于材料、面积等的统计表格,用来清晰地表达一些统计数据。

在工程制图中,还经常会遇到一些要反复使用的图形,如房建图中的门,窗,标高符号,管道图中的阀门、接头等,对于这类问题,AutoCAD 提供了非常理想的解决方案,即引进了一个新概念——图块,简称块。在需要绘制该图形的地方将该图块进行插入,以达到重复利用的目的。熟练使用图块将为提高绘图效率打下良好的基础。

子任务 1　文字的添加

在标注文字时,一般需要根据不同的需求采用不同的字体。即使是采用同一种字体,也可设置采用不同的高度、倾斜角度等。

1. 设置文字样式

设置文字样式的命令调用方式有以下三种。

①菜单栏:格式→文字样式。

②工具栏:单击“文字样式”按钮。

③命令行:输入命令“Style”。

执行命令后,系统打开“文字样式”对话框,如图 2-6-1 所示。

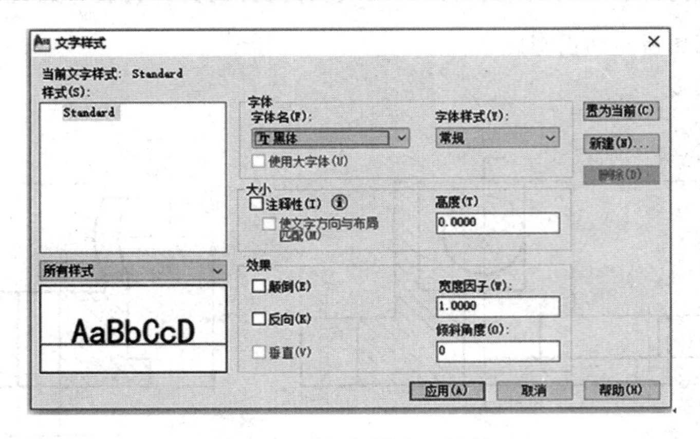

图 2-6-1　“文字样式”对话框

(1)“样式”选项组

“样式”列表框：在该列表框内列有已定义样式的样式名。一张新图默认的文字样式名为“Standard”。“Standard”样式设置了西文字体“txt. shx”和中文大字体“gbcbig. shx”。如果想要使用其他西文字体，可以直接修改当前“Standard”文字样式的设置。这样做会使原先用“Standard”样式标注的一些文字随着“Standard”文字样式的改变而改变，也可以为需要使用的每一种字体特征或文字特征创建一个文字样式，这样可以在同一个图形文件中使用多种文字。

“新建”按钮单击“新建”按钮，弹出“新建文字样式”对话框，如图 2-6-2 所示。在该对话框中可为新建文字样式定义“样式名”。

图 2-6-2　“新建文字样式”对话框

(2)“字体”选项组

“字体名”下拉列表框。在该列表框内列有可供选用的字体文件。字体文件包括所有注册的 TrueType 字体和 AutoCAD Fonts 文件夹下 AutoCAD 已编译的所有形(SHX)字体(包括某些专为亚洲国家设计的“大字体”文件名)的字体名。

“SHX 字体”下拉列表设定的是西文及数字的字体，其中的“gbenor. shx”和“gbeitc. shx”是符合国标要求的工程字体，前者是正体，后者是斜体；“大字体”下拉列表框设定的是中文等大字符集字体，国标长仿宋体工程字的字体名为“gbcbig. shx”。

“使用大字体”复选框。此复选框用于创建大字体样式。只有“. shx”类型的文件，才能使用该复选框。也只有选中该复选框，才能设置大字体。

(3)“大小”选项组

指定文字的高度，可以直接在“高度”文本框中输入高度值。如果将文字高度设为零，那么使用 dtext 命令，会提示“指定高度：”，即要求用户设定文字的高度。如果在“高度”文本框中输入了具体的高度值，将按此高度标注文字，用 dtext 命令标注文字时不再提示“指定高度：”。“大小”选项组中的“注释性”复选框用于确定所定义的文字样式是否为注释性文字样式。

(4)“效果”选项组

该选项组用来设置修改字体的有关特性。

①“颠倒”复选框：用于将文字旋转 180°后书写。

②“反向”复选框：用于将文字作水平镜像书写。

③“垂直”复选框：用于将文字按垂直方式书写。

④“倾斜角度”编辑框：用于指定文字的倾斜角。

⑤"宽度因子"编辑框:用于指定文字宽度和高度的比值。如图样上长仿宋体的宽高比例约为0.7,但对于大字体"gbcbig.shx",因为它的字形本身就是长仿宋体,所以这个设置保持默认值"1"即可。

对文字的各种设置效果样例如图 2-6-3 所示。

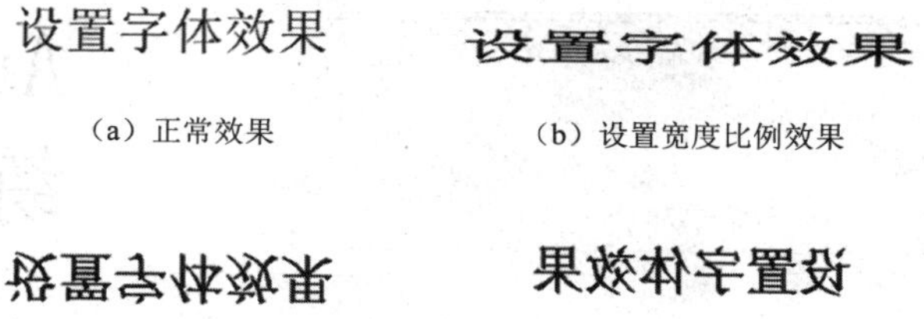

设置字体效果　　**设置字体效果**

(a) 正常效果　　(b) 设置宽度比例效果

设置字体效果　　设置字体效果

(c) 颠倒效果　　(d) 反向效果

图 2-6-3　对文字的各种设置效果样例

2.标注文字

AutoCAD 提供了两种标注文字的工具,这两种工具分别是"多行文字"(mtext)和"单行文字"(dtext)命令。标注简单文字可以使用"单行文字"命令,标注较长文字或带有内部格式的文字则使用"多行文字"命令比较合适。

"多行文字"命令是在图形的指定区域标注段落性(包括多个文本行)文字。使用"多行文字"命令标注的多行文字实际是一个实体。对这个实体可做整体的编辑、修改操作。"单行文字"命令是在图形区的指定位置标注文字,使用一次"单行文字"命令,可标注出单行(一行)文字或通过换行操作标注出多个单行文字。这些单行文字都是独立的实体,可对它们分别进行编辑操作。为此,我们把使用"单行文字"命令(dtext)标注的文字称为单行文字,把使用"多行文字"命令(mtext)标注的文字称为多行文字。

1)多行文字

(1)激活标注多行文字的方法

激活"多行文字"命令的方法有以下三种。

①工具栏:单击"绘图"按钮。

②菜单栏:绘图→文字→多行文字。

③命令行:输入命令 mtext(mt 或 t)。

使用"多行文字"命令注记文字,系统首先要求在绘图区指定注写文字的区域,即文字框。文字框是通过指定其两个对角顶点来确定的。定义文字框的操作如下。

激活"多行文字"命令后,在命令行中显示:

命令:_mtext(mt 或 t)

当前文字样式:〈默认值〉文字高度:〈默认值〉

指定第一角点:(用鼠标在所要写字的地方指定一点作为文字框的第一角点,然后移动鼠标,系统显示出一个矩形框以表示多行文字的位置和书写范围,矩形框内以箭头指示出文字的段落方向,如图 2-6-4 所示)

指定对角点或[高度(H)/对正(J)/行距(L)/旋转(R)/样式(S)/宽度(w)]:(在适当的位置给出另一点作为文字框的对角顶点)

(2)写入文字

当给出文字框的对角顶点后,系统弹出"文字格式"编辑器,如图 2-6-4 所示"文字格式"编辑器的文本编辑窗口就是指定的文字框，窗口上方有一标尺，可以通过拉动标尺右边的箭头来改变文字框的长度。然后在“文字格式”编辑器中输入和编辑所需的文字，完毕后单击“确定”按钮即可。假设我们已经输入了某图纸的附注说明，文字高度为 20，单击“确定”按钮，结果如图 2-6-5 所示。

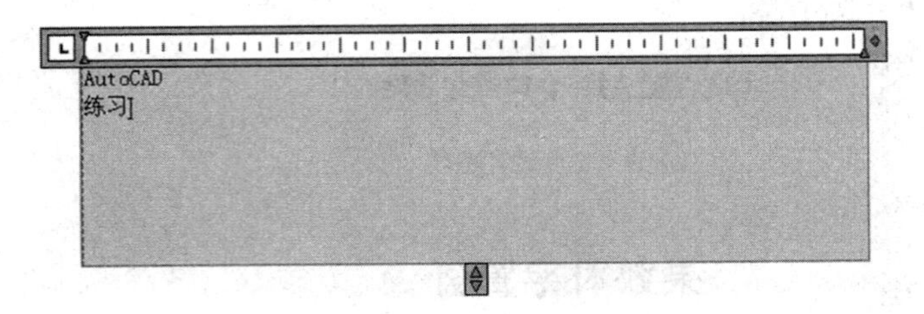

图 2-6-4　文字框

AutoCAD
练习

图 2-6-5　“多行文字”命令操作的结果

“文字格式”编辑器具有很强的编辑功能，下面介绍其各个设置的使用方法。

“文字样式”下拉列表(第一行左边第一项)：可以通过“文字样式”下拉列表选择定义好的样式，将其应用到多行文字的全部文字上，无法应用于部分文字。

“文字”下拉列表(第一行左边第一项)：通过“字体”F 拉列表可以修改选中文字的字体。

“字高”下拉列表(第一行左边第三项)：通过“字高”下拉列表可以修改选中文字的字高。“字高”下拉列表中只列出了已经设置过的文字高度，如果要将字高设置成下拉列表中没有的值，可以直接在列表框中输入。

除了从键盘向文本编辑区输入文字外，还可以直接将其他软件录入好的大段文字的文本文件输入进来。AutoCAD 可以接受的文本格式有纯文本文件(文件后缀为“. txt”)和 RTF 格式文本文件(后缀为“. rtf”)，方法为：在文本编辑窗口中右击，在弹出的快捷菜单中选择“输入文字”菜单项(也可以从“选项”菜单中选择“输入文字”菜单项)，AutoCAD 会弹出“选择文件”对话框。确保文件类型下拉列表的选项与要打开的文件类型一致，然后找到所要打开的文件，单击“确定”按钮，完成文字的输入。

2)单行文字

单行文字常用于标注文字、标题块文字等内容，激活“单行文字”命令的方法有以下两种。

(1)菜单栏：绘图→文字→单行文字。

(2)命令行：输入命令 dtext(dt)。

激活“单行文字”命令后，AutoCAD 提示如下：

当前文字样式：standard　文字高度：2.5

指定文字的起点或[对正(/样式(S)]：(单击一点，在绘图区域中确定文字的起点)

指定高度：(输入文字高度)

指定文字的旋转角度：(输入文字旋转的角度)

输入文字：(输入文字内容)

按【Enter】键换行。如果希望结束文字输入，可再次按【Enter】键。

在创建单行文字时，AutoCAD 将提示如下：

指定文字的起点或[对正(J)/样式(S)]：J

其中，输入“J”选择“对正”选项可以设置文字对齐方式；输入“S”选择“样式”选项可以设置文字使用的样式。

输入“J”，AutoCAD 将提示如下。

输入选项[对齐(A)/调整(F)/中心(C)/中 1 司(M)/右(R)/左上(TL)/中上(TC)/右上(TR)/左中(ML)/正中(MC)/右中(MR)/左下(BL)/中下(BC)/右下(BR)]：TL(键入选项关键字 TL，选择左上对齐方式)

AutoCAD 提示：

指定文字左上点：(指定一点作为文字行顶线的起点)

其中主要选项含义如下。

· 对齐(A)：选择该选项后，AutoCAD 将提示用户确定文字行的起点和终点。输入结束后，系统将自动调整各行文字高度以使文字适于放在两点之间。

· 调整(F)：确定文字行的起点、终点。在不改变高度的情况下，系统将调整宽度系数以使文字适于放在两点之间。

· 中心(C)：文字的起点在文字行基准底线的中点，文字向中间对齐。

· 左上(TL)：文字对齐在第一个文字单元的左上角点。

· 中上(TC)：文字的起点在文字行顶线的中间，文字向中间对齐。

· 左中(MI)：文字对齐在第一个文字单元左侧的垂直中点。

· 正中(MC)：文字对齐在文字行的垂直中点和水平中点。

· 左下(BI)：文字对齐在第一个文字单元的左下角点。

依前述再依次输入字高、旋转角度并输入相应文字内容即可。

3. 标注特殊字符

输入多行文字时，可以通过“文字格式”编辑器中的“符号”菜单输入特殊字符，而对于单行文字，用户可以在文字中输入特殊字符，例如直径符号(ϕ)、百分号(%)、正负公差符号(±)、文字的上划线和下划线等，但是这些特殊符号一般不能由标注键盘直接输入，为此系统提供了专用的代码。每个代码是由“%%”与一个字符所组成，如“%%C”“%%D”“%%P”等。表 2-6-1 为用户提供了特殊字符的代码。

表 2-6-1　特殊字符的代码

输入代码	对应字符	输入效果
%%O	上划线“¯”	$\overline{\text{文字说明}}$
%%U	下划线“_”	$\underline{\text{文字说明}}$
%%D	度数符号“°”	90°
%%P	公差符号“±”	±100
%%C	圆直径标注符号“ϕ”	ϕ80
%%%	百分号“%”	98%
\U+2220	角度符号“∠”	∠A
\U+2248	几乎相等号“≈”	X≈A
\U+2260	不相等号“≠”	A≠B
\U+00B2	上标 2	X^2
\U+2082	下标 2	X_2

4. 文字编辑

文字输入的内容和样式不可能一次就达到要求，有时需要进行反复的调整与修改。此时就需要在原有文字的基础上对文字对象进行编辑处理。

(1)编辑单行文字

对单行文字的编辑主要包括两个方面：修改文字内容和修改文字特性。要修改文字内容，可直接双击文字，此时打开“编辑文字”对话框，即可对要修改的文字内容进行修改；要修改文字的特性，可通过修改文字样式来获得文字的颠倒、反向和垂直等效果。

(2)编辑多行文字

编辑多行文字的方法比较简单，可双击在图样中已输入的多行文字，或者选中在图样中已输入的多行文字并右击，从弹出的快捷菜单中选择“编辑多行文字”，打开“文字格式”编辑器，然后编辑文字。

值得注意的是，如果修改文字样式的垂直、宽度比例与倾斜角度，将影响到图形中已有的用同一种文字样式注写的多行文字，这与单行文字是不同的。因此，对用同一种文字样式注写的多行文字中的某些文字的修改，可以重建一个新的文字样式来实现。

若要改变多行文字的对正方式，可通过菜单执行“修改”→“对象”→“文字”→“对正”命令，或者利用快捷菜单进行操作。

子任务 2　表格的创建与编辑

1. 创建表格样式

在创建表格之前，用户需要启用“表格样式”命令来设置表格的样式。表格样式用来控制表格单元的填充、内容对齐方式、数据格式，表格文本的文字样式、高度、颜色，以及表格边框等。

执行“格式”→“表格样式”菜单命令，系统弹出对话框，如图 2-6-6 所示。

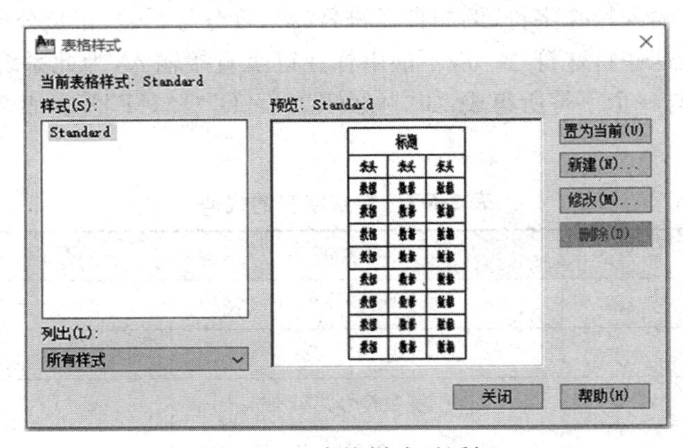

图 2-6-6　表格样式对话框

2. 插入表格

单击“绘图”→工具栏中的“表格”工具或执行“绘图”→“表格”菜单命令，可打开“插入表格”对话框，如图 2-6-7 所示。

创建表格是，可设置表格的列数、列宽、行数、行高等。创建结束后，系统自动进入表格内容编辑状态，如图 2-6-8 所示。

3. 编辑表格

1)选择表格与表单元

(1)要选择整个表格，可直接单击表线，或利用选择窗口选择整个表格。表格被选中后，表格框线将显示为断续线，并显示一组加点，如图 2-6-9 所示。

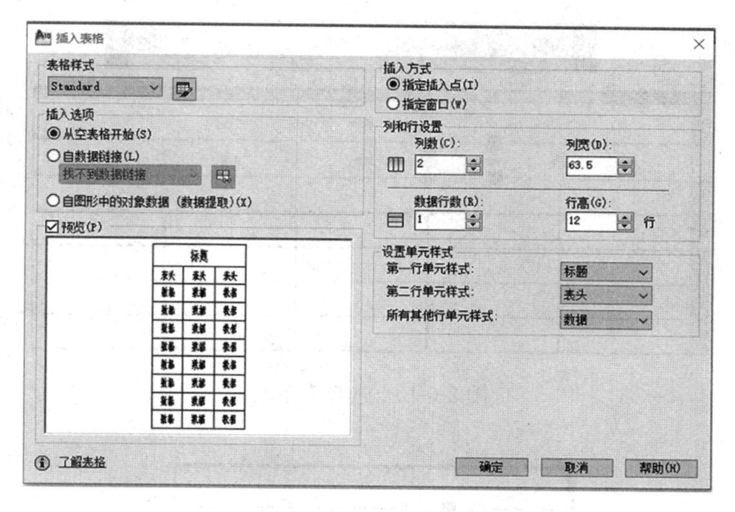

图 2-6-7　插入表格对话框

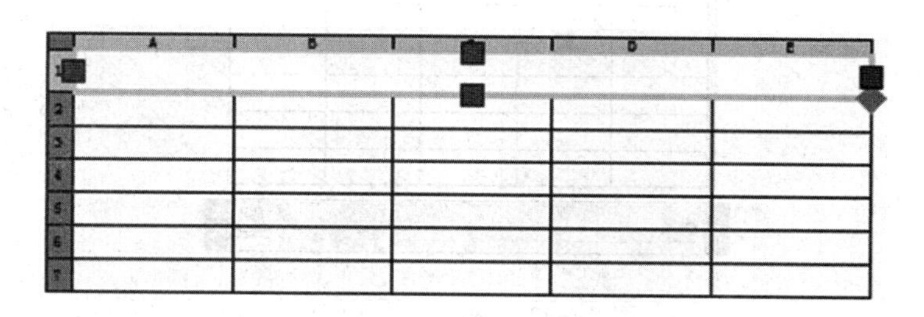

图 2-6-8　表格创建

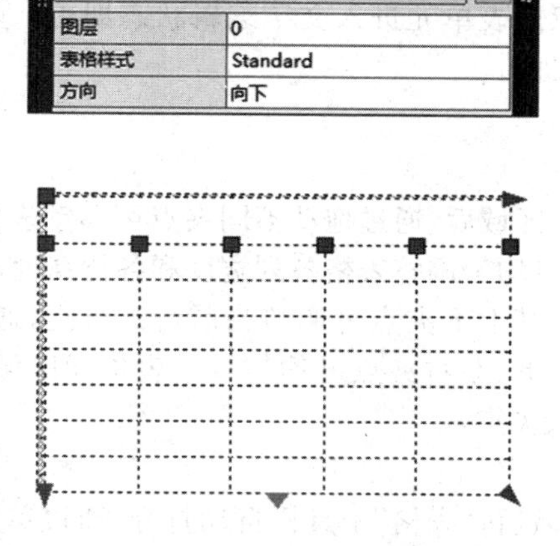

图 2-6-9　选择整个表格

(2)要选择某一个表单元，可直接在该表单元中单击。此时将在选中的表单元四周显示加点，如图 2-6-10 所示。

(3)要选择表中某单元区域时，首先在表单元区域的左上角表单元中单击，然后向表单元区域的右下角表单元中拖动，释放鼠标后，选择框所包含的表单元均被选中，如图 2-6-11 所示。

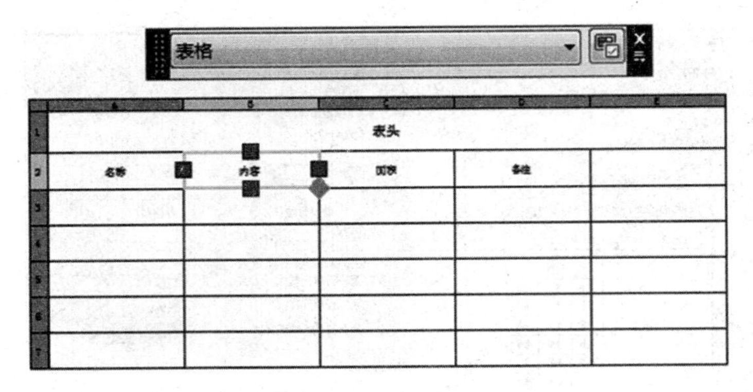

图 2-6-10　选择表单元

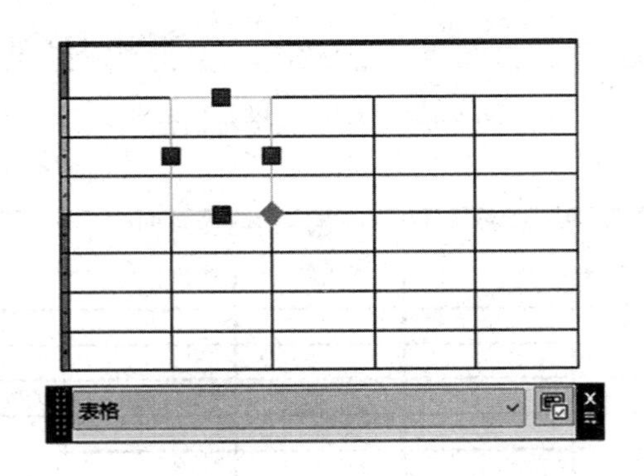

图 2-6-11　选择表单元区域

(4)要取消表单元选择状态，可按 Esc 键，或直接在表格外单击即可。

2)编辑表格内容

要编辑表格内容时，只需双击表单元进入文字编辑状态即可。要删除表单元中的内容，选中要删除的表单元，按【Delete】键即可。

3)编辑表格属性

(1)调整表格行高和列宽

选中表格、表单元或表单元区域后，通过拖动不同夹点可移动表格的位置，或者调整表格的行高和列宽。通过拖动不同夹点可均匀调整表格各列宽度和各行高度，如图 2-6-9 所示。

如果选中表单元，通过拖动其上下夹点可调整当前行的行高，通过左右夹点可调整列宽。如果选中表单元区域，通过拖动上下、左右夹点可均匀调整表单元区域所包含行的行高、列的列宽，如图 2-6-11 所示，表格单元区域夹点。

(2)编辑表格

在选中表单元或表单元区域后，“表格”工具栏自动打开，通过单击其中的按钮，可对表格插入或删除行或列，以及合并表单元、取消表单元合并、调整表单元边框等。如，要合并表单元，可执行如下操作。

①用鼠标左键选定待合并的表格单元区域，点击鼠标右键，弹出下拉菜单，如图 2-6-12(a)所示。

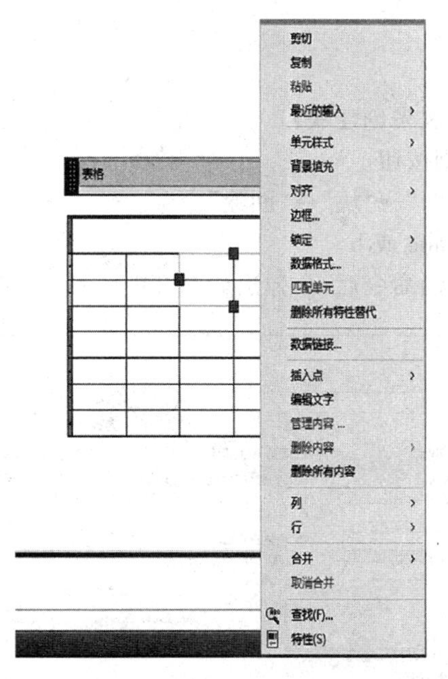

(a)合并表格单元(一)

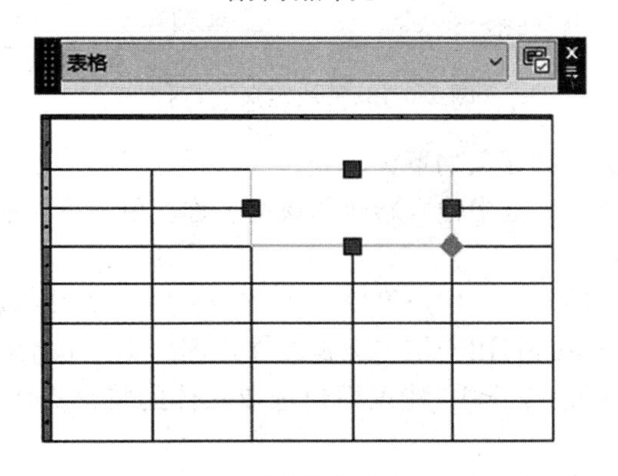

(b)合并表格单元(二)

图 2-6-12　合并表格单元

②用鼠标左键选定待合并的表格单元区域,单击“表格”工具栏上的按钮,选择“全部”,表单元合并完成,如图 2-6-12(b)所示。

子任务 3　图块的创建与使用

图块一般是由几个图形对象组合而成的图形单元,保存图形的一部分或全部,以便在同一个图或其他图中使用,这个功能对用户来说是非常有用的。这些部分或全部的图形或符号(也称为块)可以按所需方向、比例因子放置(插入)在图中任意位置。块需命名(块名),并用其名字参照(插入)。可同单个对象一样,对块也使用“move”“erase”等命令。如果块的定义改变了,所有在图中对于块的参照都将更新,以体现块的变化。

图块可用“block”命令建立,也可以用“wblock”命令建立图形文件。两者之间的主要区别是:一个是“写块(wblock)”,可被插入任何其他图形文件中;另一个是“图块(block)”,只能插入建立它的图形文件中。

1. 创建图块

1)block

用户可以通过如下几种方法来创建块:

(1)单击"绘图"工具栏的剧按钮。

(2)在下拉菜单中执行"绘图"→"块"→"创建"命令。

(3)输入命令:block 或 bmake 或 b。

用上述方法中的任一种启动命令后,会弹出如图 2-6-13 所示的"块定义"对话框。

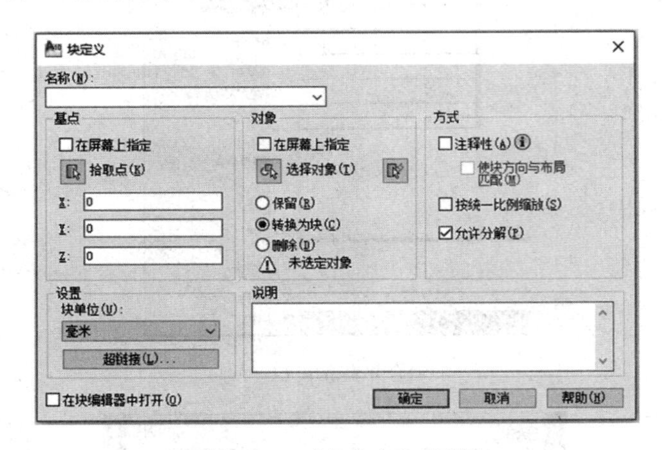

图 2-6-13 "块定义"对话框

"块定义"对话框中各选项的含义如下:

(1)"名称"文本框:在此列表框中输入新建图块的名称。单击下拉箭头,打开列表框,该列表中显示了当前图形的所有图块。

(2)"基点"选项组:插入的基点。用户可以在 $X/Y/Z$ 的输入框中直接输入插入点的 X、Y、Z 的坐标值;也可以单击"拾取点"按钮,用十字光标直接在作图屏幕上点取。理论上,用户可以任意选取一点作为插入点,但在实际的操作中,建议用户选取实体的特征点作为插入点,如中心点、右下角等。

(3)"对象"选项组:单击"选择对象"按钮,AutoCAD 将切换到绘图窗口,用户在绘图区中选择构成图块的图形对象。

①"保留"单选按钮:保留显示所选取的要定义块的实体图形。

②"转换为块"单选按钮:将选取的实体转化为块。

③"删除"单选按钮:删除所选取的实体图形。

(4)"预览"图标:在图块制作过程中,点击"确定"按钮以前,会在图块名称后面显示图块形状。

(5)"块单位"文本框:插入块的单位。单击下拉箭头,将出现下拉列表选项,用户可从中选取所插入块的单位。

(6)"说明"输入框:详细描述。用户可以在"说明"下面的输入框中详细描述所定义图块的资料。

2)wblock

"block"命令定义的块只能在同一张图形中使用,而有时用户需要调用别的图形中所定义的块。"wblock"命令可以解决这个问题,把定义的块作为一个独立图形文件写人磁盘中。创建方法如下。

在命令行中输入“wblock”或“w”，AutoCAD 会出现如图 2-6-14 所示的“写块”对话框。

“写块”对话框中各选项的含义如下。

(1)“源”选项组：用户可以通过“块”“整个图形”“对象”三个单选按钮来确定块的来源。

(2)“基点”选项组：插入的基点。

(3)“对象”选项组：选取对象。

(4)“目标”选项组有两个选项：“文件名和路径”与“插入单位”，它们的含义如下。

①“文件名和路径”文本框：设置输出文件名及路径。

②“插入单位”文本框插入块的单位。

2. 插入图块

用户可以使用“insert”命令在当前图形或其他图形文件中插入块，无论块的图形多么复杂，AutoCAD 都将它们作为一个单独的对象，如果用户需编辑其中的单个图形元素，就必须分解图块或文件块。

在插入块时，需确定以下几组特征参数，即要插入的块名、插入点的位置、插入的比例系数以及图块的旋转角度。

1)插入块的方法

用户可以通过如下几种方法来启动“插入”对话框。

(1)单击“绘图”工具栏的按钮。

(2)在下拉菜单中执行“插入”→“块”命令。

(3)输入命令：insert。

用上述方法中的任一种启动命令后，AutoCAD 都将弹出“插入”对话框，如图 2-6-15 所示。

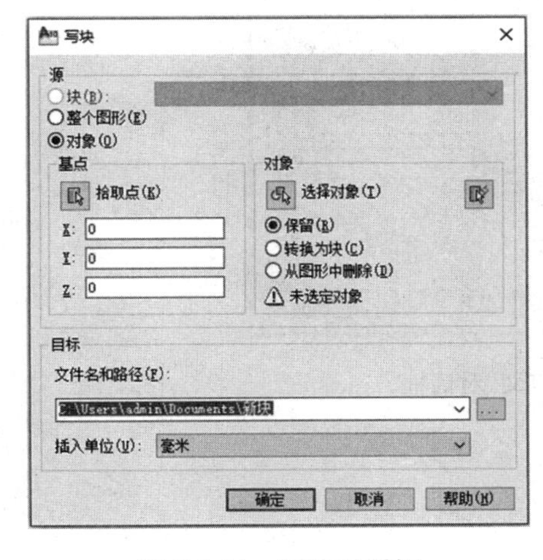

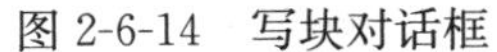
图 2-6-14　写块对话框

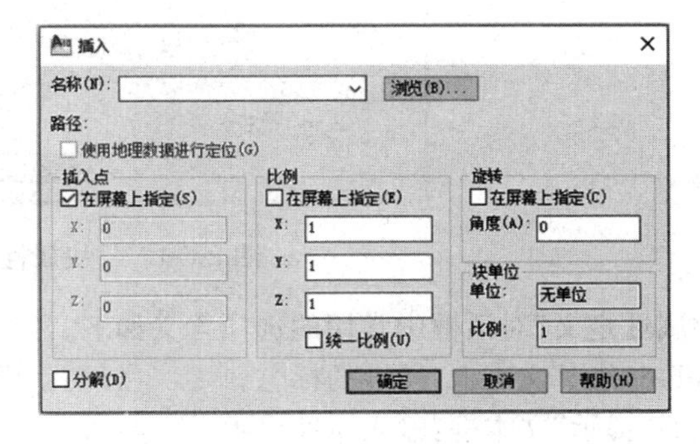

图 2-6-15　“插入块”对话框

“插入”对话框中各选项的含义如下。

(1)“名称”文本框：该区域的下拉列表列出了图样中的所有图块，通过这个列表，用户选择要插入的块。如果要把图形文件插入当前图形中，就单击“浏览”按钮，然后选择要插入的文件。

(2)“插入点”选项区：确定图块的插入点。可直接在 X,Y,Z 文本框中输入插入点的绝对坐标值，或是选中“在屏幕上指定”复选框，然后在屏幕上指定。

(3)“比例”选项区：确定块的缩放比例。可直接在 X,Y,Z 文本框中输入沿这三个方向的缩放比例因子，也可选中“在屏幕上指定”复选框，然后在屏幕上指定。

(4)“统一比例”复选框：该复选框使块沿 X,Y,Z 方向的缩放比例都相同。

(5)“旋转”选项区：指定插入块时的旋转角度。可在“角度”数值框中直接输入旋转角度值，或是选中“在屏幕上指定”复选框，然后在屏幕上指定。

(6)“分解”复选框：若用户选中该复选框，则 AutoCAD 在插入块的同时分解块对象。

2)多重插入

“多重插入(minsert)”命令实际上是“insert”和“rectangular”或“array”命令的一个组合命令。该命令操作的开始阶段发出与“insert”命令相同的提示，然后提示用户进行输入以构造一个阵列。灵活使用该命令不仅可以大大节省绘图时间，还可以提高绘图速度，减少所占用的磁盘空间。

3. 图块属性

1)创建图块属性

创建图块属性的方法有以下两种。

(1)在下拉菜单中执行“绘图”→“块”→“定义属性”命令。

(2)输入命令：attdef。

启用命令后可打开“属性定义”对话框，如图 2-6-16 所示。用户可以利用此对话框创建图块属性。

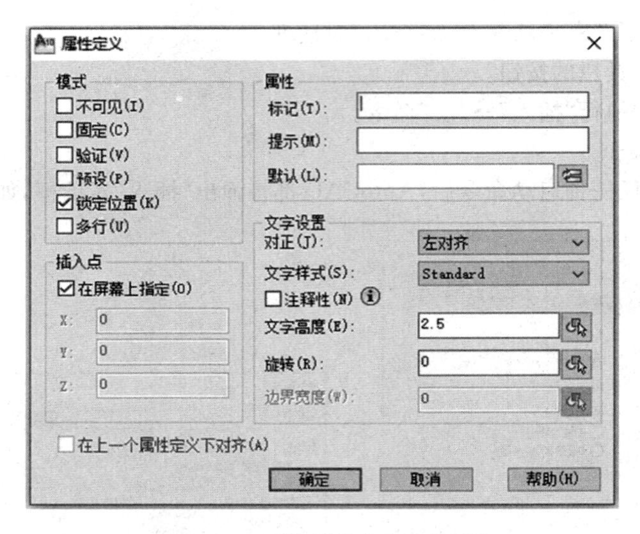

图 2-6-16　“块属性定义”对话框

“属性定义”对话框中常用的选项含义如下。

(1)“标记”文本框：属性的标志。

(2)“提示”文本框：输入属性提示。

(3)“默认”文本框：属性的缺省值。

(4)“不可见”复选框：控制属性值在图形中的可见性。如果想使图中包含属性信息，但不想使其在图形中显示出来，就选中这个复选框。

(5)“固定”复选框：选中该复选框，属性值将为常量。

(6)“验证”复选框：设置是否对属性值进行校验。若选择此复选框，则插入块并输入属性值后，AutoCAD 将再次给出提示，让用户校验输入值是否正确。

(7)“预设”复选框：该复选框用于设定是否将实际属性值设置成默认值。若选中此选项，则插入块时，AutoCAD 将不再提示用户输入新属性值，实际属性值等于“值”框中的默认值。

(8)“在屏幕上指定”复选框：选中此复选框，AutoCAD 切换到绘图窗口，并提示“起点”。用户指定属性的放置点后，按【Enter】键返回“属性定义”对话框。

(9)“X”“Y”“Z”文本框：在这三个框中分别输入属性插入点的 X、Y 和 Z 坐标值。

(10)“对正”下拉列表框：该下拉列表框中包含了 10 多种属性文字的对齐方式。

(11)“文字样式”下拉列表框：从该下拉列表框中选择文字样式。

(12)“文字高度”文本框：用户可直接在文本框中输入属性文字高度，或单击“文字高度”按钮切换到绘图窗口，在绘图区中拾取两点以指定高度。

(13)“旋转”文本框设定属性文字旋转角度。

2)编辑图块属性

(1)编辑属性定义

创建属性后，在属性定义与块相关联之前(即只定义了属性但没定义块时)，用户可对其进行编辑。方法如下。

①执行“修改”→“对象”→“文字”→“编辑”命令。

②输入命令：ddedit。

调用“ddedit”命令，AutoCAD 提示“选择注释对象”，选取属性定义标记后，AutoCAD 弹出“编辑属性定义”对话框，如图 2-6-17 所示。在此对话框中用户可修改编辑属性定义的标记、提示及默认值。

建立带属性的块实例操作：建立一个带属性矩形框的图块。

第一步：选择“绘图”菜单→点击“矩形”，绘制矩形框。

第二步：选择下拉菜单中执行“绘图”→“块”→“定义属性”命令，定义块属性。输入属性“标记”，即 AutoCAD 练习，文字高度为 220，如图 2-6-18 所示。

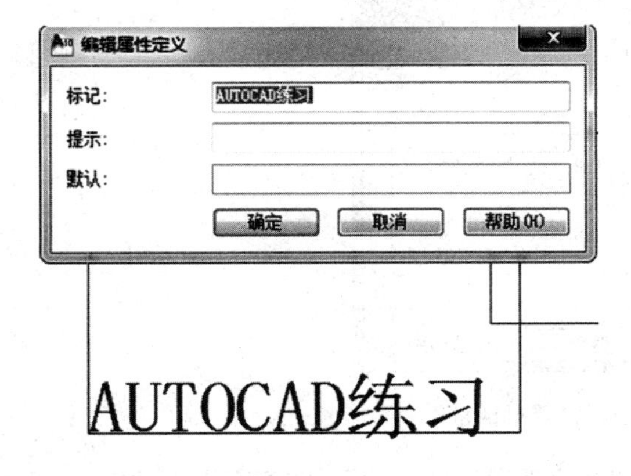

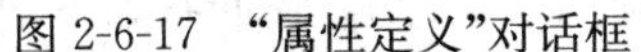
图 2-6-17　“属性定义”对话框

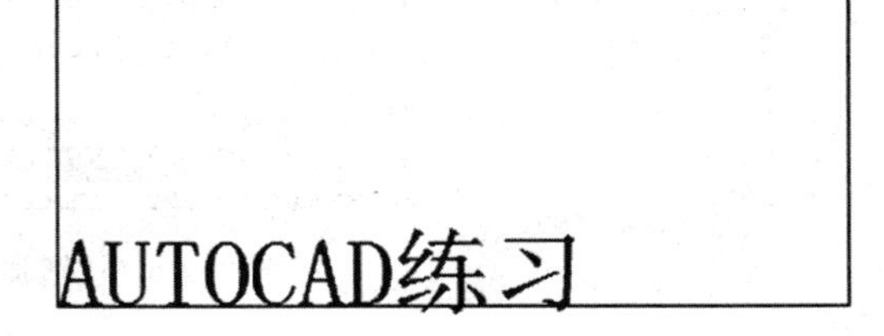

图 2-6-18　矩形框属性

第三步：在命令行输入“WBLOCK”，回车，打开“写块”对话框。在“写块”对话框中，单击“拾取点”按钮，设置“基点”为矩形框左下角；点击“选择对象”按钮，选择所有图元；在“目标”设置区中输入文件名、图块存放位置及插入单位，如图 2-6-19 所示。

第四步：插入带属性的块。

带属性的块插入方法与块的插入方法相同，在插入结束时，需要指定属性值。

①打开一个需要插入块的图形文件，单击绘图工具栏上的块插入按钮，打开“插入”对话框。

②单击对话框中的“浏览”，选择已定义好的带块属性的图块。

③设置插入点、缩放比例和旋转角度。

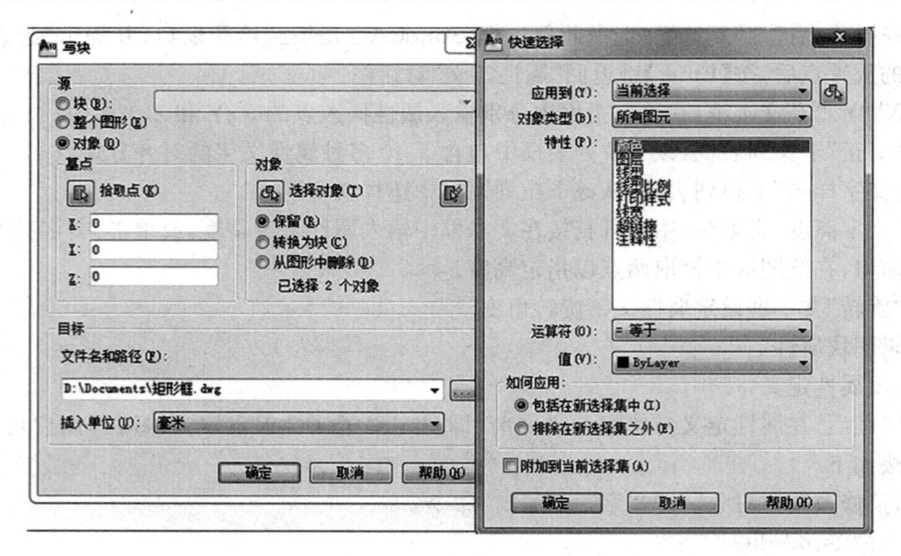

图 2-6-19　写块对话框

④单击“确定”按钮，然后根据命令行提示，输入所需要的文本信息即可。

(2)编辑图块属性

在下拉菜单中执行“修改”→“对象”→“属性”→“单个”命令，或单击“修改Ⅱ”工具栏的按钮。

AutoCAD 提示“选择块”，用户选择要编辑的图块后，AutoCAD 打开“增强属性编辑器”对话框，如图 2-6-20 所示。在此对话框中用户可对块属性进行编辑。

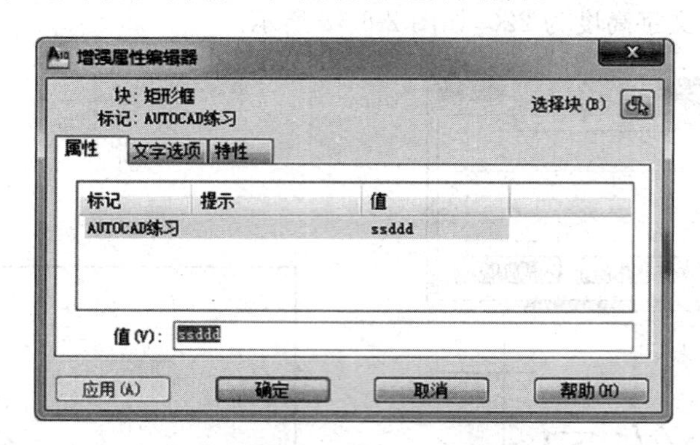

图 2-6-20　“增强属性编辑器”对话框

“增强属性编辑器”对话框有三个选项卡：“属性”“文字选项”和“特性”。它们有如下功能。

①“属性”选项卡：在该选项卡中，AutoCAD 列出当前块对象中各个属性的标记、提示和值。选中某一属性，用户就可以在“值”框中修改属性的值。

②“文字选项”选项卡：该选项卡用于修改属性文字的一些特性，如文字样式、字高等。选项卡中各选项的含义与“文字样式”对话框中同名选项的含义相同。

③“特性”选项卡在该选项中用户可以修改属性文字的图层、线形和颜色等。

3)块属性管理器

用户通过“块属性管理器”，可以有效地管理当前图形中所有块的属性，并能进行编辑。可用以下的任意一种方法来启用块属性管理器：

(1)单击“修改Ⅱ”工具栏的到按钮。

(2)在下拉菜单中执行“修改”→“对象”→“属性”→“块属性管理器”命令。

(3)输入命令:battman。

启用“battman”命令,AutoCAD 将弹出“块属性管理器”对话框,如图 2-6-21 所示。

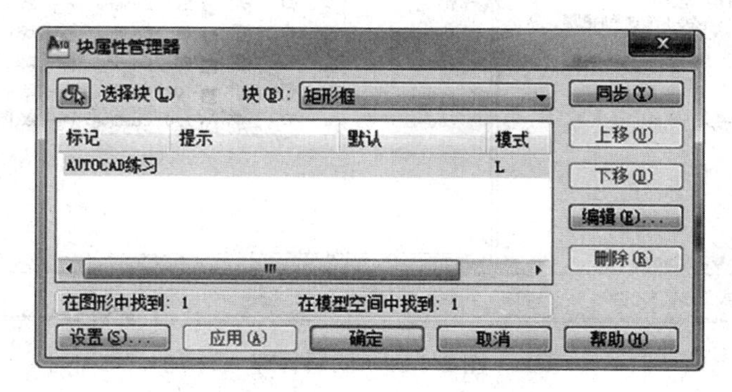

图 2-6-21　“块属性管理器”对话框

该对话框常用选项的功能如下。

(1)“选择块”按钮:通过此按钮选择要操作的块。单击该按钮,AutoCAD 切换到绘图窗口,并提示“选择块”。用户选择块后,AutoCAD 返回“块属性管理器”对话框。

(2)“块”下拉列表框:用户可通过此下拉列表框选择要操作的块。该列表显示当前图形中所有具有属性的图块名称。

(3)“同步”按钮:用户修改某一属性定义后,单击此按钮,更新所有块对象中的属性定义。

(4)“上移”按钮:在属性列表中选中一属性行,单击此按钮,则该属性行向上移动一行。

(5)“下移”按钮:在属性列表中选中一属性行,单击此按钮,则该属性行向下移动一行。

(6)“删除”按钮:删除属性列表中选中的属性定义。

(7)“编辑”按钮:单击此按钮,打开“编辑属性”对话框,该对话框有三个选项卡“属性”“文字选项”和“特性”。这些选项卡的功能与“增强属性编辑器”对话框中同名选项卡的功能类似,这里不再讲述。

(8)“设置”按钮:单击此按钮,弹出“设置”对话框。利用该对话框,用户可以设置在“块属性管理器”对话框中定制需要显示的内容。

子任务4　50 kg/m 钢轨断面图的绘制

1. 新建文件

单击常用工具栏上的新建按钮,在弹出的对话框中单击名称选项框中“acad”,再单击“打开”按钮,即新建一个文件。

2. 保存文件

单击常用工具栏上保存按钮,将文件保存到 D:\\图形\\基础实例. dwg,在后面钢轨断面的绘制过程中,随时绘制随时按【Ctrl】键+【S】键进行保存。

3. 新建图层

新建的图层命名为“code1”和“code2”,其设置如图 2-6-22 所示,分别用于存放绘制设计图的辅助线和设计图轮廓。

4. 绘制钢轨上部结构

(1)将“code1”设置为当前图层,并设置单位格式。

命令行提示如下:_units

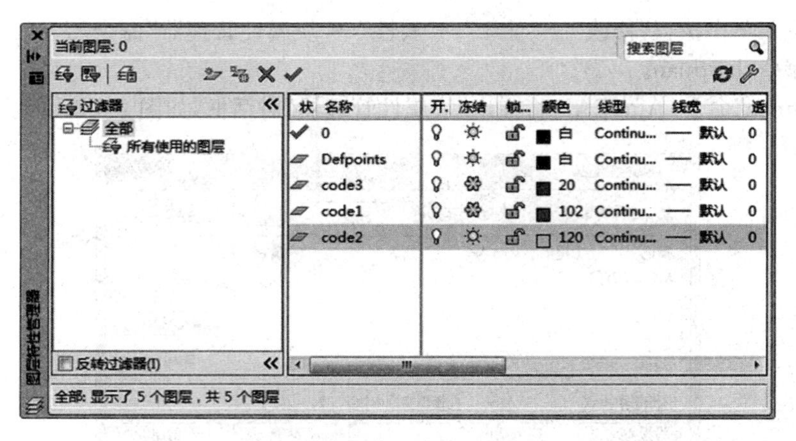

图 2-6-22　图层管理

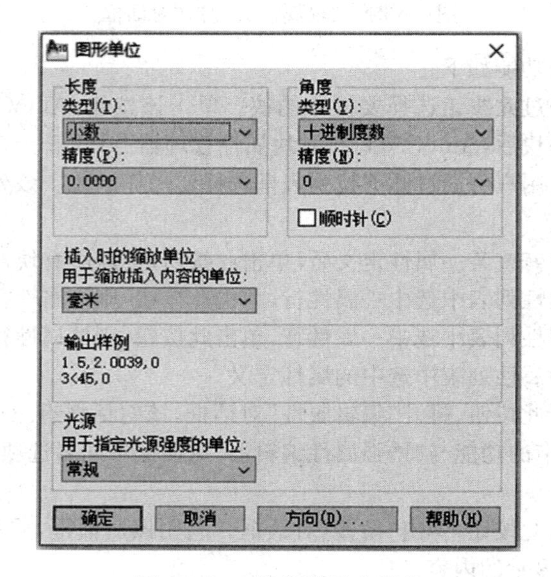

50 kg/m钢轨断面图的绘制

图 2-6-23　单位设置选项卡

长度类型选择“小数”，精度选择“0.000 0”，单位选择毫米。

(2)绘制辅助线。

命令行提示如下：_line

指定第一个点：(单击屏幕上绘图区域中的任意一点)

指定下一点或[放弃(U)]：(打开极轴追踪，沿 Y 轴负方向，单击任意一点长度不少于 200，绘制辅助线 f1)

同理，在辅助线上方任取一点，沿 X 轴正方向绘制辅助线 f2，及在位于 f1 与 f2 交点的下方 0.9 mm 的位置，绘制辅助线 f3。

命令行提示如下：_copy

选择对象：(选择辅助线 f2，按【Enter】键)

选择对象：找到 1 个

当前设置：复制模式＝多个

指定基点或[位移(D)模式(O)]<位移>：(捕捉至 f1 与 f2 的交点)

指定第二个点或[阵列(A)]<使用第一个点作为位移>：13.9(打开极轴追踪，沿 Y 轴负方向，输入 13.9，按【Enter】键，完成辅助线 f4 的绘制)

同理，利用" copy"命令复制辅助线 f2，分别复制至 f5～f9 的位置；复制辅助线 f1 至 f10～f14 的位置，如图 2-6-24 所示。

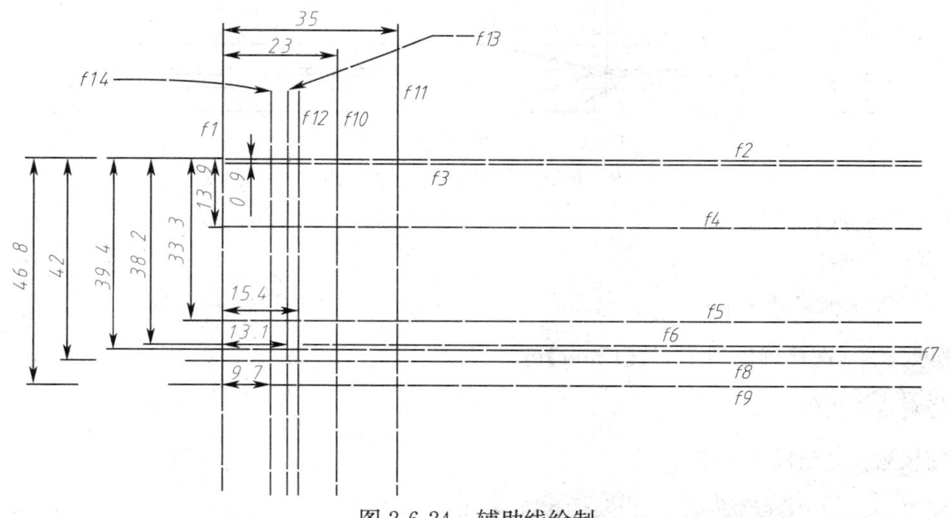

图 2-6-24　辅助线绘制

(3)绘制钢轨上部轮廓线。

将"code2"图层设置为当前图层。

命令行提示如下：_pline

指定起点：(捕捉至辅助线 f10 与 f3 的交点，按【Enter】键)

指定下一个点或[圆弧(A)半宽(H)长度(L)放弃(U)宽度(W)]：A(输入 A，绘制圆弧。绘制时应当注意圆弧方向)

PLINE[角度(A)圆心(CE)方向(D)半宽(H)直线(L)半径(R)第二个点(S)放弃(U)宽度(W)]：r(输入半径 R，按【Enter】键)

指定圆弧的半径：300(输入半径 300)

指定圆弧的端点或[角度(A)]：(捕捉至辅助线 f1 与 f2 的交点，按【Enter】键)

同理利用" pline"命令，绘制 f3，f10 交点与 f4，f11 交点之间半径为 13 的圆弧。

命令行提示如下：_line

指定第一个点：(捕捉至 f4 与 f11 的交点)

指定下一点或[放弃(U)]：(捕捉至 f5 与 f11 的交点，按【Enter】键)

同理，利用"line"命令连接 f5，f11 的交点与 f1、f8 的交点。利用"pline"命令，绘制 f6、f12 交点与 f8、f13 交点之间半径为 5 的圆弧，绘制 f7、f13 交点与 f9、f14 交点之间半径为 12 的圆弧，如图 2-6-25 所示。

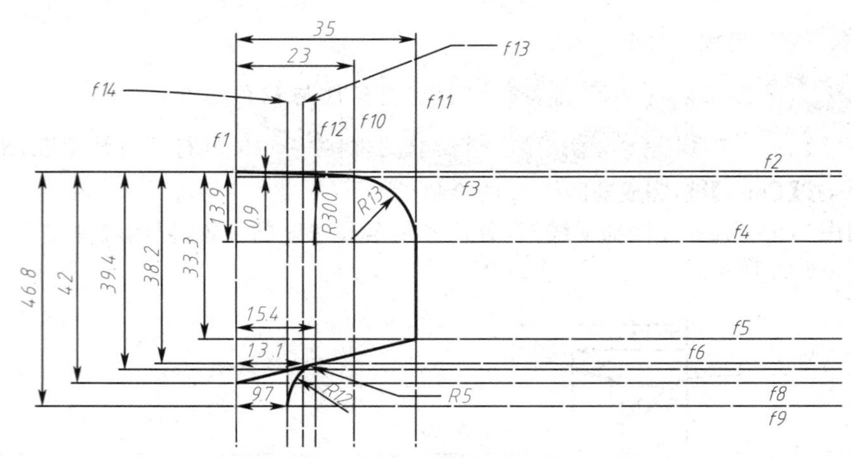

图 2-6-25　绘制钢轨上部结构

5.绘制钢轨底部结构

(1)绘制辅助线

命令行提示如下:_copy

选择对象:(选择辅助线 f1,按【Enter】键)

选择对象:找到 1 个

当前设置:复制模式=多个

指定基点或[位移(D)模式(O)]<位移>:(捕捉至 f1 与 f2 的交点)

指定第二个点或[阵列(A)]<使用第一个点作为位移>:152(打开极轴追踪,沿 Y 轴负方向,输入 152,按【Enter】键,完成辅助线 f15 的绘制)

同理,利用"copy"命令复制辅助线 f15,分别复制至 f16～f21 的位置;复制辅助线 f1～f23 的位置,如图 2-6-26 所示。

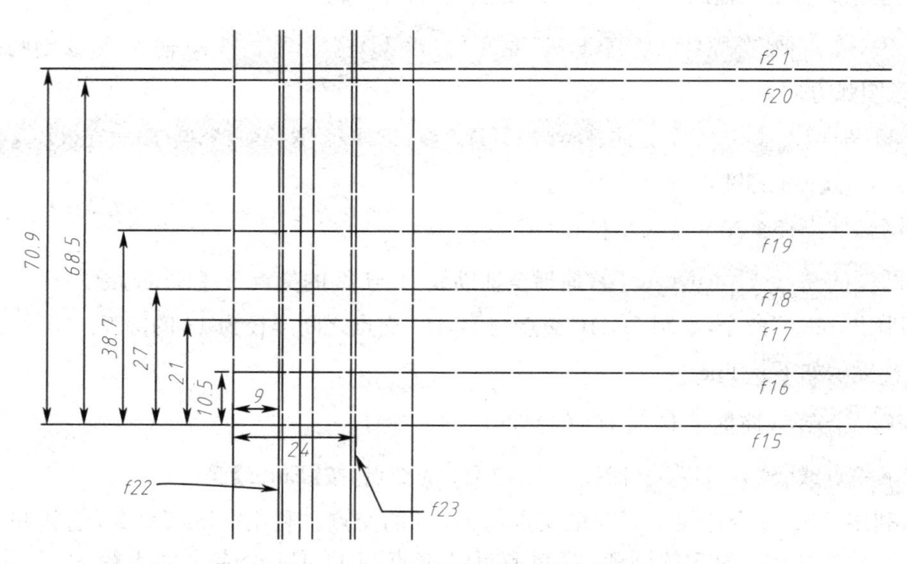

图 2-6-26　绘制钢轨底部辅助线

(2)绘制轨道底部结构

命令行提示如下：_line

指定第一个点：(捕捉至辅助线 f1 和 f15 的交点)

指定下一点或[放弃(U)]：66(打开极轴追踪，沿 X 轴正方向，输入 66)

指定下一点或[放弃(U)]：(捕捉至与辅助线 f16 垂足的交点)

指定下一点或[放弃(U)]：(捕捉至与辅助线 f1 与 f18 的交点)

命令行提示如下：_fillet

当前设置：模式＝修剪，半径＝0.000 0

选择第一个对象或[放弃(U)多段线(P)半径(R)修剪(T)多个(M)]：r(输入 r，指定圆角半径)

指定圆角半径<0.0000>：2(输入圆角半径值 2)

选择第一个对象或[放弃(U)多段线(P)半径(R)修剪(T)多个(M)]：(选择要修剪成圆角的第一条线段)

选择第二个对象，或按住 Shift 键选择对象以应用角点或[半径(R)]：(选择要修剪成圆角的第二条线段)

同理，利用命令"fillet"命令，修剪另外一个半径为 4 的圆角，如图 2-6-27 所示。

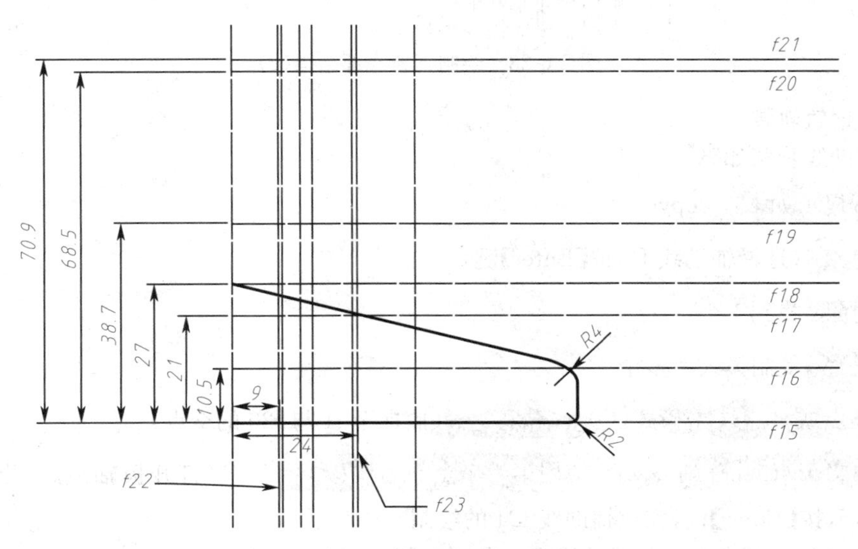

图 2-6-27　绘制钢轨底部结构(1)

命令行提示如下：_pline

指定起点：(捕捉至辅助线 f19 与 f22 的交点)

指定下一个点或[圆弧(A)半宽(H)长度(L)放弃(U)宽度(W)]：A(输入 A，绘制圆弧。绘制时应当注意圆弧方向)

PLINE[角度(A)圆心(CE)方向(D)半宽(H)直线(L)半径(R)第二个点(S)放弃(U)宽度(W)]：

r(输入半径 R,按【Enter】键)

指定圆弧的半径:20(输入半径 20)

指定圆弧的端点或[角度(A)]:(捕捉至辅助线 f17 与 f23 的交点,按【Enter】键,如图 2-6-28 所示)

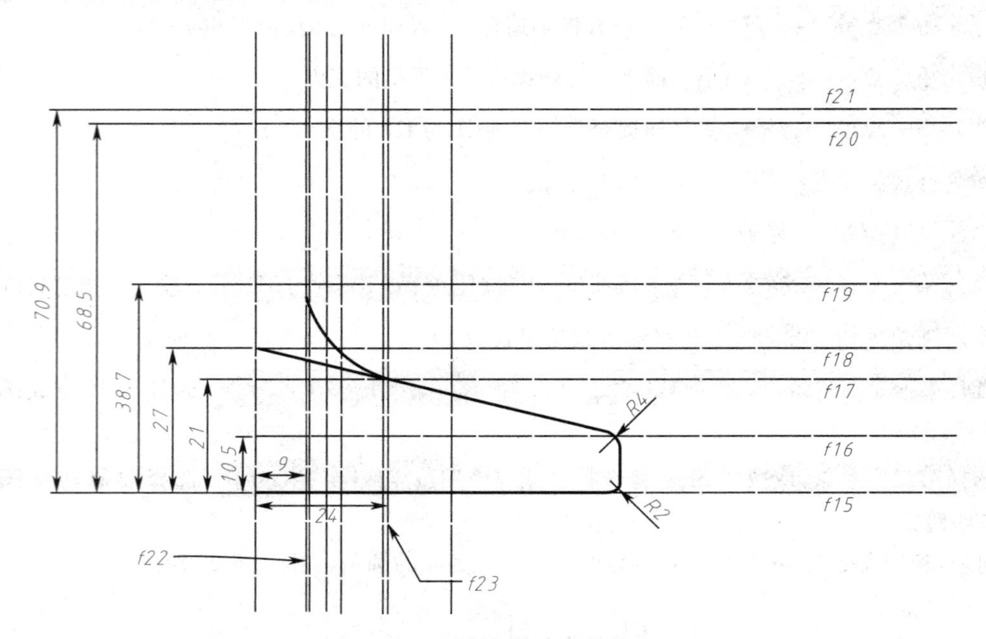

图 2-6-28　绘制钢轨底部结构(2)

6. 绘制钢轨轨腰

绘制辅助线步骤如下:

命令行提示如下:_copy

选择对象:(选择辅助线 f1,按【Enter】键)

选择对象:找到 1 个

当前设置:复制模式=多个

指定基点或[位移(D)模式(O)]<位移>:(捕捉至 f1 与 f20 的交点)

指定第二个点或[阵列(A)]<使用第一个点作为位移>:7.75(打开极轴追踪,沿 X 轴正方向,输入 7.75,按【Enter】键,完成辅助线 f24 的绘制)

同理,利用"copy"命令复制辅助线 f20,分别复制至 f25、f26 的位置。

命令行提示如下:_pline

指定起点:(捕捉至辅助线 f9 与 f14 的交点)

指定下一个点或[圆弧(A)半宽(H)长度(L)放弃(U)宽度(W)]:A(输入 A,绘制圆弧。绘制时应当注意圆弧方向)

PLINE[角度(A)圆心(CE)方向(D)半宽(H)直线(L)半径(R)第二个点(S)放弃(U)宽度(W)]:r(输入半径 R,按【Enter】键)

指定圆弧的半径：350(输入半径 350)

指定圆弧的端点或[角度(A)]：(捕捉至辅助线 f24 与 f25 的交点，按【Enter】键)

同理，利用“ pline”命令，绘制 f19、f24 交点与 f24、f26 交点之间半径为 350 的圆弧。

命令行提示如下：_line

指定第一个点：(捕捉至辅助线 f25 和 f24 的交点)

指定下一点或[放弃(U)]：(捕捉至与辅助线 f24 与 f26 的交点)

如图 2-6-29 所示，至此钢轨断面右半侧的断面绘制完毕。

7. 绘制钢轨断面的左半侧

命令行提示如下：_mirror

选择对象：(框选中图形空间中的半侧钢轨断面，按【Enter】键)

选择对象：指定对角点：找到 15 个

指定镜像线的第一点：(捕捉至辅助线 f1 与 f2 的交点)

指定镜像线的第一点：指定镜像线的第二点：(捕捉至辅助线 f1 与 f15 的交点)

要删除源对象吗？[是(Y)否(N)]<N>：(保留源对象，按【Enter】键)

如图 2-6-30 所示，钢轨断面图完成绘制。

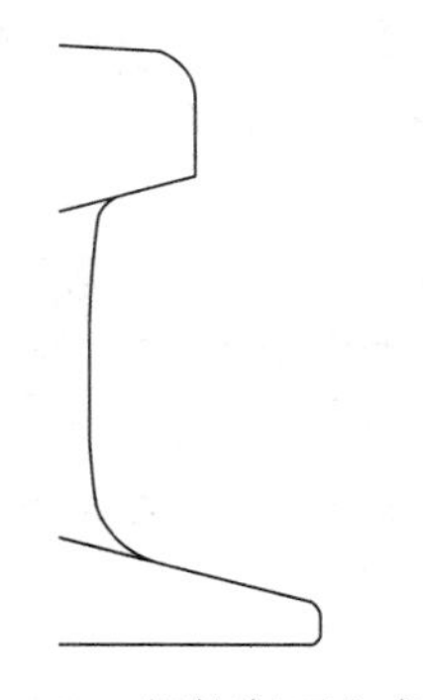

图 2-6-29　钢轨断面右半侧

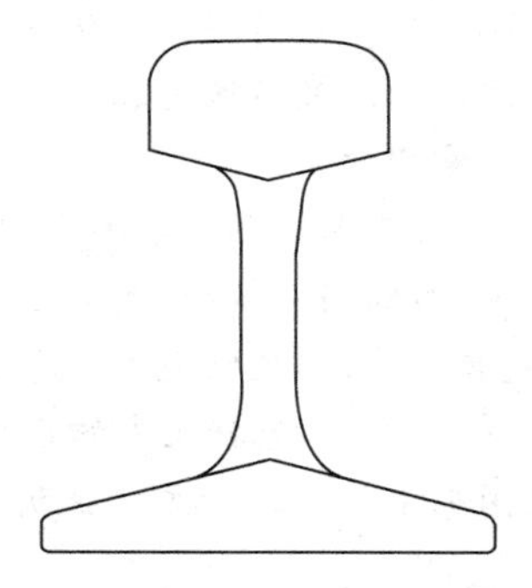

图 2-6-30　完整的钢轨断面

· 检查与评价 ·

(1)绘制图示标题栏(项目 2 任务 1 已绘制)中的文字。其中字体为“宋体”，文字高度为 3。

			材料		比例	
			数量		图号	
审核	(姓名)	(日期)	(校　名)			
审核	(姓名)	(日期)	(班　号)			

15　35　15　15

4×8(=32)

15　25　20

140

(2)创建以下文字样式。

①样式名：仿宋体；字体名：仿宋体 2312；高宽比：1；字高 8 mm。

②样式名：工程字；使用大字体：shx 字体为 isocp. shx；高宽比：0.8；字高 5 mm。

③将文字样式“仿宋体”置为当前样式，完成以下文字的书写。

灵活应用好文字和表格的编辑功能，能够表达图形的各种信息。运用文字和表格能够进一步说明图形代表的意义、完善设计思路。

在输入文字之前，首先要设置文字样式。文字样式包括字体、字高、宽度比例、倾斜比例、倾斜角度以及反向、颠倒、垂直、对齐等内容。

(3)将文字样式“standard”置为当前样式，输入下列字符：

R50、ϕ80、60°、60%、100±0.025。

项目小结

(1)国家标准《技术制图》中规定了图样的图幅尺寸，为了便于绘制、使用和保管图样，绘制图样时，应优先采用国家规定的基本幅面尺寸。在图纸上，必须用粗实线画出图框，其格式分为留装订边和不留装订边两种。

(2)作业工具是指能够帮助用户快速准确地定位某些特殊点(如端点、中点、圆心等)和特殊位置(如水平位置、垂直位置)的工具，包括捕捉、栅格、正交、对象捕捉、对象追踪、极轴、动态输入等工具，这些工具主要集中在状态栏上，在绘图过程中起着重要作用。

(3)好的图纸，必须要清晰、准确，看上去一目了然。图形、尺寸标注、文字说明等清清楚楚、互不重叠，除了图纸打印出来很清晰以外，在显示器上显示时也必须清晰。图面清晰除了能清楚的表达设计思路和设计内容外，也是提高绘图速度的基石，因此，图层的设置至关重要。

(4)绘制点、线、圆(弧)以及多边形、样条曲线、构造线及剖面线的命令是绘制二维工程图中最基本的命令，也是应当掌握的重点。

(5)AutoCAD 提供的基本编辑命令和修改命令，包括取消和重做、删除和恢复、移动与复制、镜像与阵列、修剪与延伸、打断与分解、倒角与圆角、旋转与对齐、比例缩放等。通过本章的学习，可以对绘制的图形进行编辑和修改，使绘制的图形更加满足需要，并大大减轻绘图的工作量。

(6)AutoCAD 中标注文本，包括文本的设置、单行及多行文本、文本的修改。通过本项目的学习，可以熟悉如何在图形上标记各种文字说明。

项目3　跨铁路立交平面图、铁路隧道和涵洞工程图的绘制

【项目描述】

尺寸用来确定图形所表达物体的实际大小和物体间相对位置，是工程图样的重要组成部分，AutoCAD尺寸标注分为线性标注（直线、斜线标注）、角度标注、径向标注（直径、半径标注）、坐标标注、弧长标注5大类。

近年来，随着我国经济的快速发展，城市面积逐渐扩大，公路、铁路、桥梁和隧道工程正以前所未有的速度在增加，在繁忙的铁路线上修建上跨立交桥成为道桥设计的重要问题。隧道和涵洞是修建铁路、公路中重要的组成部分。铁路隧道结构由主体建筑物和附属建筑物两大部分构成，主体建筑为是为了保持隧道的稳定，保证隧道正常使用而修建的，主要由洞身衬砌和洞门组成。涵洞是常见的道路工程泄水构筑物。涵洞从路面下方穿过道路，埋置于路基土层中，尽管涵洞的种类很多，但图示方法基本相同，涵洞是由洞口、洞身和基础三部分组成。

本项目主要讲解AutoCAD尺寸标注的基本方法、跨铁路立交平面图、涵洞和铁路隧道工程图的绘制和尺寸标注、图形的打印输出。

【学习目标】

1. 掌握图形尺寸的标注的基本方法。
2. 能够绘制跨铁路立交平面图并标注尺寸。
3. 能够绘制隧道洞门断面图和隧道衬砌断面图并标注尺寸。
4. 能够绘制中心纵剖面图、涵洞正面图、洞身剖面图及断面图并标注尺寸。
5. 掌握图形输出打印的方法，并输出打印“涵洞工程图”。

【案例引入】

在项目2的任务4中我们绘制了U形桥台投影图，图3-1为U形桥台平面图，虽然图样是按规定的尺寸画出的，但还要在图上标注出来，下面介绍正确标注图形尺寸的方法。

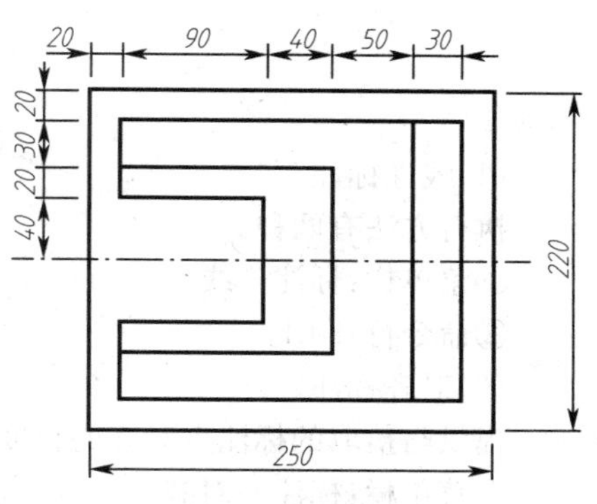

图3-1　U形桥台平面图

任务1　图形尺寸的标注

·任务描述·

对于一张完整的工程图，准确的尺寸标注是必不可少的，标注可以让其他工程人员清楚地知道几何图形的尺寸，方便加工、制造。施工人员和工人是依靠工程图中的尺寸来进行施工和生产的，因此准确地尺寸标注是工程图纸的关键所在，错误就意味着返工、经济损失甚至是事故。本任务介绍图形尺寸的标注方法。

子任务 1　图形尺寸的标注方法

1. 尺寸标注的组成

AutoCAD 标注的组成如图 3-1-1 所示。

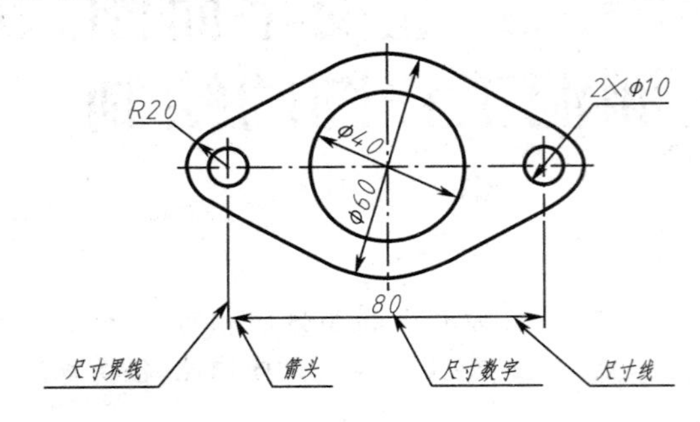

图 3-1-1　尺寸标注的组成

2. 创建各种尺寸标注

尺寸标注的类型有(图 3-1-2)线性标注与对齐标注，半径标注与直径标注，角度的标注，基线标注与连续标注，快速标注，快速引线标注。

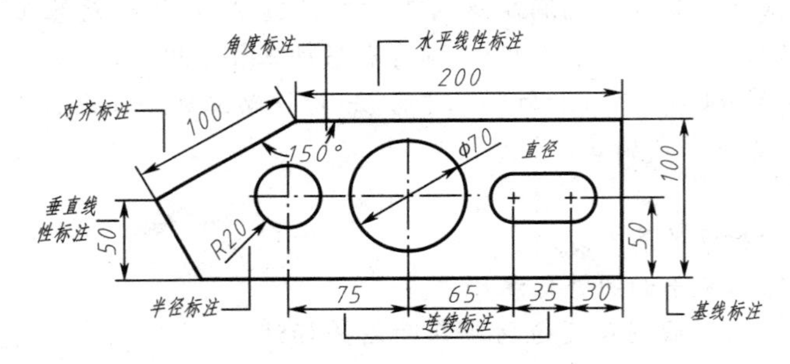

图 3-1-2　尺寸标注的类型

(1)线性标注

执行方法有两种。

①菜单栏：标注—线性。

②命令行：DLI。

(2)对齐标注

提供与拾取的标注点对齐的长度尺寸标注，如图 3-1-3 所示。执行方法有两种。

①菜单栏：标注—对齐。

②命令行：DAL。

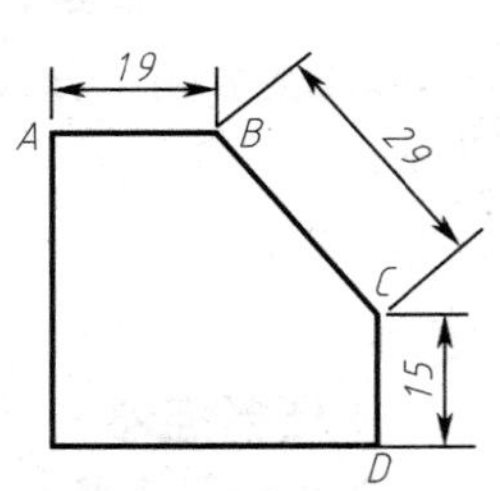

图 3-1-3　对齐标注

(3)半径标注

对圆或者圆弧半径的标注。执行方法有两种。

①菜单栏：标注—半径。

②命令行：DRA。

(4)直径标注

对圆或者圆弧直径的标注。执行方法有两种。

①菜单栏：标注—直径。

②命令行:DDI。

(5)角度标注

对两条非平行直线形成的夹角、圆或圆弧的夹角或者是不共线的三个点进行角度标注,标注值为度数。执行方法有两种。

①菜单栏:标注—角度。

②命令行:DAN。

(6)基线标注

提供由同一个基准面引出一系列尺寸的标注,如图 3-1-4 所示。执行方法有两种。

①菜单栏:标注—基线。

②命令行:DBA。

(7)连续标注

提供首尾相接的一系列连续尺寸的标注,如图 3-1-5 所示。执行方法有两种。

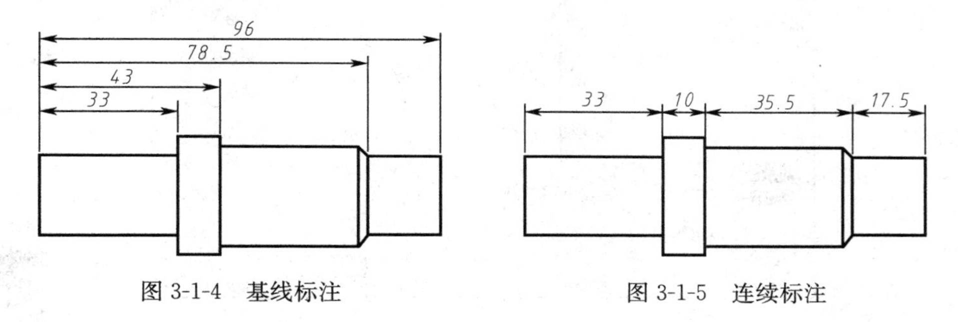

图 3-1-4 基线标注　　图 3-1-5 连续标注

①菜单栏:标注—连续。

②命令行:DCO。

(8)快速标注

用来快速创建或编辑一系列标注,如图 3-1-6 所示。执行方法有两种。

①菜单栏:标注—快速标注。

②命令行:QDIM。

(9)快速引线标注

提供倒角的尺寸,以及一些文字注释,如图 3-1-7 所示。执行方法有两种。

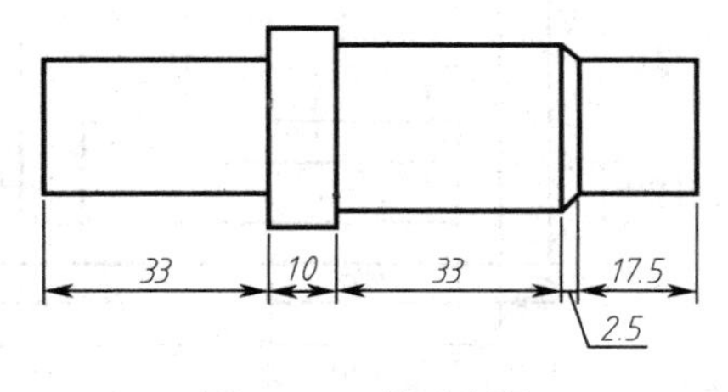

图 3-1-6 快速标注

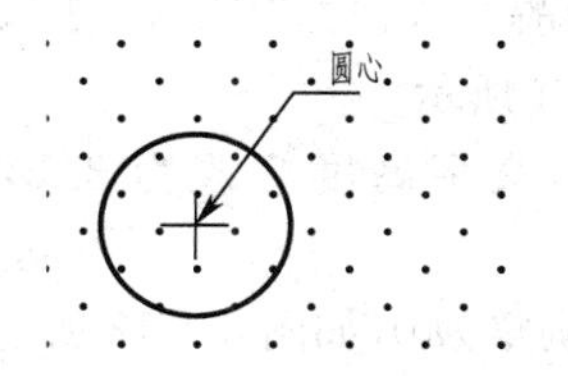

图 3-1-7 快速引线标注

①菜单栏:标注—引线。

②命令行:LE。

3. 定义标注样式

标注样式中定义了标注的尺寸线与界限、箭头、文字、对齐方法、标注比例等各种参数的设置。

由于不同国家或不同行业对于尺寸标注的标准不尽相同,因此需要使用标注样式来定义不同的尺寸标注标准。定义的方法有以下几种。

①菜单栏:格式→标注样式。

②命令行:D。

③工具栏:单击 。

执行完命令后,弹出“标注样式管理器”对话框,如图 3-1-8 所示。可在标注样式管理器中对标注样式进行设置。

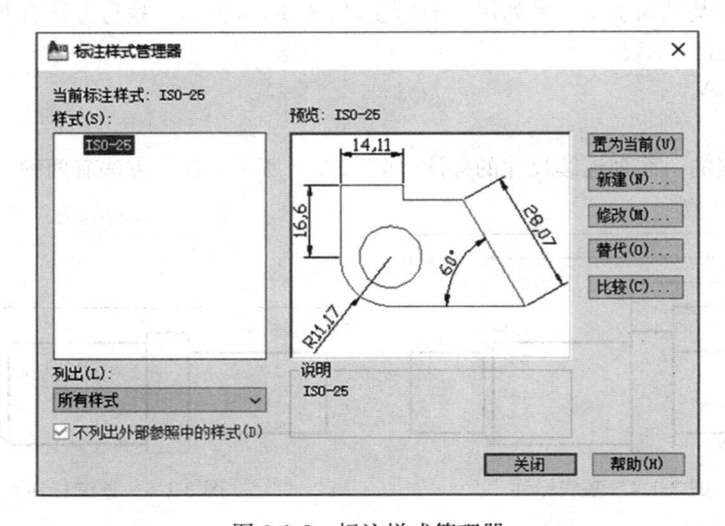

图 3-1-8 标注样式管理器

U形桥台投影图标注

子任务 2 U 形桥台平面图尺寸标注

在项目 2 的任务 4 中,我们绘制了 U 形桥台平面图,现在我们可以对所画出的图形进行尺寸标注,如图 3-1-9 所示。

修改标注样式;打开已经画好的 U 形桥台投影图;单击菜单栏上的“格式”→“标注样式”→“修改”;单击“线”选项,将“尺寸线”和“延伸线”的颜色都修改为“红色”,如图 3-1-10 所示;“起点偏移量”修改为 2。

单击“符号和箭头”,选择“实心箭头”,箭头大小修改为 2,如图 3-1-11 所示。

文字→红色,文字高度修改为 3.5,如图 3-1-12 所示。

主单位精度调整为 0,如图 3-1-13 所示。

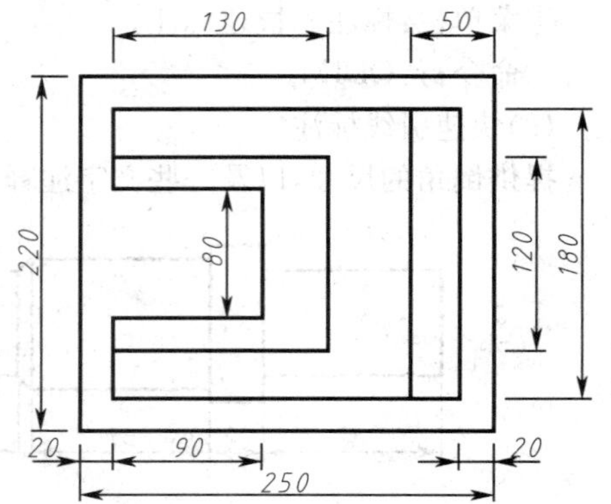

图 3-1-9 U 形桥台投影图尺寸标注

单击确定;回到“标注样式管理器”,单击“关闭”,如图 3-1-8 所示。打开“对象捕捉”功能;单击状态栏中的“对象捕捉”按钮,打开“对象捕捉”功能;鼠标右键单击“对象捕捉”按钮,弹出“对象捕捉”特殊点,选择端点和交点,如图 3-1-14 所示。

标注尺寸;结单编号如图 3-1-15 所示;

步骤 1:单击工具栏中的“标注”→“线性”,如图 3-1-16 所示。

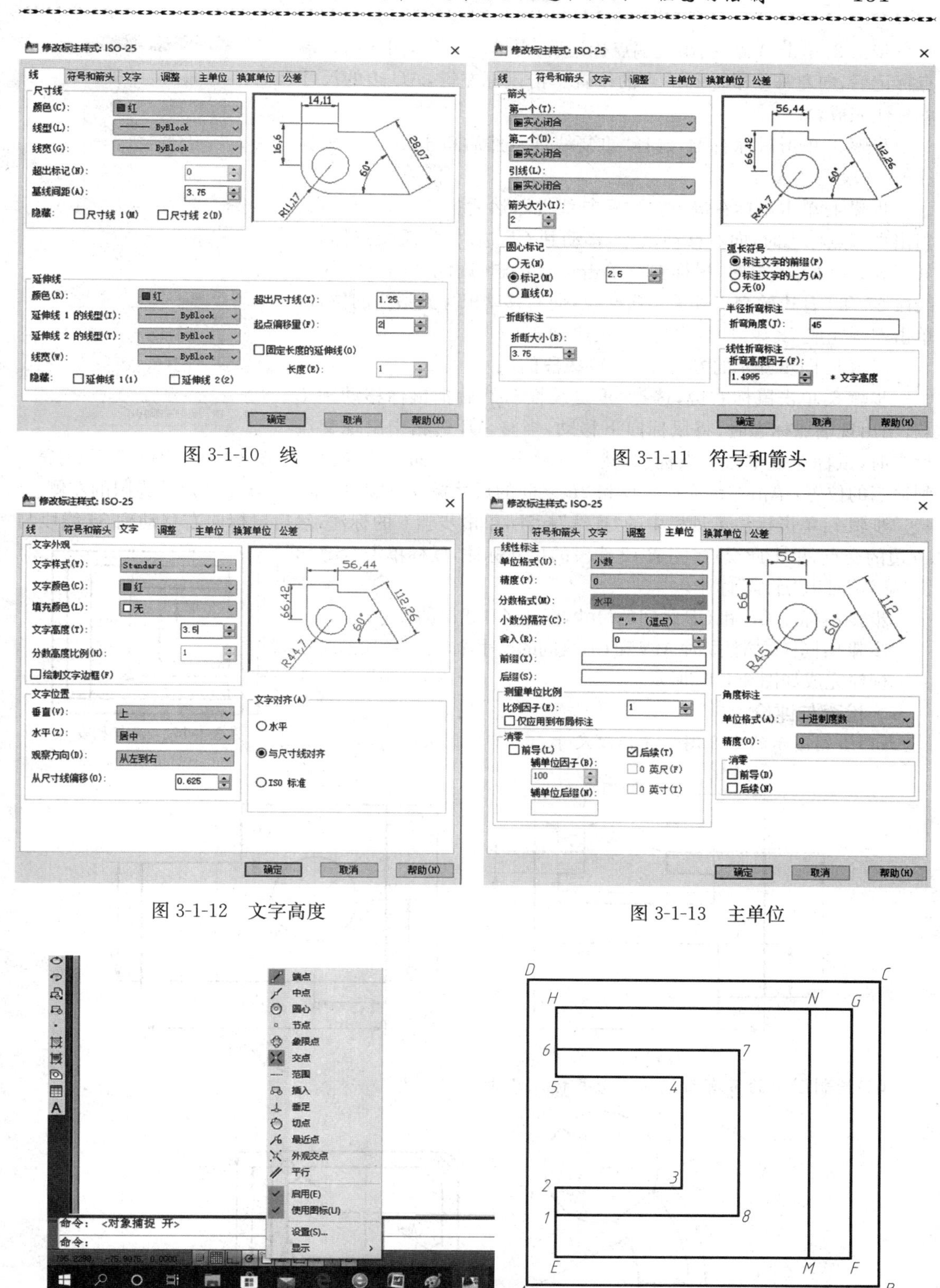

图 3-1-10　线

图 3-1-11　符号和箭头

图 3-1-12　文字高度

图 3-1-13　主单位

图 3-1-14　对象捕捉

图 3-1-15　结点编号

步骤 2：单击 A 点，当出现端点标记后，再单击 D 点，同样出现端点标记后，向左移动鼠标到适当的位置单击鼠标左键，AD 边的尺寸就标注完成。

步骤 3：单击鼠标右键，选择“重复线性”，然后单击结点 3、4，标注 34 线段尺寸。

步骤 4：单击鼠标右键，选择“重复线性”，然后把鼠标移动 7 点，当出现端点标志时，向右移动鼠标，移动到 CB 边时，出现交点标志，如图 3-1-17 所示，这时，鼠标左键单击交点标志，用同样的方法找到线段 67 和 CB 边的交点并单击次交点，向右移动鼠标到适当的位置，单击左键完成 78 线段的标注。

步骤 5：同步骤 4 的方法标注 FG 线段的尺寸。

步骤 6：单击鼠标右键，选择“重复线性”，然后把鼠标移动到 E 点，当出现端点标志时，将鼠标向下移动，当与 AB 边相交出现交点标志时，鼠标左键单击交点标志，然后再单击结点 A，向下移动鼠标到适当的位置，单击左键完成 AD 和 $2E$ 之间的尺寸标注，此时尺寸数字显示在尺寸界限的左侧。

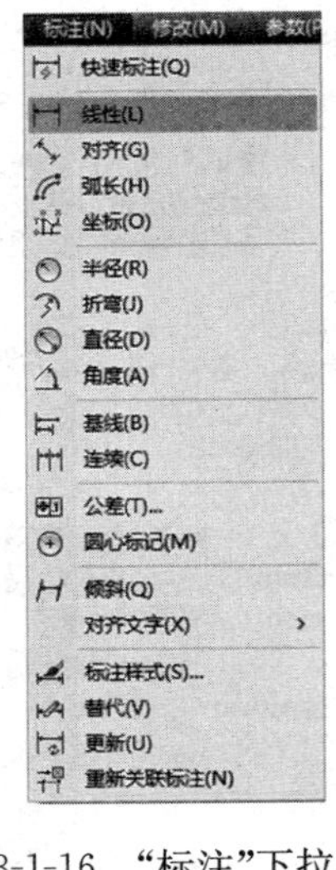

图 3-1-16　“标注”下拉列表

步骤 7：单击标注工具栏中的“连续”标注，单击步骤 6 的标注，然后鼠标向右移动到 34 线段与 ab 边的交点，单击此交点，完成 12 线段的尺寸标注，鼠标单击右键，单击“确认”对出“连续”标注。

步骤 8：标注 GF 和 CB 之间的尺寸，标注 AB 线段的尺寸。

步骤 9：同样的方法标注 MN 和 CB 之间的尺寸，标注 67 线段的尺寸。

标注完成如图 3-1-17 所示。

220　80

图 3-1-17　端点和交点

· 检查与评价 ·

(1)绘制图示的直线图形并标注尺寸。

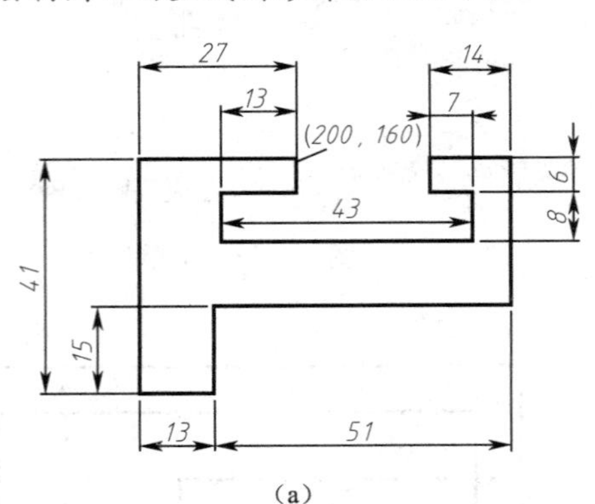

(a)

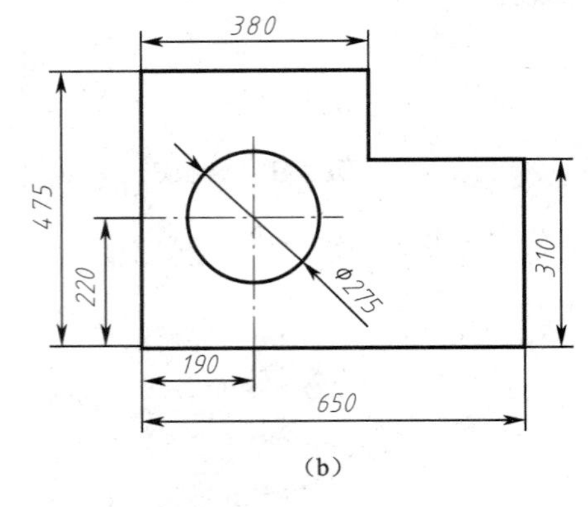

(b)

(2)绘制图示的带有曲线的图形并标注尺寸。

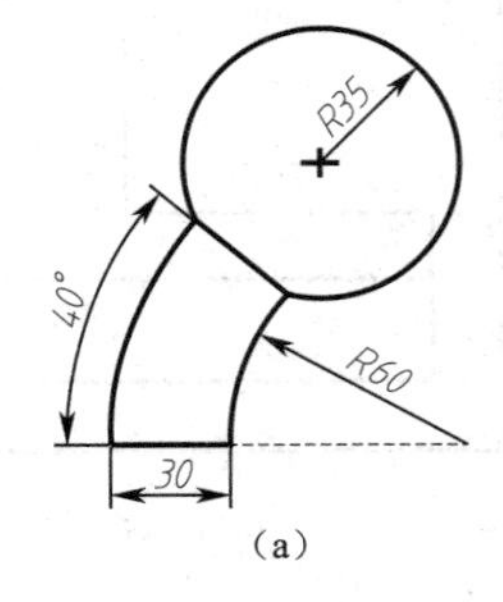

(a)

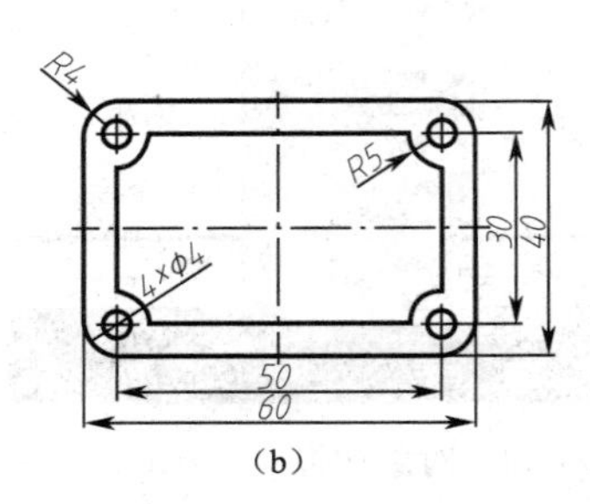

(b)

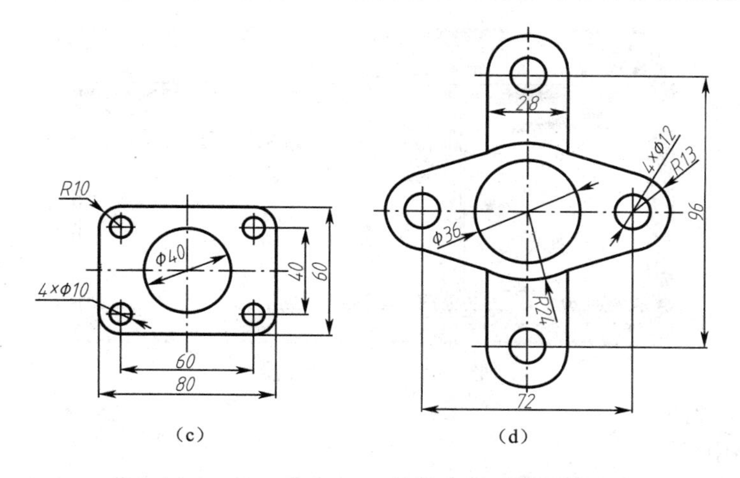

任务 2　跨铁路立交平面图绘制

· 任务描述 ·

图 3-2-1 是一个跨铁路立交平面图。本任务介绍用 AutoCAD2010 绘制该平面图的具体方法和步骤。通过该具体案例的分析，使学生能快速掌握 AutoCAD 一些常用功能，并通过任务布置，让学生能够对所学知识举一反三，在其他图形绘制时，能够用所学知识解决问题。

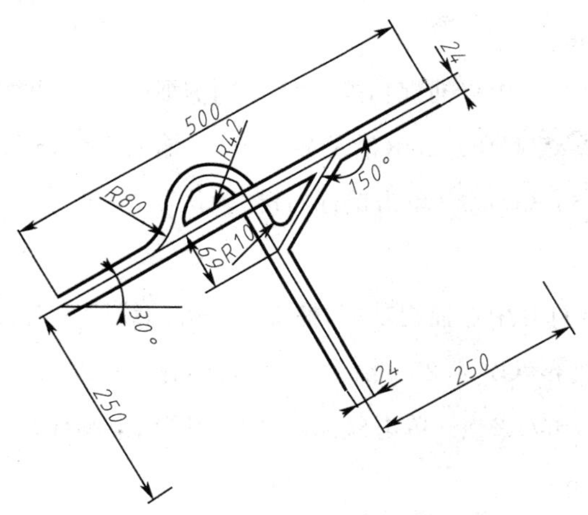

图 3-2-1　跨铁路立交平面图

子任务 1　跨铁路立交平面图的绘制

1. 创建图形文件

用创建新图形或样板文件创建一个新的文件。将此文件命名为“跨铁路立交平面图”进行保存，执行“文件”，随后在“另存为”菜单命令中，将文件保存到用户自己制定位置。

2. 设置图形界限

根据图形大小和 1 ∶ 1 作图原则，设置图形界限为 300×200 横放，使用 zoom all 显示全图范围。

3. 创建图层

创建图层并设置颜色、线形、线宽。如图 3-2-2 所示中的线形要求，在“图层管理器”中设置粗实线、细实线、尺寸标注、中心线等 4 个图层。

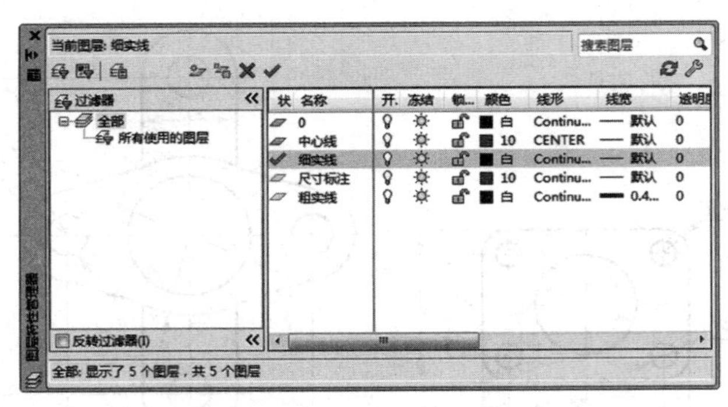
图 3-2-2　图层管理器

4.绘制立交平面图

(1)绘制道路中线

将“细实体”图层设置为当前图层,将主干道置于水平位置,画出道路中线的基本框架。

命令行提示如下:_line

Line 指定第一个点:(在绘图区域任意指定一点作为直线起点)

Line 指定下一点或[放弃(U)]: 500(沿 X 极轴方向,输入中线长 500)

Line 指定下一点或[放弃(U)]:(单击鼠标右键“确认”结束画线)

命令行提示如下:_line

Line 指定第一个点:(打开中点捕捉功能,捕捉方才所画线段中点为起点)

Line 指定下一点或[放弃(U)]: 250(沿 Y 轴正方向,输入中线长 250)

Line 指定下一点或[放弃(U)]:(单击鼠标右键“确认”结束画线)

命令行提示如下:_line

Line 指定第一个点:(打开中点捕捉功能,捕捉水平方向线段中点为起点)

Line 指定下一点或[放弃(U)]: 250(沿 Y 轴负方向,输入中线长 250)

Line 指定下一点或[放弃(U)]:(单击鼠标右键“确认”结束画线)

命令行提示如下:_join

Join 选择源对象或要一次合并的多个对象:(选择方才沿 Y 轴方向所画的两条线段)

Join 选择要合并的对象:找到 1 个,总计 2 个

2 条直线已合并为 1 条直线。(单击鼠标右键,合并完成)

命令行提示如下:_line

Line 指定第一个点: tt(指定临时追踪点,根据原图标注的尺寸及几何关系,2 号点相距 1 号点为 119 m)

Line 指定临时对象追踪点:(指定 X 方向和 Y 方向的两条线段的交点为起点)

Line 指定第一个点: 119(沿 X 轴方向 119 处,指定为该直线的起点 2)

指定下一点或[放弃(u)]: <210(输入角度 210°,沿该方向绘制直线与 Y 轴方向的线段相交于点 3)

Line 指定下一点或[放弃(U)]:(单击鼠标右键“确认”结束画线)

命令行提示如下:_Trim

当前设置:投影=UCS,边=无

选择剪切边…

Trim 选择对象或<全部选择>:(选中方才相交的两条线段 23 和 13)

选择对象:找到 1 个,总计 2 个

Trim 选择对象:(单击鼠标右键,结束选择)

Trim 选择要修剪的对象,或按住 Shift 键选择要延伸的对象或[栏选(F)/窗交(c)/投影(P)/边(E)/删除(R)/放弃(U)]:(点击要删除的线段部分,最终如图 3-2-3 所示。)

命令行提示如下:_rotate

UCS 当前的正角方向:ANGDIR=逆时针 ANGBASE=0

Rotate 选择对象:(鼠标框选绘图区所有图形)

选择对象:指定对角点:找到 6 个

Rotate 选择对象:(单击鼠标右键,结束选择对象)

Rotate 指定基点:(捕捉选中 1 点)

Rotate 指定旋转角度或[复制(C)/参照(R)]<0>:30(输入旋转角度 30°,则整体图像逆时针旋转 30°,如图 3-2-4 所示)

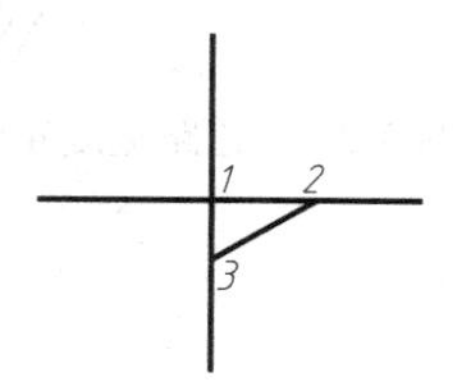

图 3-2-3 道路中线

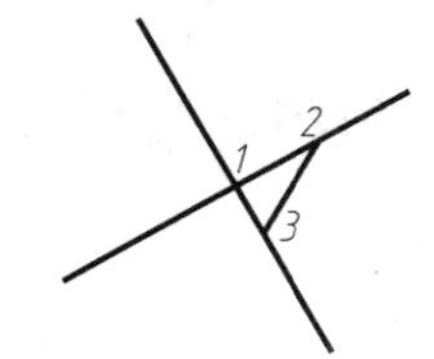

图 3-2-4 道路中线旋转角度 30°

(2)绘制道路宽度轮廓

命令行提示如下:_offset

Offset 指定偏移距离或[通过(T)/删除(E)/图层(L)]<0.0000>:12(在命令行输入 12 即指定偏移的距离)

Offset 选择要偏移的对象或[退出(E)/放弃(U)]<退出>:(单击如图 3-2-4 所示直线 12)

Offset 指定要偏移的那一侧上的点或[退出(E)/多个(M)/放弃(U)]<退出>:(单击该直线的上方)

Offset 选择要偏移的对象或[退出(E)/放弃(U)]<退出>:(再次选中直线 12)

Offset 指定要偏移的那一侧上的点或[退出(E)/多个(M)/放弃(U)]<退出>:(单击该直线的下方)

Offset 选择要偏移的对象或[退出(E)/放弃(U)]<退出>：(单击鼠标右键结束命令)

重复偏移命令"Offset"，对直线 23 和直线 13 分别在两侧进行偏移，偏移量为 9 和 12，如图 3-2-5 所示。

命令行提示如下：_Trim

当前设置：投影＝UCS，边＝无

选择剪切边…

Trim 选择对象或<全部选择>：(用鼠标框选全部图形)

选择对象或<全部选择>：制定对角点：找到 12 个

Trim 选择对象：(单击鼠标右键，结束选择)

Trim 选择要修剪的对象，或按住 Shift 键选择要延伸的对象或[栏选(F)/窗交(c)/投影(P)/边(E)/删除(R)/放弃(U)]：(点击要删除的线段部分，最终如图 3-2-6 所示。)

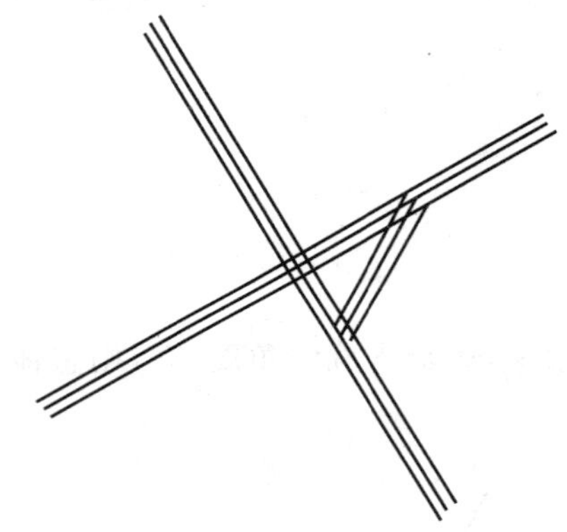

图 3-2-5　道路宽度轮廓草图

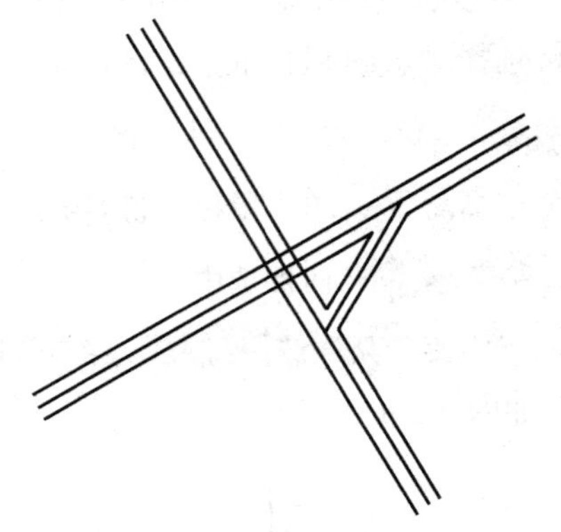

图 3-2-6　道路宽度轮廓图

(3)绘制道路弯道圆弧

命令行提示如下：_line

Line 指定第一个点：(指定端点 3 为起点)

Line 指定下一点或[放弃(U)]：(沿 X 轴负轴方向延伸指定某点绘制直线，且与道路 12 的中线和轮廓线相交)

Line 指定下一点或[放弃(U)]：(单击鼠标右键"确认"结束画线)

命令行提示如下：_copy

Copy 选择对象：找到 1 个 (选中方才所绘制的直线段)

Copy 选择对象：(单击鼠标右键结束选择)

Copy 指定基点或[位移(D)/模式(O)]<位移>：(单击如图 3-2-6 所示点 3 的位置)

Copy 指定第二个点或[阵列(A)]<使用第一个点作为位移>：(沿正交于 X 轴方向移动鼠标，与图 3-4 所示道路中线 12 相交于某点，并单击右键结束复制)

根据图纸尺寸，做辅助线求出弯道圆弧的圆心 4 号点。

命令行提示如下：_offset

Offset 指定偏移距离或[通过(T)/删除(E)/图层(L)]＜12.0000＞：30(在命令行输入 30 即指定偏移的距离)

Offset 选择要偏移的对象或[退出(E)/放弃(U)]＜退出＞：(单击如图 3-2-6 所示道路中线 13 左侧直线段)

Offset 指定要偏移的那一侧上的点或[退出(E)/多个(M)/放弃(U)]＜退出＞：(单击该直线的左侧)

Offset 选择要偏移的对象或[退出(E)/放弃(U)]＜退出＞：(单击鼠标右键结束命令)

过 4 号点做直线道路 13 的垂线，以点 4 为圆心，如图 3-2-7 所示。

命令行提示如下：_arc

圆弧创建方向：逆时针(按住 Ctrl 键可切换方向)

Arc 指定圆弧的起点或[圆心(c)]：c(指定圆心绘制圆弧)

Arc 指定圆弧的圆心：(指定 4 号点为圆弧的圆心)

Arc 指定圆弧的起点：(指定与道路 13 垂直的垂足为圆弧的起点)

Arc 指定圆弧的端点或[角度(A)/弦长(L)]：(指定适当长度的圆弧端点)

重复圆弧命令“Arc”，分别绘制以 4 号点为圆心的另外两条直线段的圆弧，如图 3-2-8 所示。

(4)绘制道路弯道

命令行提示如下：_fillet

当前设置：模式＝修剪，半径＝0.000 0

Fillet 选择第一个对象或[放弃(U)/多段线(P)/半径(R)/修剪(T)/多个(M)]：r(在命令行输入 r，并按【Enter】键)

Fillet 指定圆角半径＜0.0000＞：9(输入半径值 9)

Fillet 选择第一个对象或[放弃(U)/多段线(P)/半径(R)/修剪(T)/多个(M)]：(单击图 3-2-8 中点号 3 上方的两条直线)

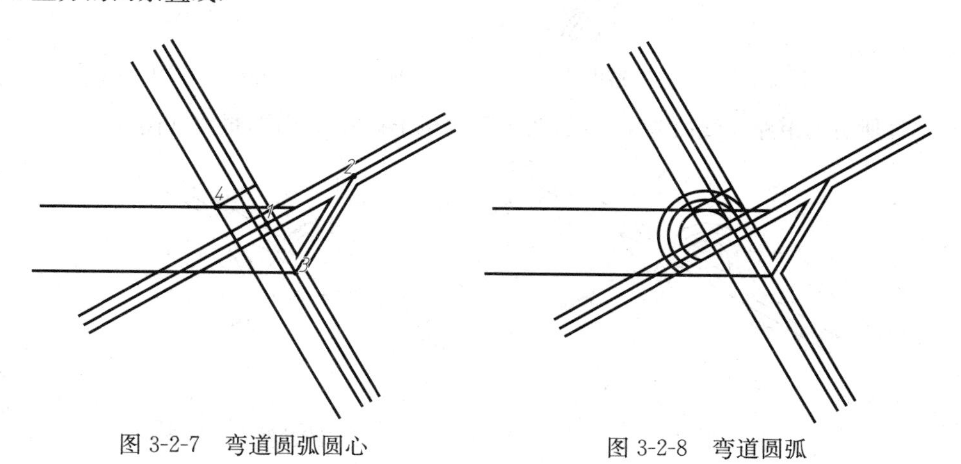

图 3-2-7　弯道圆弧圆心　　　　图 3-2-8　弯道圆弧

重复倒角命令"Fillet"，按照图纸设计尺寸，分别对 3 号点右侧的两条直线段和弯道圆弧与道路中线 12 两条线段的倒角设置，半径分别为 18 和 80，如图 3-2-9 所示。

用直线命令画出连心线 45。

命令行提示如下：_line

Line 指定第一个点：(指定弯道圆弧的圆心为直线段起点)

Line 指定下一点或[放弃(U)]：(打开圆心捕捉功能，指定半径 80 的倒角圆心为该直线段的端点，点号为 5，)

Line 指定下一点或[放弃(U)]：(单击鼠标右键"确认"结束画线)

命令行提示如下：_extend

当前设置：投影＝UCS，边＝无

选择边界的边…

Extend 选择对象或＜全部选择＞：(鼠标框选绘图区域所有图形)

Extend 选择对象或＜全部选择＞：指定对角点：找到 15 个

Extend 选择对象：(单击鼠标右键，结束对象选择)

Extend 选择要延伸的对象，或按住 Shift 键选择要修剪的对象，或[栏选(F)/窗交(C)/投影(P)/边(E)/放弃(U)]：(选择连心线 45，点击另外两条弯道圆弧，则另外两条弯道圆弧延伸至连心线)

以点号 5 为圆心，分别以 5 点至玩到尾部端点的长为半径画出两个辅助圆，如图 3-2-10 所示。

5. 整理图形

利用修剪命令"Trim"删除其余不必要的线段和弧段，利用延伸命令"Extend"修补不够长的线段，如图 3-2-11 所示。

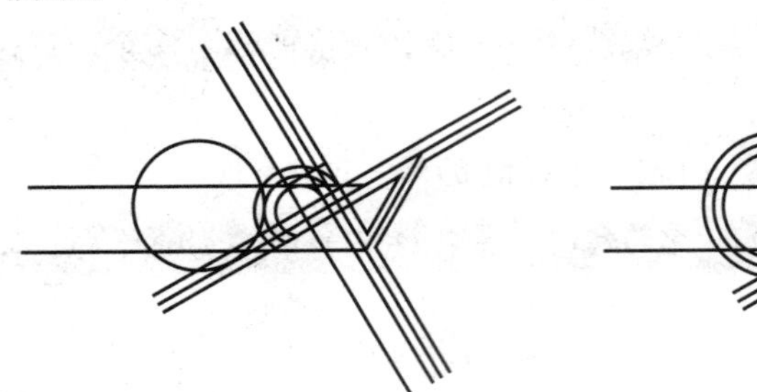

图 3-2-9　道路弯道中线　　　图 3-2-10　道路弯道草图

再将选择所有的道路中线改为中心线，其余图线至于粗实线图层，最终如图 3-2-12 所示。

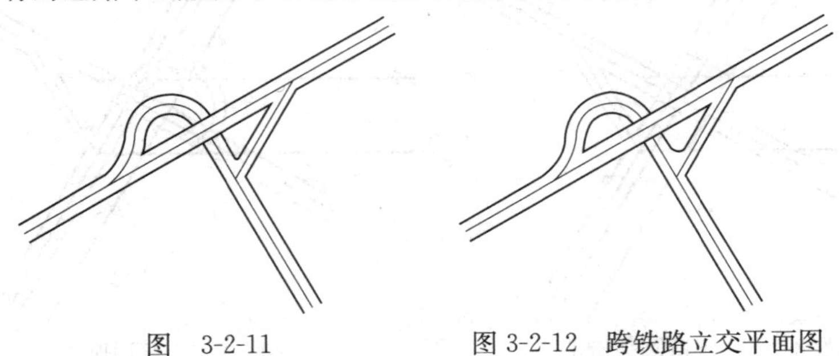

图　3-2-11　　　图 3-2-12　跨铁路立交平面图

子任务2 跨铁路立交平面图图形的尺寸标注

打开图形标注工具栏，根据用户需要对跨铁路立交图进行尺寸标注。在该设计图形中，涉及到了道路的宽度，还有不同道路的交叉角度，不同部位的倒角半径及弯道圆弧半径等。

点击“对齐”标注按钮，标注道路的宽度；点击“半径”标注按钮，标注倒角或圆弧的半径尺寸；点击“角度”标注按钮，标注夹角的角度值；最终标注图如图3-2-1所示。

如需对标注文字及样式进行修改，可点击“标注样式”按钮，在“标注样式管理器”，点击修改选项，即可对各类标记进行修改，如图3-2-13所示，对标注进行修改或自定义。

跨铁路立交桥标注

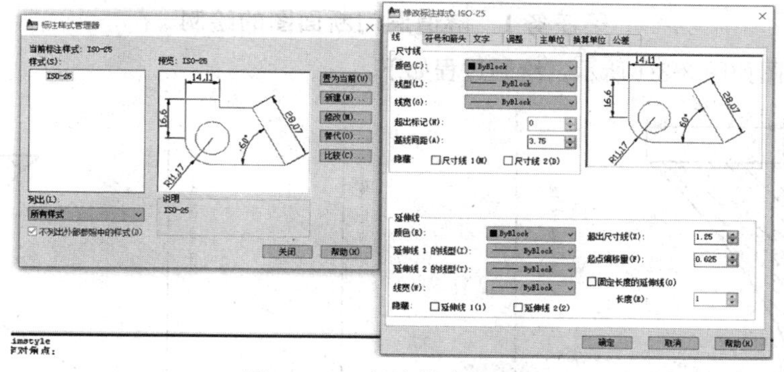

图3-2-13 标注样式管理器

· 检查与评价 ·

(1)绘制图示的零件图并标注尺寸。

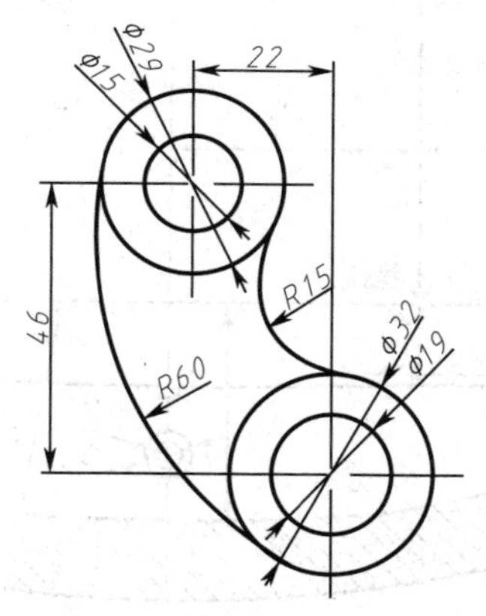

(2)绘制图示的轨撑的平面图形并标注尺寸。

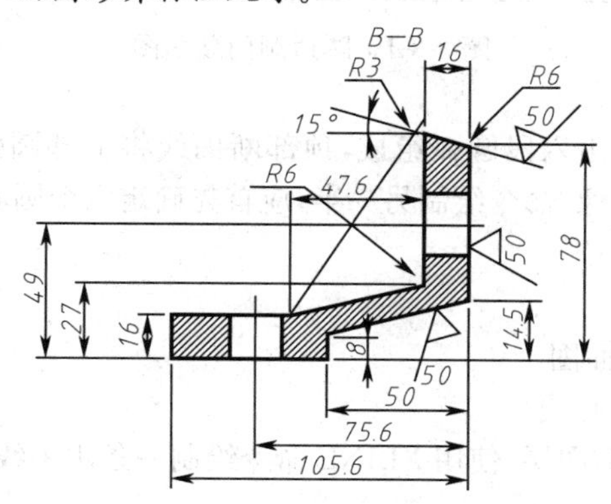

任务3　铁路隧道工程图的绘制

·任务描述·

洞门是隧道的门面,传统的洞门是在隧道洞口用混凝土、石料修筑的联系衬砌和洞口外路堑,是隧道结构的主要组成部分,也是隧道出口的标志。洞门起到了保持隧道稳定,保障列车安全运行的作用。衬砌是沿隧道开挖的周边,用混凝土、钢筋混凝土、石料等修筑的永久性支护结构物,包括顶部的拱圈、两侧的边墙和底部的仰拱或底板,用来支护围岩、防止围岩变形与坍塌、保持隧道的稳定。本任务主要介绍了应用 AutoCAD 2010 绘制隧道洞门断面图和隧道衬砌断面图的方法。

子任务1　隧道洞门断面图的绘制

隧道洞门面图如图 3-3-1 所示。绘制过程如下。

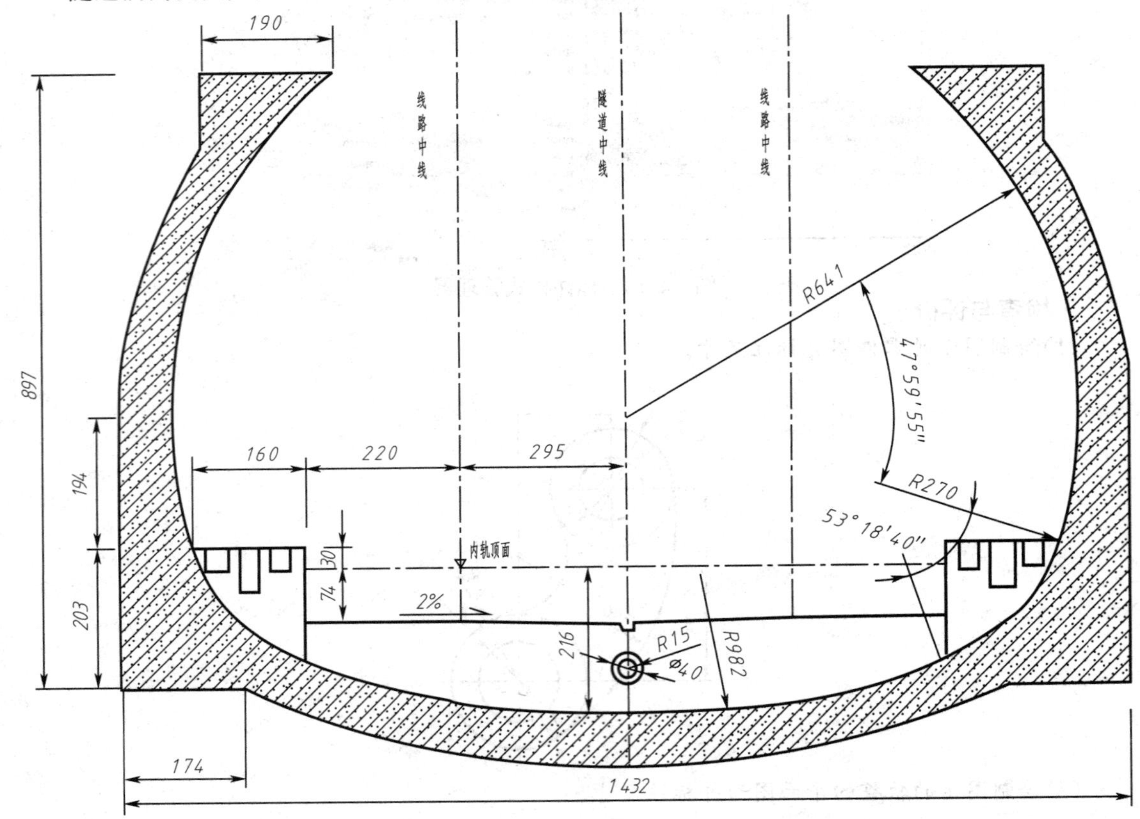

图 3-3-1　隧道洞门断面图

步骤 1:分析图形

从整体上看,该图内轮廓由六段圆弧组成,顶部断面线将上部圆弧割走一部分。图形左右对称,因此可以绘制一半,用“镜像”命令绘制另一半,应首先确定六个圆心位置。

步骤 2:新建图形文件

使用模板建立图形文件。

步骤 3:绘制隧道洞门断面图

隧道洞门断面图的绘制

(1)绘制轨顶线和洞门中心线

选定“点划线”图层为当前图层,使用 XLINE 命令绘制一条水平线和一条铅垂线作为轨顶线和洞门中心线。

(2)绘制顶拱圆弧内轮廓

以轨顶线为基础，向上偏移 224，与洞门中心线交点即为顶拱圆心。使用 ARC 命令中的圆心、起点、角度(60°)绘制内轮廓，使用 LINE 命令连接圆弧终点和圆心。

(3)绘制 $R=641$、$R=270$ 的圆弧内轮廓

使用 ARC 命令中的圆心、起点、角度绘制内轮廓。圆心在上一圆弧过终点的半径上，距圆弧终点距离分别为 641 和 270。

(4)绘制仰拱的圆弧内轮廓

以 $R=270$ 的圆弧终点为圆心以仰拱半径(1 382)为半径画圆，与洞门中心线交点即为仰拱圆心。使用 ARC 命令中的圆心、起点、端点绘制内轮廓，完成如图 3-3-2 所示。

(5)绘制外轮廓，整理去除辅助线

使用 OF 偏移命令，偏移内轮廓 70，得到外轮廓，整理图形得到图 3-3-3。

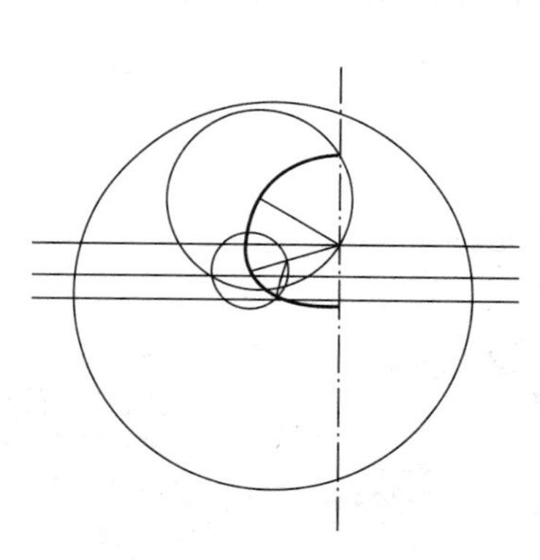

图 3-3-2　绘制圆弧

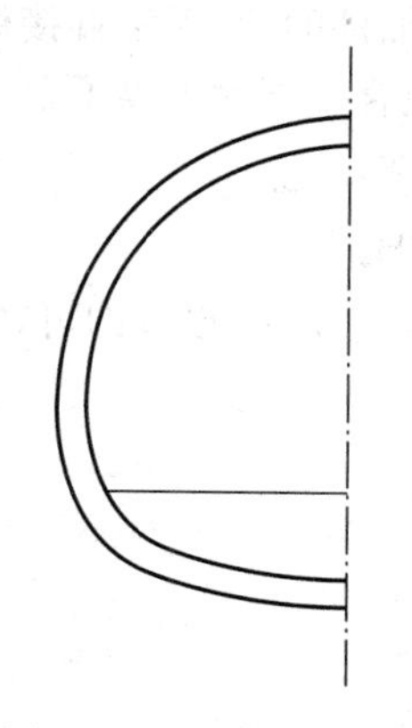

图 3-3-3　去除辅助线

(6)绘制排水沟及电缆槽

使用 LINE、OFFSET、TRIM、C 等命令根据相关尺寸绘制排水槽及电缆沟。电缆槽尺寸如图 3-3-4 所示。

(7)绘制仰拱填充面

2%坡度绘制方法为画正交线，水平距离 100，垂直距离 2，连接不相交端点得到直角三角形，斜边的坡度即为 2%。复制到相应位置，拉伸即可。

(8)修整外轮廓

整理后如图 3-3-5 所示。

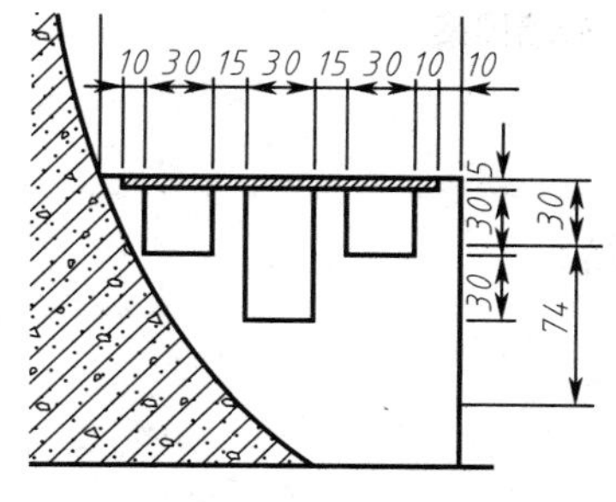

图 3-3-4　电缆槽详细尺寸

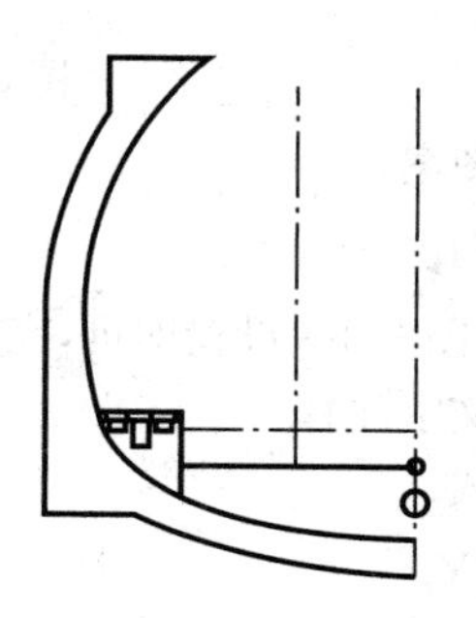

图 3-3-5　修整外轮廓

(9)镜像已完成部分(图 3-3-6)

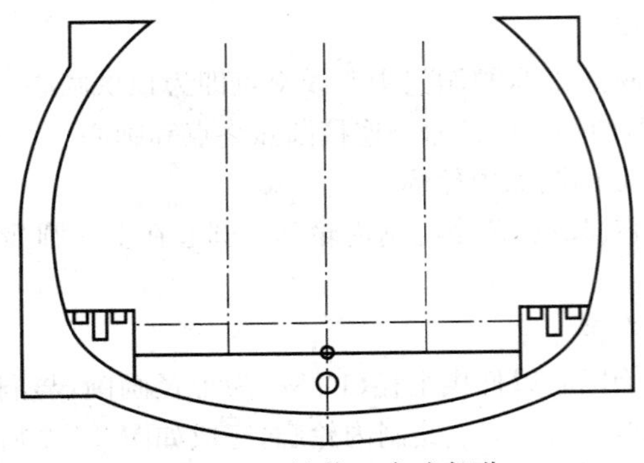

图 3-3-6　镜像已完成部分

(10)填充钢筋混凝土断面图案

在软件中不装插件的话,无法直接添加钢筋混凝土图案,但是有混凝土和砖墙的图案可以填充,我们把这两种组合一下就可以了。

先填充砖墙图案。

命令:HATCH↙

出现对话框,按图 3-3-7 设置即可,完成砖墙填充。

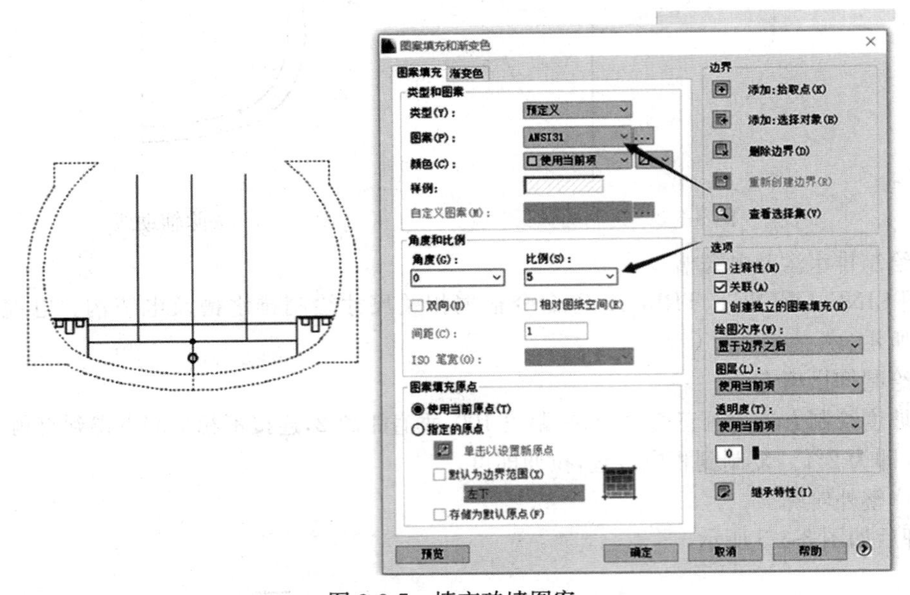

图 3-3-7　填充砖墙图案

再填充混凝土图案。

命令:HATCH↙

出现对话框,按图 3-3-8 设置即可,完成组合填充。

(11)尺寸标注文字注释

①设置尺寸样式

命令:DIMSTY↙

出现对话框,如图 3-3-9～图 3-3-12 所示调整标注样式并保存。

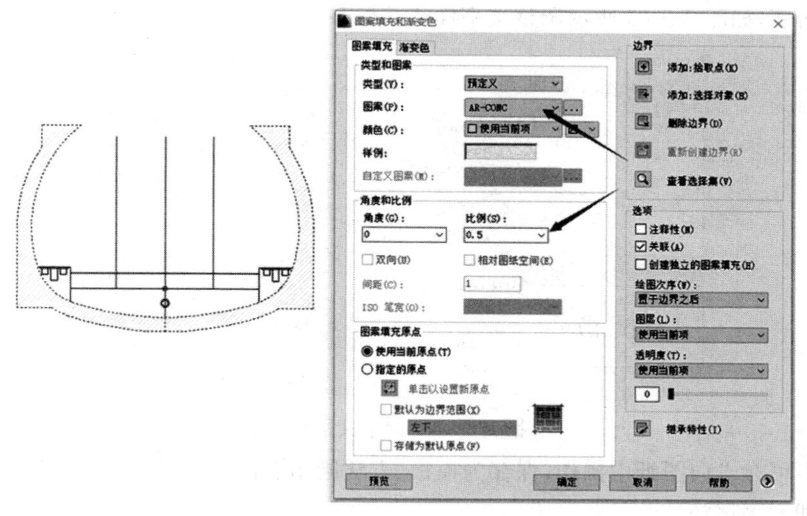

图 3-3-8 填充混凝土图案

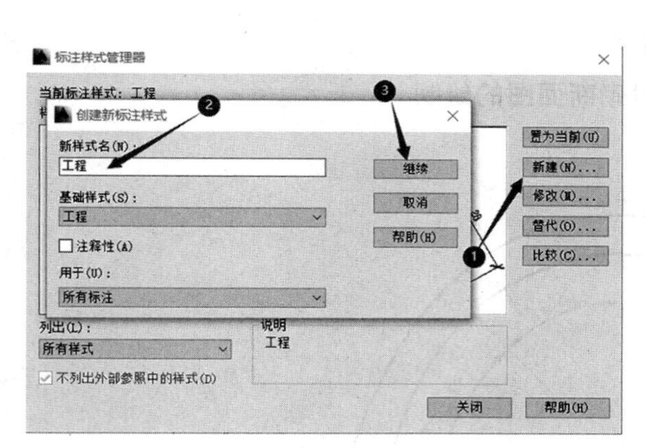

图 3-3-9 尺寸样式 1

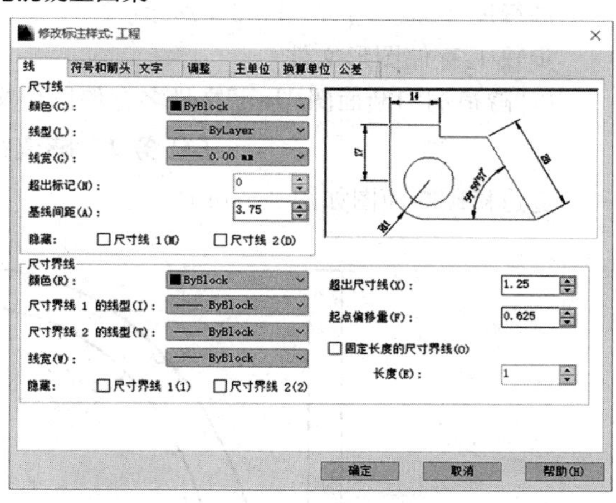

图 3-3-10 设置尺寸样式 2

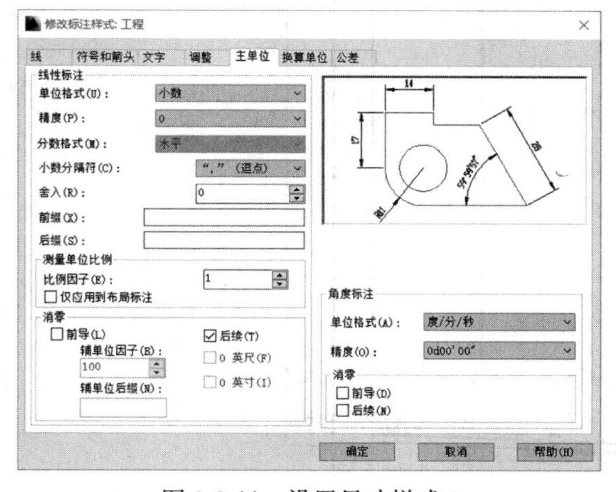

图 3-3-11 设置尺寸样式 3

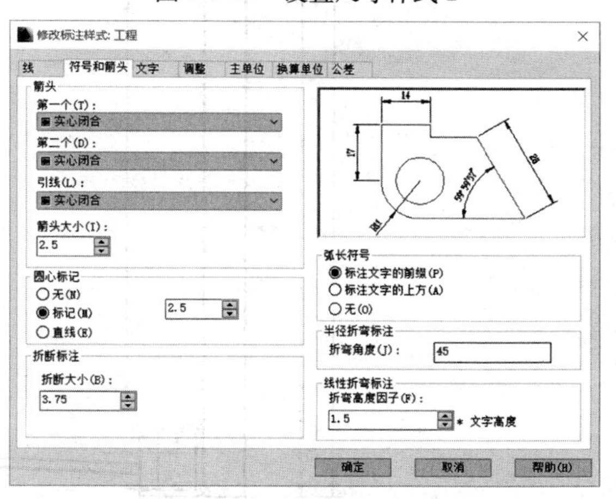

图 3-3-12 设置尺寸样式 4

②设置文字样式

命令：STYLE↙

出现对话框，如图 3-3-13 所示调整文字样式并保存。

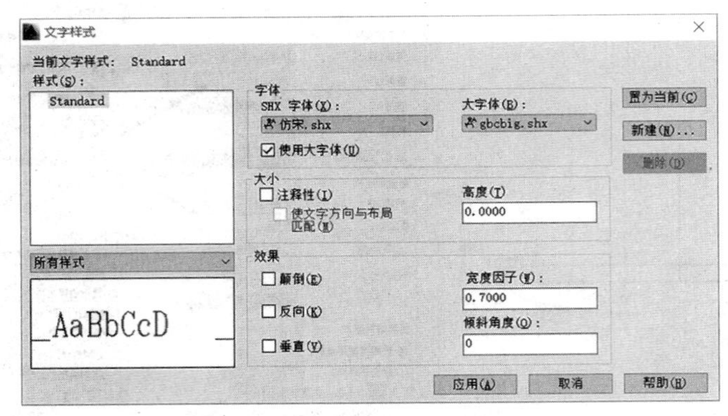

图 3-3-13　调整文字样式

以上 2 步可在空白图纸中操作，保存为模板(方法同图层设置项目 2～任务 4 子任务 2)。

③尺寸和文字标注

进行尺寸标注，生成图 3-3-1 所示。

步骤 4：存储图形文件

以“隧道洞门断面图.dwg”文件名存储图形文件。

子任务 2　隧道衬砌断面图的绘制

隧道衬砌断面图如图 3-3-14 所示。

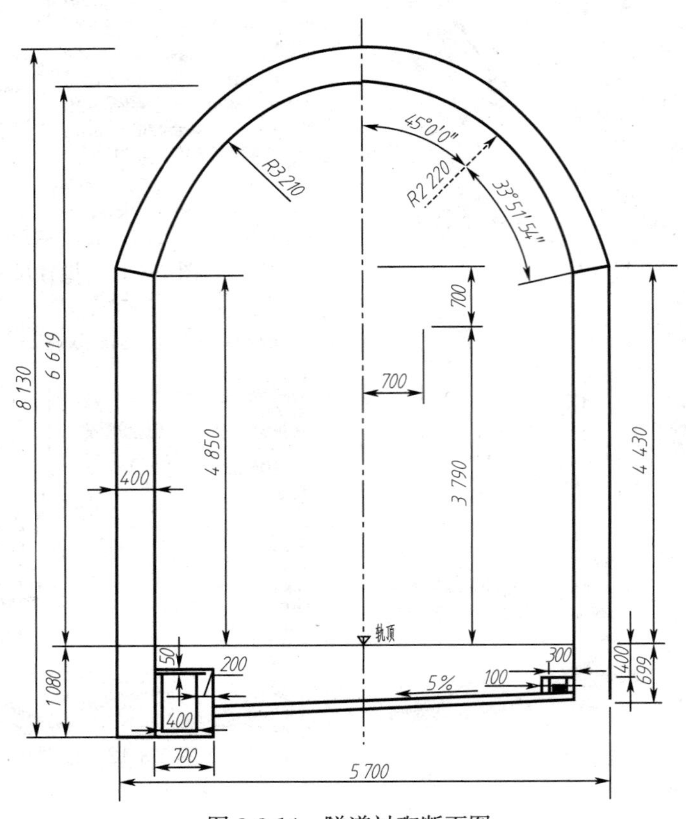

图 3-3-14　隧道衬砌断面图

绘制过程如下。

步骤 1:分析图形

从整体上看,该图基本上左右对称,因此可以绘制一半,用“镜像”命令绘制另一半。拱圈的绘制是本图的难点,它不同于拱桥和涵洞的拱圈,是由三段弧构成的,应首先确定三个圆心再画三段弧。

步骤 2:新建图形文件

使用模板建立图形文件。

隧道衬砌断面图的绘制

步骤 3:绘制隧道衬砌断面图

(1)绘制轴线、轨顶线及辅助线

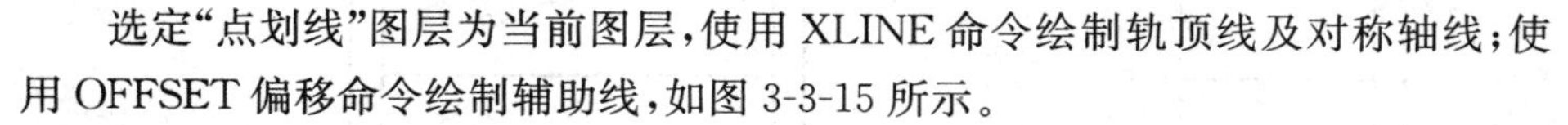

选定“点划线”图层为当前图层,使用 XLINE 命令绘制轨顶线及对称轴线;使用 OFFSET 偏移命令绘制辅助线,如图 3-3-15 所示。

(2)绘制左侧断面

使用 CIRCLE 命令,以 A 为圆心,以 2 220 为半径画辅助圆,与轴线交于一点 C;选定“粗实线”图层为当前图层;使用 ARC 命令,以 C 为起点,A 为圆心,角度 45°画弧,其端点为 D;使用 ARC 命令,以 D 为起点,B 为圆心,角度 33°51′54″画弧,其端点为 E;使用 OFFSET 命令,完成外轮廓绘制,如图 3-3-16 所示。

利用 LINE、TRIM 及 ERASE 命令完成整理,如图 3-3-17 所示。

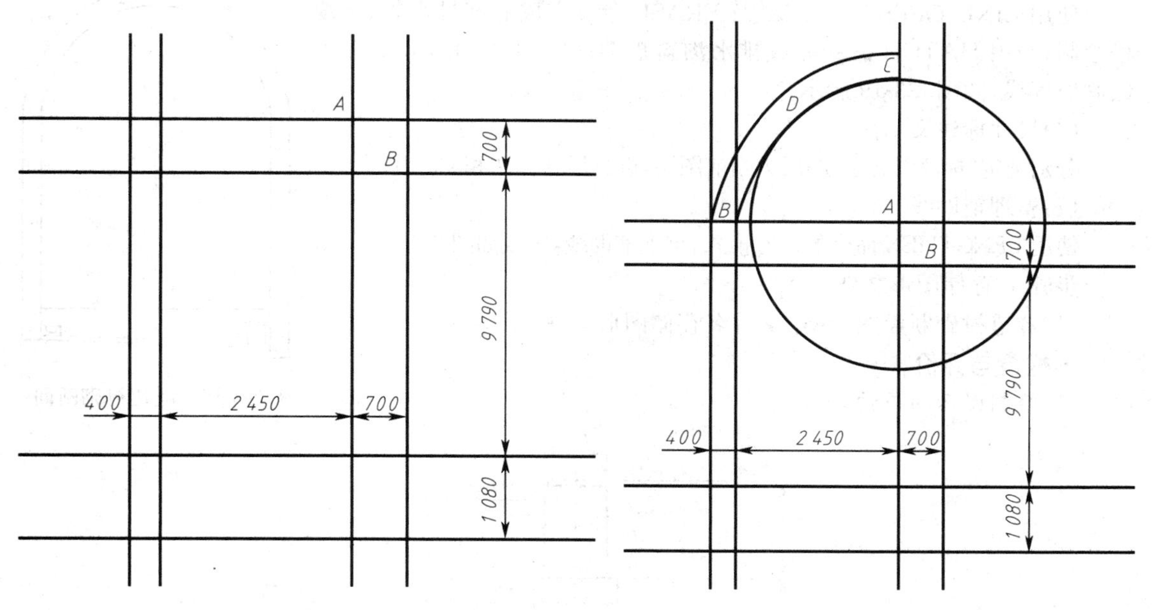

图 3-3-15　绘制轴线及基线　　图 3-3-16　绘制左侧断面

(3)镜像左侧断面

使用 MIRROR 命令,以轴线为镜像线得到图 3-3-18。

(4)处理右侧直边墙

命令：STRETCH↙

以交叉窗口或交叉多边形选择要拉伸的对象...

选择对象：↘指定对角点：↘找到 3 个

选择对象：↙

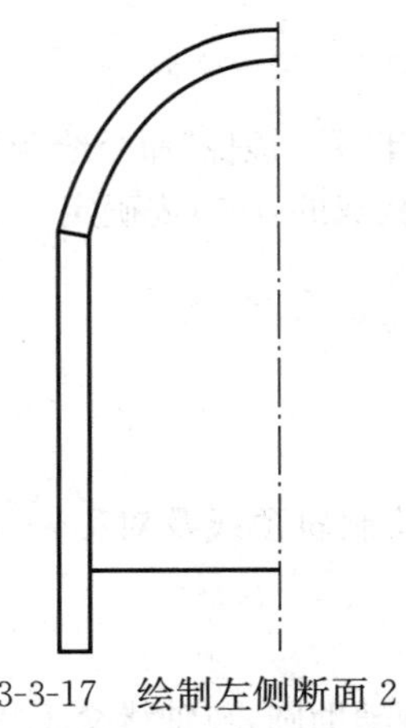

图 3-3-17　绘制左侧断面 2

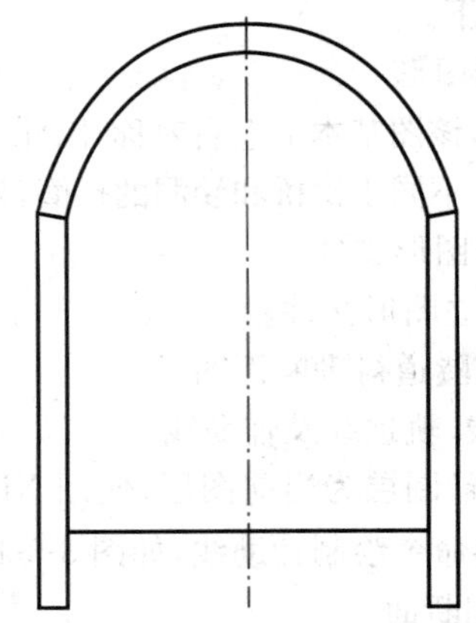

图 3-3-18　绘制直边墙

指定基点或[位移(D)]<位移>:↙

指定第二个点或<使用第一个点作为位移>:381↙

(5)绘制底部结构

使用 LINE、OFFSET、TRIM 及 ERASE 命令完成底部排水管、电缆槽绘制;使用 HATCH 命令完成排水沟盖板剖面绘制;使用 LINE 命令绘制坡度线,如图 3-3-19 所示。

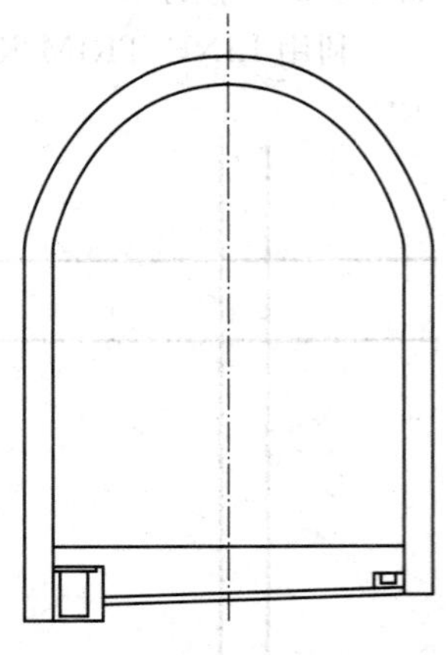

图 3-3-19　隧道衬砌断面

(6)尺寸标注文字注释

分别选定“标注”“文字”图层为当前图层,进行尺寸标注和文字注释。

(7)整理辅助线

使用 LENGTHEN 命令的动态模式,整理辅助线,生成如图 3-3-14 所示。

步骤 4:存储图形文件

以“隧道衬砌断面图.dwg”文件名存储图形文件。

·检查与评价·

(1)绘制图示的吊钩。

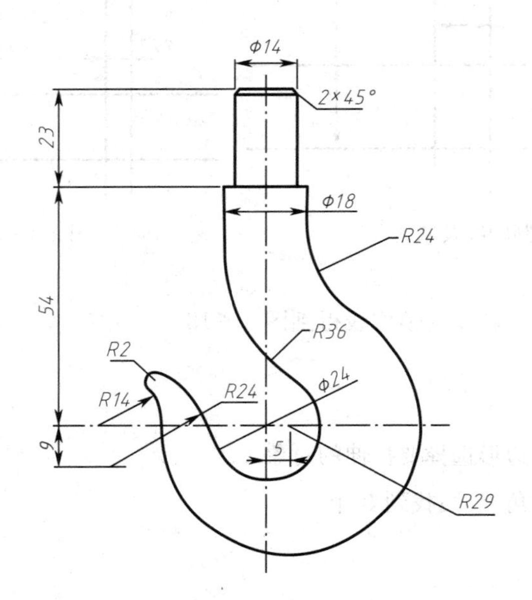

(2)按图示的尺寸画图并填充。

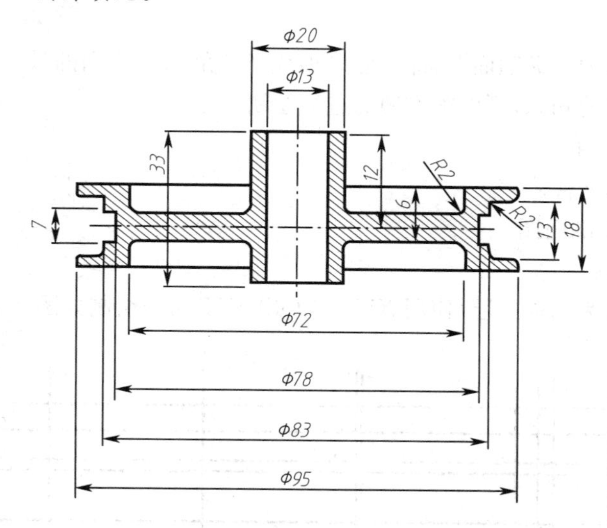

任务4 涵洞工程图的绘制

·任务描述·

涵洞工程图主要由立面图(中心剖面图)、平面图、侧面图和必要的构造详图(如涵身断面图、构件钢筋结构图、翼墙断面图)、工程数量表、附注等组成,涵洞工程图以水流方向为纵向(即与路线前进方向垂直布置),并以纵剖面图代替立面图,剖切平面通过涵洞轴线。洞身断面图、钢筋布置图、翼墙断面图等也可能在另一张图中表达。涵洞中心纵剖面图(图3-4-1)主要是表达涵洞的内部构造,而进水洞口和出水洞口的构造和形式相同,整个涵洞是左右对称的,所以采用中心剖面图来代替立面图。读图时应注意先概括了解,后深入细读;先整体、后局部,再综合起来想象整体。本任务主要介绍了应用AutoCAD 2010绘制涵洞中心纵剖面图、涵洞正面图、洞身剖面图及断面图的方法。

子任务1 涵洞中心纵剖面图的绘制

涵洞中心纵剖面图如图3-4-1所示。

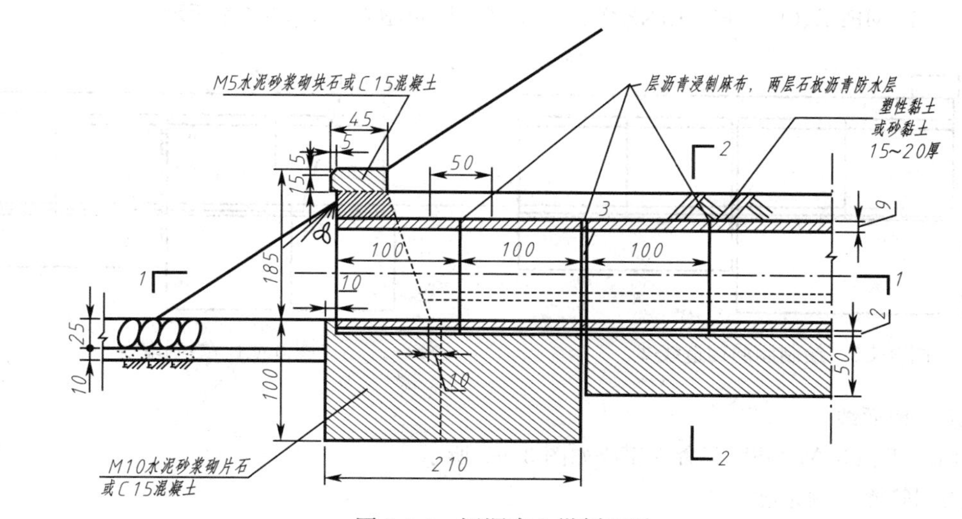

图3-4-1 涵洞中心纵剖面图

绘制过程如下。

步骤 1:分析图形

涵洞的正面图常取中心纵剖面图,即沿涵洞轴线竖直剖切所得到的投影。它能较全面地反映涵洞的构造。利用已学的知识,可以很方便的进行绘制。

涵洞中心纵剖面图的绘制

步骤 2:新建图形文件

使用模板建立图形文件。

步骤 3:绘制中心纵剖面图

(1)绘制涵洞构造线

选定“粗实线”图层为当前图层,使用 XLINE、OFFSET 命令绘制如图 3-4-2 所示。

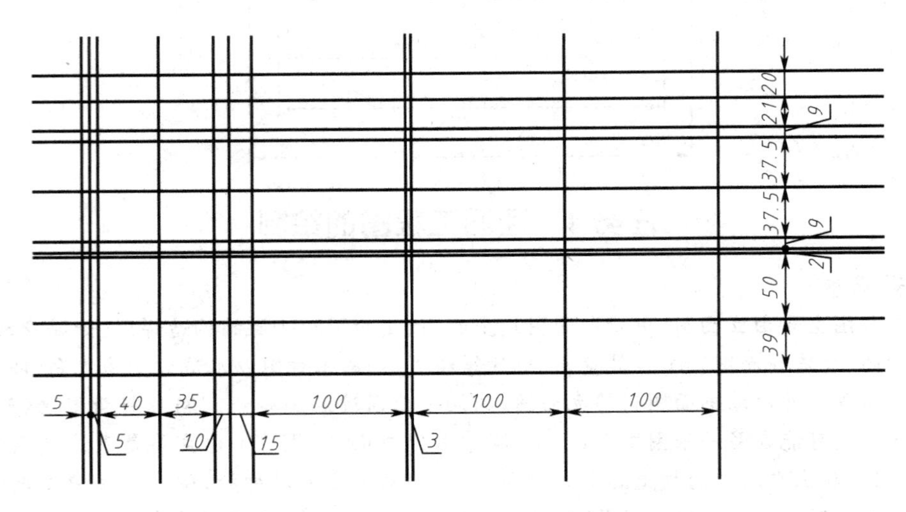

图 3-4-2　绘制涵洞构造线 1

(2)使用 TRIM、ERASE 等命令修剪、删除图线(图 3-4-3)。

(3)绘制端墙及帽石

使用 CHAMFER、OFFSET、LINE 等命令绘制端墙及帽石,如图 3-4-4 所示。

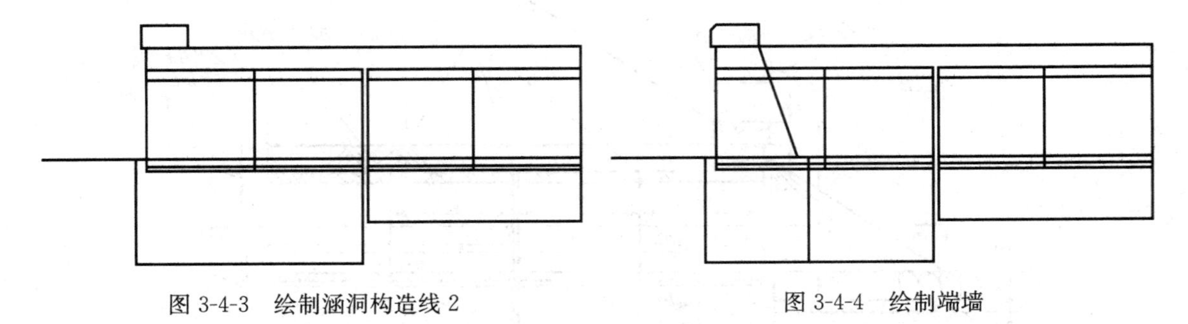

图 3-4-3　绘制涵洞构造线 2　　图 3-4-4　绘制端墙

(4)绘制地面线

使用 LINE、TRIM、OFF 等命令完成如图 3-4-5 所示。

(5)绘制管涵外侧轮廓

使用 OFF、EXTEND 命令完成如图 3-4-6 所示。

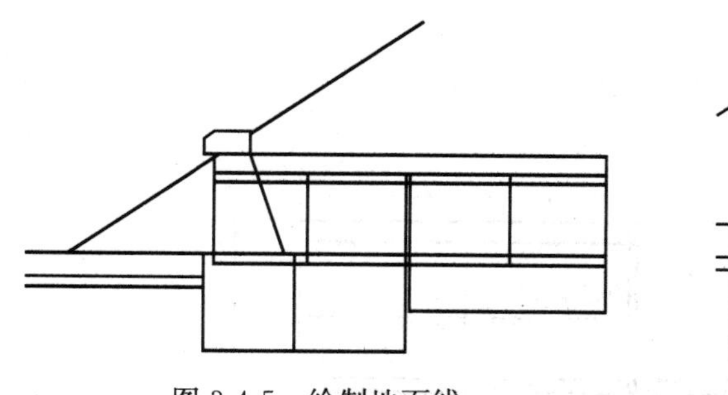

图 3-4-5　绘制地面线

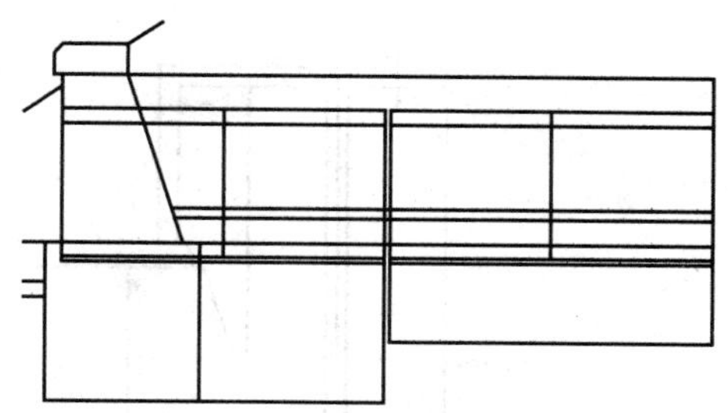

图 3-4-6　绘制管涵外侧轮廓

(6)填充图案

使用 HATCH、EL、L 等命令完成如图 3-4-7 所示。

(7)整理各图层及辅助线

选择不可见轮廓线,调至"中虚线"图层,选择填充图案,调至"剖面线"图层,补绘管轴线及折断线,如图 3-4-8 所示。

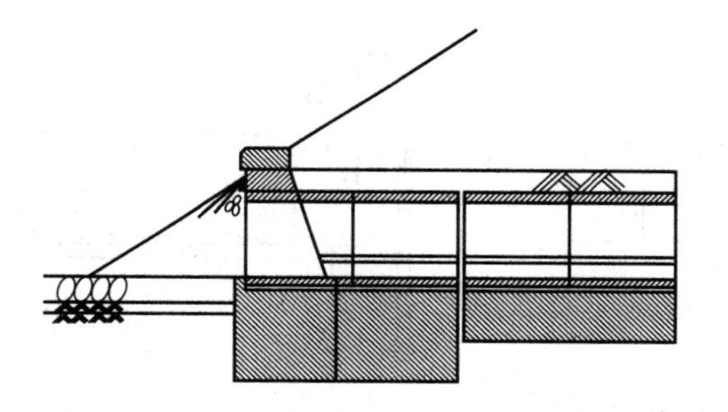

图 3-4-7　图案填充

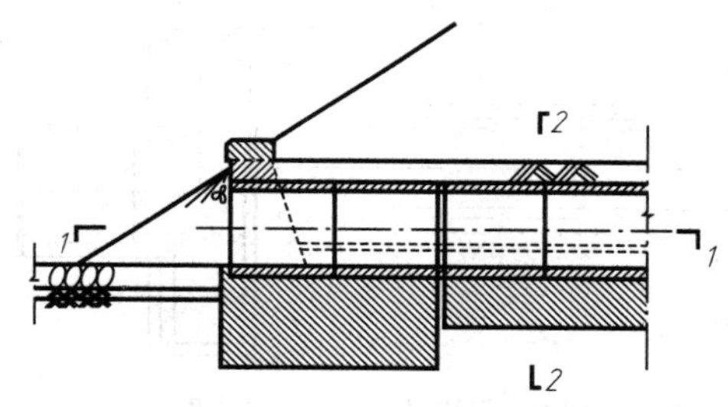

图 3-4-8　整理图层及辅助线

步骤 4:存储图形文件

以"涵洞工程图. dwg"文件名存储图形文件。

子任务 2　涵洞正面图、洞身剖面图及断面图的绘制

步骤 1:分析图形

洞身平面在宽度方向上对称,还需要画剖面图,因此除外轮廓外不能镜像。圆管外壁与端墙内斜面相贯圆弧需要三视图依据投影关系绘制成半平面。

涵洞的侧面图即出入口的正面图,其左右对称,可只画一半进行镜像。在绘图中要注意三视图保持"长对正、高平齐、宽相等"的关系。断面图一样左右对称,可只画一半进行镜像。

步骤 2:打开图形文件

打开子任务 1 保存的涵洞工程图. dwg。

涵洞工程图的绘制

步骤 3:绘制洞身剖面图

(1)绘制涵洞构造线

利用 L、OF 命令完成如图 3-4-10 所示。

(2)修剪、删除图线

利用 TR、L、OF、E 等命令完成如图 3-4-11 所示。

(3)整理图层填充剖面

整理图层填充剖面如图 3-4-12 所示。

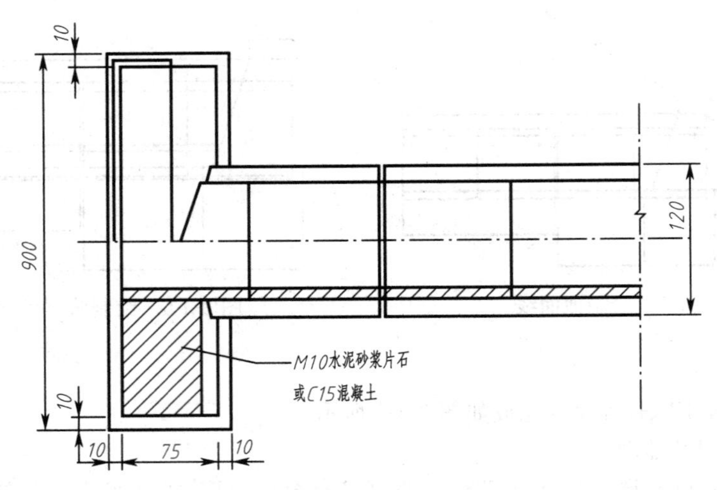

图 3-4-9　洞身剖面图

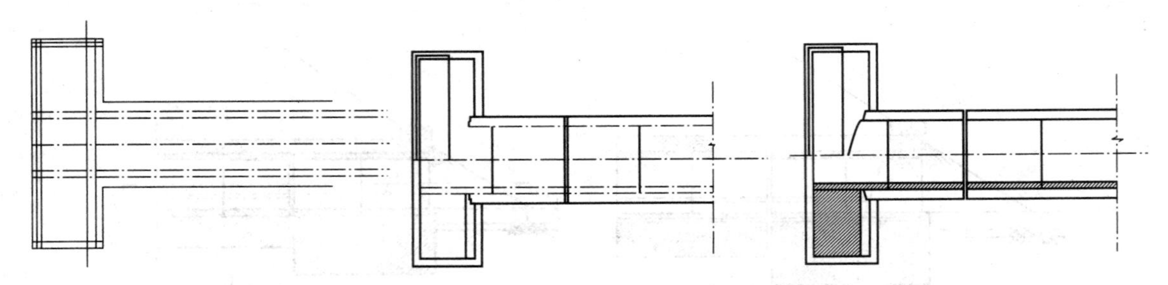

图 3-4-10　绘制涵洞构造线 1　　图 3-4-11　绘制涵洞构造线 2　　图 3-4-12　整理图层填充剖面

(4)圆管外壁与端墙内斜面交线

圆管外壁与端墙内斜面相贯圆弧在完成正面图后利用投影关系补画。

步骤 4:绘制正面图

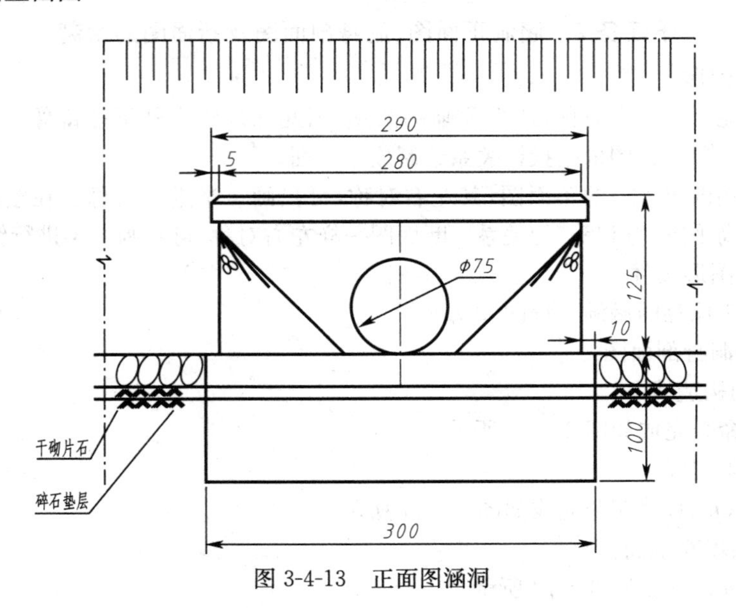

图 3-4-13　正面图涵洞

(1)绘制涵洞正面图构造线

利用 L、OF、C、XL 等命令完成,如图 3-4-14 所示。

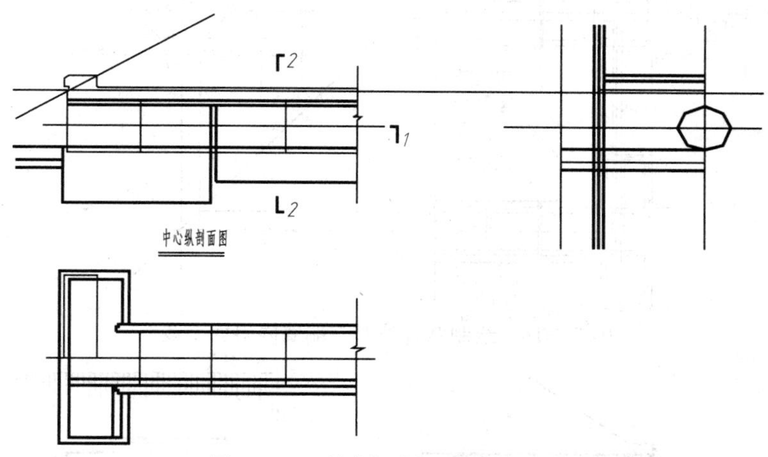

图 3-4-14　绘制涵洞正面图构造线

(2)修剪、删除图线

利用 TR、L、OF、E 等命令完成如图 3-4-15 所示。

(3)整理图形、填充剖面

整理图形、填充剖面如图 3-4-16 所示。

(4)镜像完成正面图

镜像完成正面图如图 3-4-17 所示。

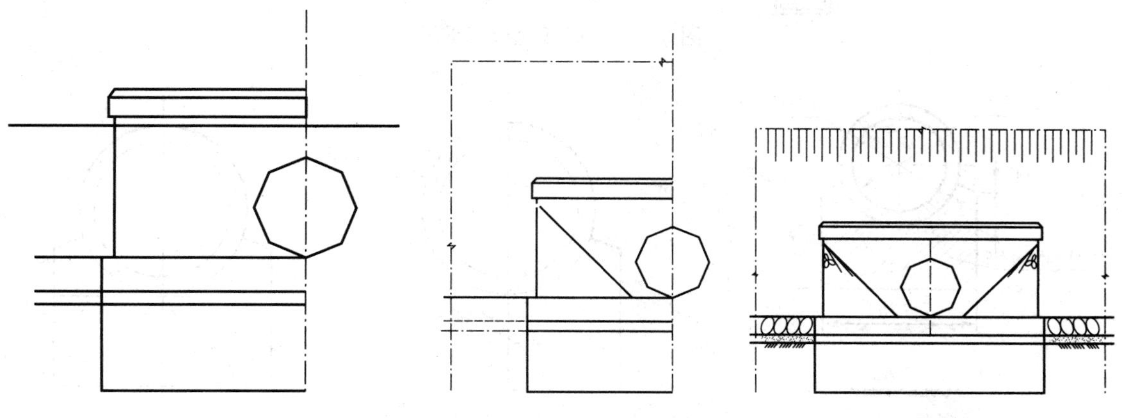

图 3-4-15　修剪、删除图线　　图 3-4-16　整理图形、填充剖面　　图 3-4-17　镜像完成正面图

步骤 5:绘制圆管外壁与端墙内斜面交线

依据投影关系确定相贯线的起始点和中间点。使用 XL 命令交出三点如图 3-4-18 所示。使用 ARC 命令画弧完成相贯线绘制。清理辅助线,完成如图 3-4-19 所示。

步骤 6:绘制断面图

(1)绘制涵洞断面图构造线

利用 L、OF、C 等命令完成如图 3-4-21 所示。

(2)镜像完成断面图

镜像完成断面图如图 3-4-22 所示。

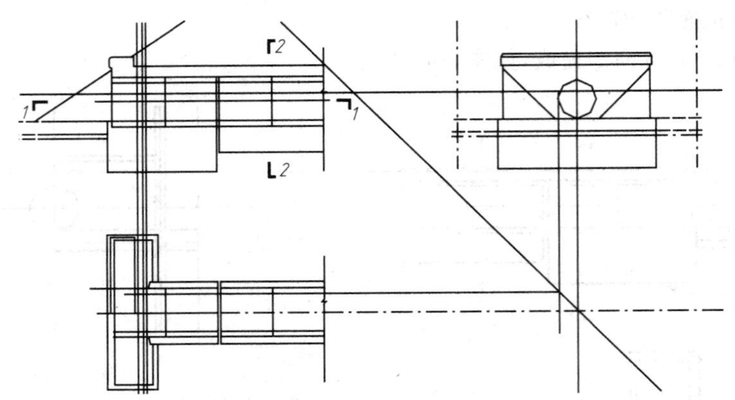

图 3-4-18　绘制圆管外壁与端墙内斜面交线

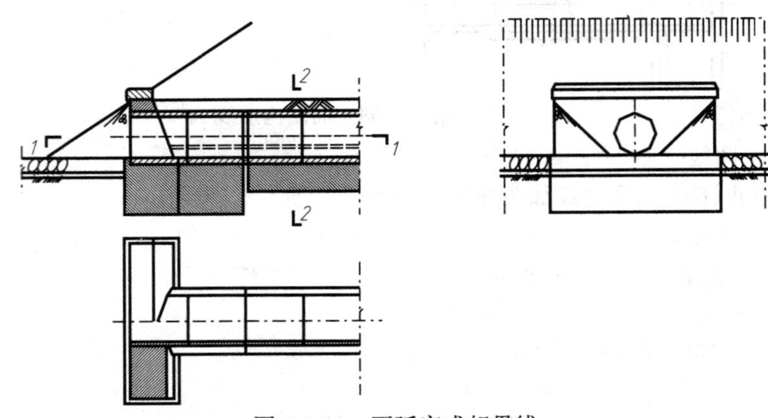

图 3-4-19　画弧完成相贯线

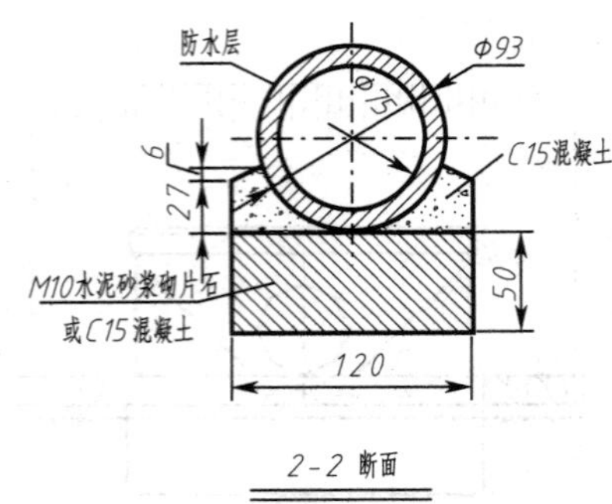

图 3-4-20　涵洞断面图

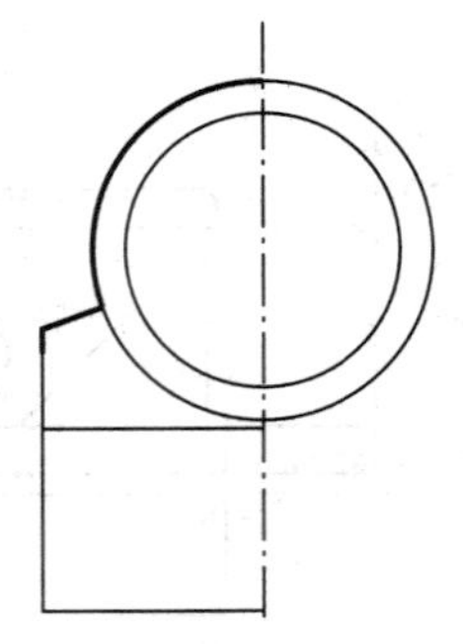

图 3-4-21　绘制涵洞断面图构造线

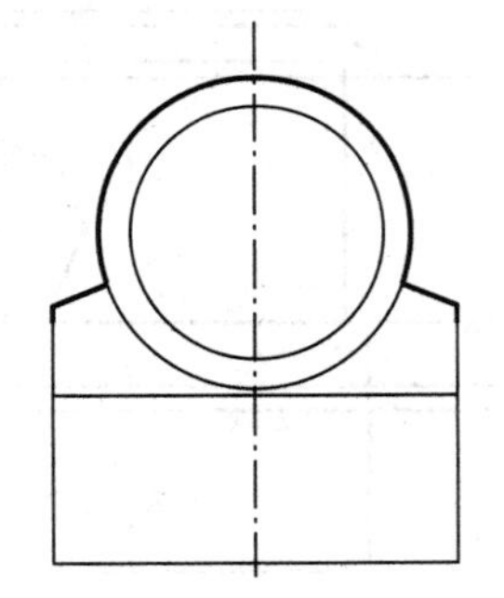

图 3-4-22　镜像完成断面图

(3)整理图层填充剖面

整理图层填充剖面如图 3-4-23 所示。

步骤 7:尺寸标注及说明

按尺寸标注要求进行标注,完成如图 3-4-24 所示。

步骤 8:图框导入布局

(1)在布局中插入图框

命令：INSERT↙

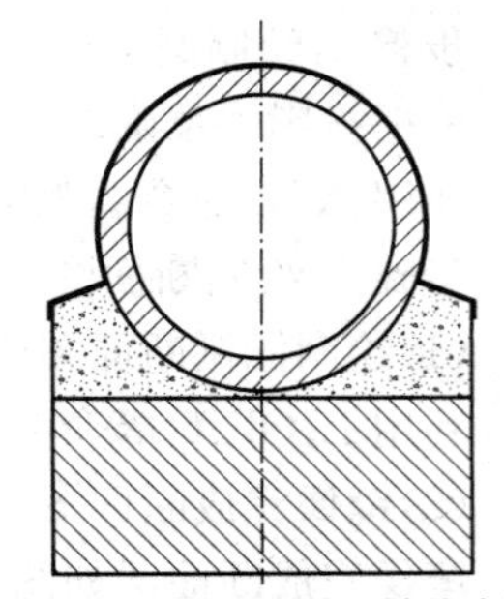

图 3-4-23　整理图层填充剖面

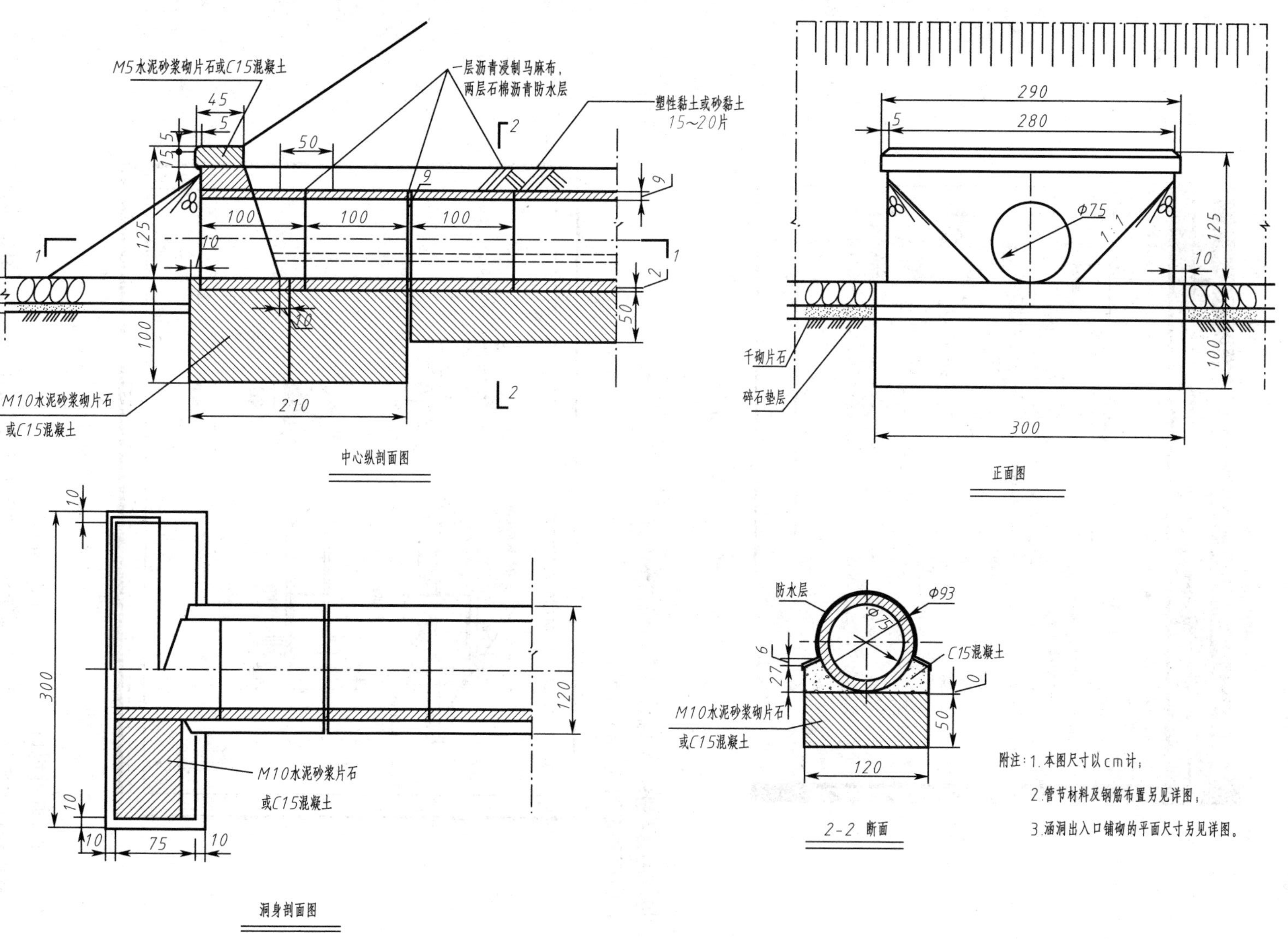

图 3-4-24　涵洞正面图、洞身剖面图及断面图

出现对话框图 3-4-25。

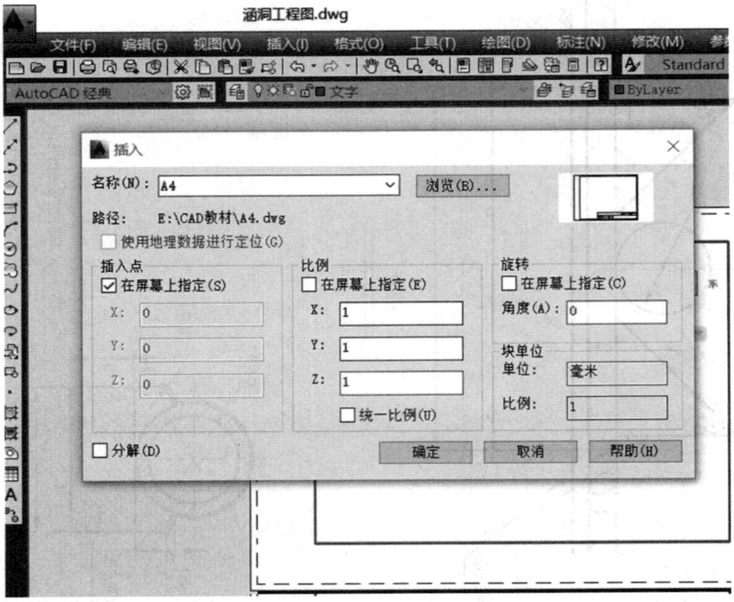

图 3-4-25　“插入“对话框

指定插入点或［基点(B)/比例(S)/X/Y/Z/旋转(R)］:↘

将图框移至图 3-4-26 位置。

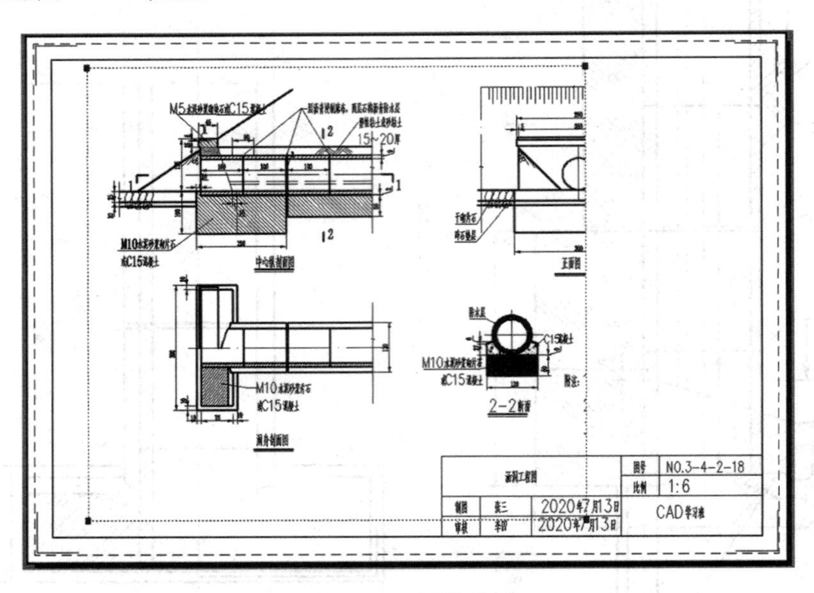

图 3-4-26　图框位置

双击视口，调整视口大小如图 3-4-27 所示。

①双击视口内部位置，转动鼠标滚轮，调整图形大小；按压拖动鼠标滚轮，调整图形位置。

②选中最接近的比例尺，如图 3-4-28 所示。

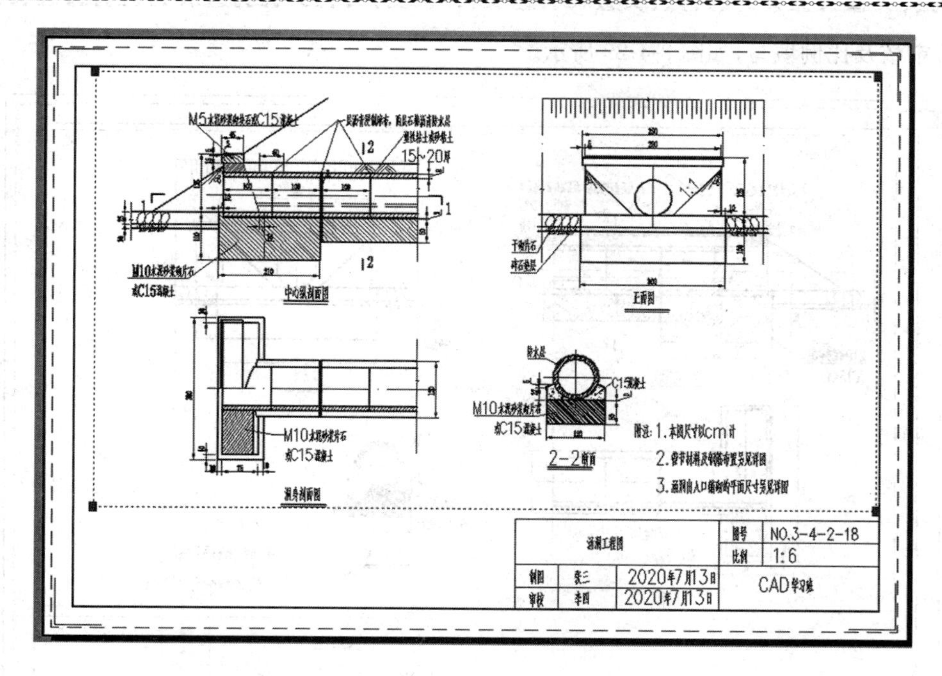

图 3-4-27　调整视口

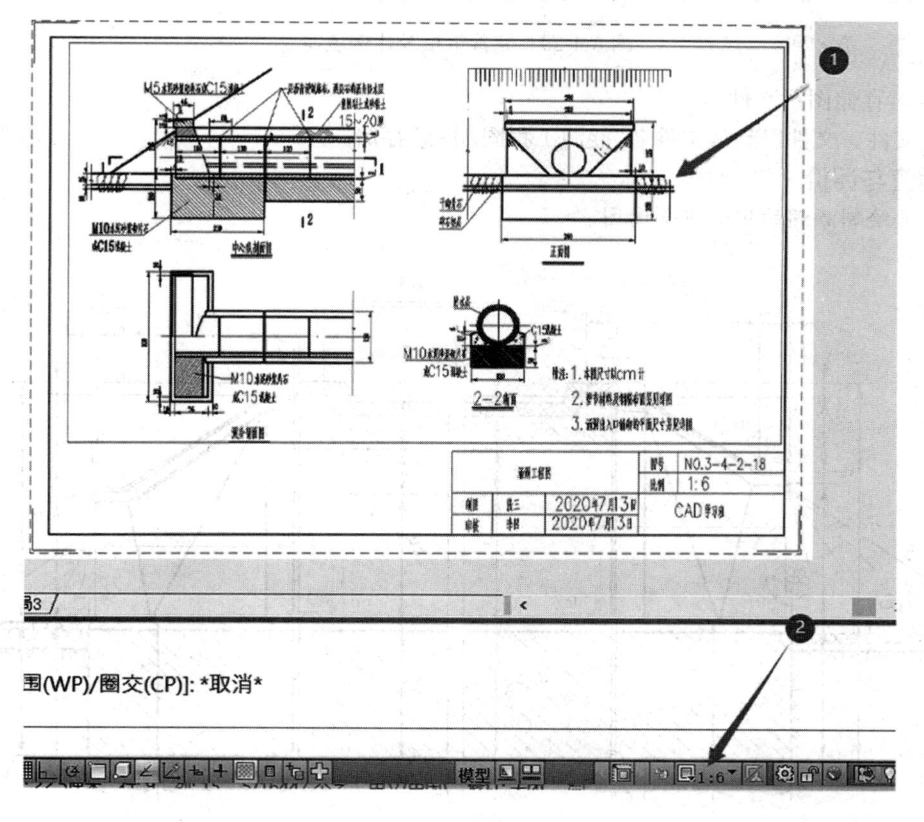

图 3-4-28　选中比例尺

完善审核及比例填写，如图 3-4-29 所示。

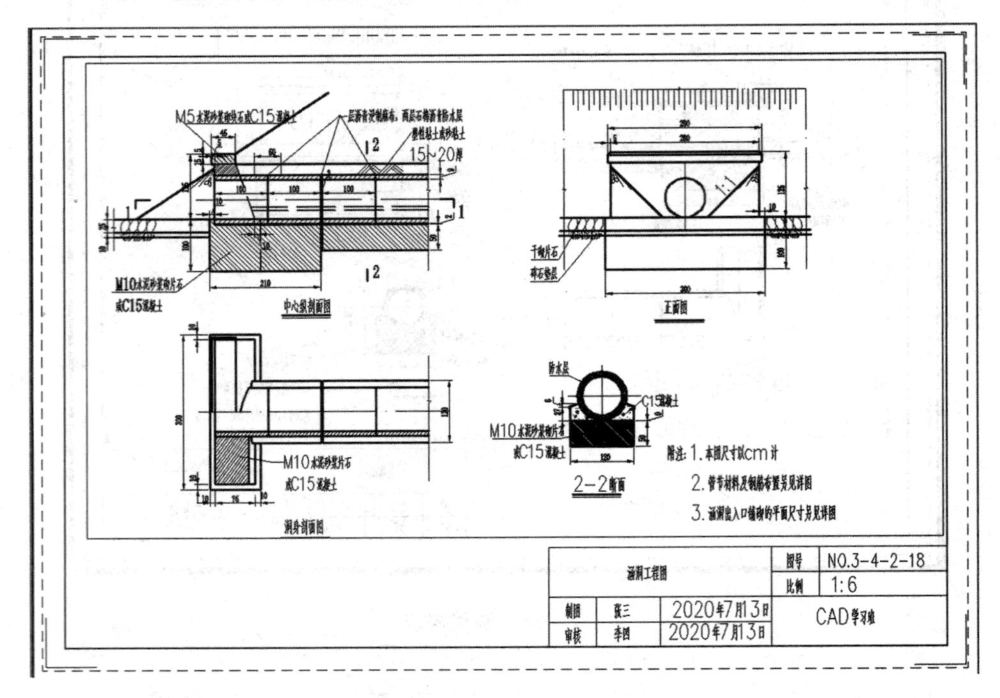

图 3-4-29　完善审核及比例填写

步骤 9：存储图形文件

保存文件。文件以默认文件名“涵洞工程图.dwg”存储。

· 检查与评价 ·

识读并绘制涵洞的中心纵剖面图。

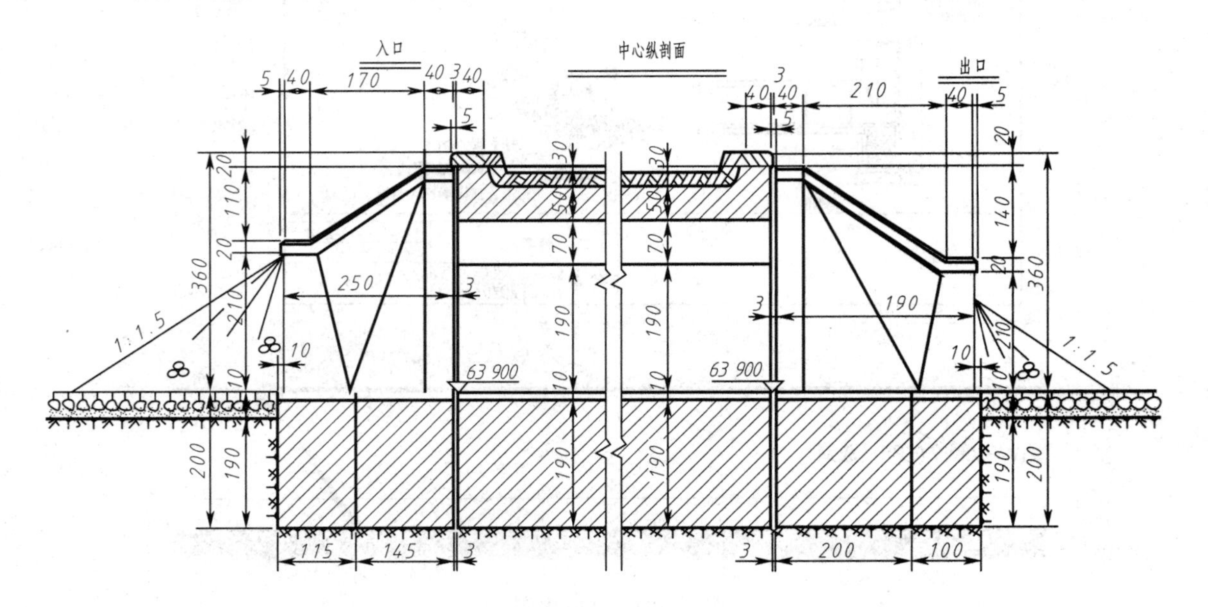

任务5　图形输出

·任务描述·

AutoCAD 2010 绘制好图形后，可以使用多种方法输出。可以将图形打印在图纸上，也可以创建文件供其他应用程序使用。以上两种情况都需要选择打印设置。在绘制好图形时，用户可以随时使用“文件”→“打印”命令来打印草图，但在很多情况下，需要在一张图纸中输图形的多个视图，添加标题块等，这时就要使用图纸空间了。图纸空间是完全模拟图纸页面的一种工具，用于在绘图之前或之后安排图形的输出布局。

子任务1　布局的创建与管理

涵洞工程图输出布局

1. 模型空间与图纸空间

我们打开 CAD 时默认的绘图区是在模型空间，我们在里面进行二维、三维作图，模型空间是指用户在其中进行设计绘图的工作空间，用于创建图形，标注必要的尺寸和文字说明。图纸空间用于创建最终的打印布局，而不用于绘图或设计工作，在 AutoCAD 中，图纸空间是以布局的形式来使用的，可以使用布局选项卡设计图纸空间视口。模型空间和图纸空间是 AutoCAD 的两个并行的工作空间，一般地，在模型空间工作时，可以创建和编辑模型。利用图纸空间，可以把在模型空间中绘制的三维模型在同一张图纸上以多个视图的形式排列，一个图形文件可包含多个布局，每个布局代表一张单独的打印输出图纸且可以根据需要进行重新命名。在默认状态下，这两种工作环境的转换由绘图窗口下的 3 个选项卡“模型”“布局 1”“布局 2”来控制，如图 3-5-1 所示。

图 3-5-1　模型选项卡和布局选项卡

如果要设置图形以便于打印，可以使 布局”选项卡。每个“布局” 用“布局”选项卡。每个“布局”选项卡都提供一个图纸空间，在这种绘图环境中，可以创建视口并指定诸如图纸尺寸、图形方向以及位置之类的页面设置，并与布局一起保存。为布局指定页面设置时，可以保存并命名页面设置，以应用到其他布局中，也可以根据现有的布局样板布局。在“布局”选项卡上，可以查看并编辑图纸空间对象。

2. 模型空间和图纸空间的转换

(1)单击绘制区域下方的“模型”标签或“布局”标签，如图 3-5-2 左上角所示的“模型”和“布局 1”。

(2)单击命令行下方的“模型”或“图纸”，如图 3-5-2 所示。

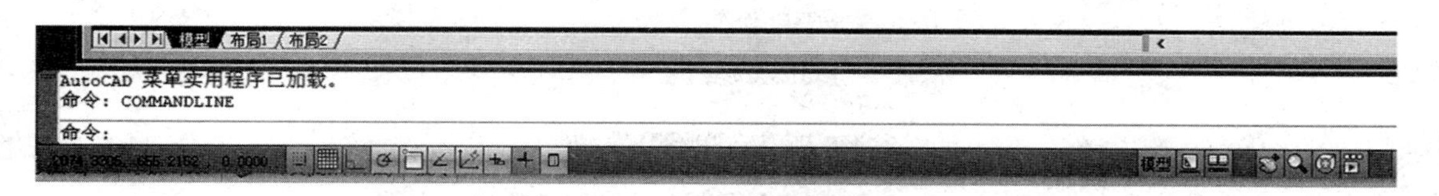

图 3-5-2　“模型”和“布局”

(3)输入命令名：当激活布局选项卡时，在命令行输入或动态输入 Mspace 并命令回车，进入模型空间；输入 Pspace 命令并回车，进入图纸。

3. 创建布局

我们在建立新图形的时候，AutoCAD 会自动建立一个“模型”选项卡和两个“布局”选项卡。其中，“模型”卡用来在模型空间中建立和编辑图形，该选项卡不能删除，也不能重命名；“布局”选项卡用来编辑打印图形的图纸，其个数没有限制，且可以重命名，如图 3-5-2 所示。

创建布局有三种方法:新建布局、来自样板、利用向导。

(1)新建布局

鼠标在"布局"选项卡上右击,在弹出的快捷菜单中选择"新建布局",系统会自动添加"布局 3"的布局。

(2)使用布局样板

我们也可以利用样板来创建新的布局,操作如下。

①在下拉菜单"插入""布局"中选择"来自样板的布局",系统弹出如图 3-5-3 所示"从文件选择样板"的对话框,在该对话框中选择适当的图形文件样板,单击"打开"。

②系统弹出如图 3-5-4 所示的"插入布局"对话框,在布局名称下选择适当的布局,单击"确定"按钮,插入该布局。

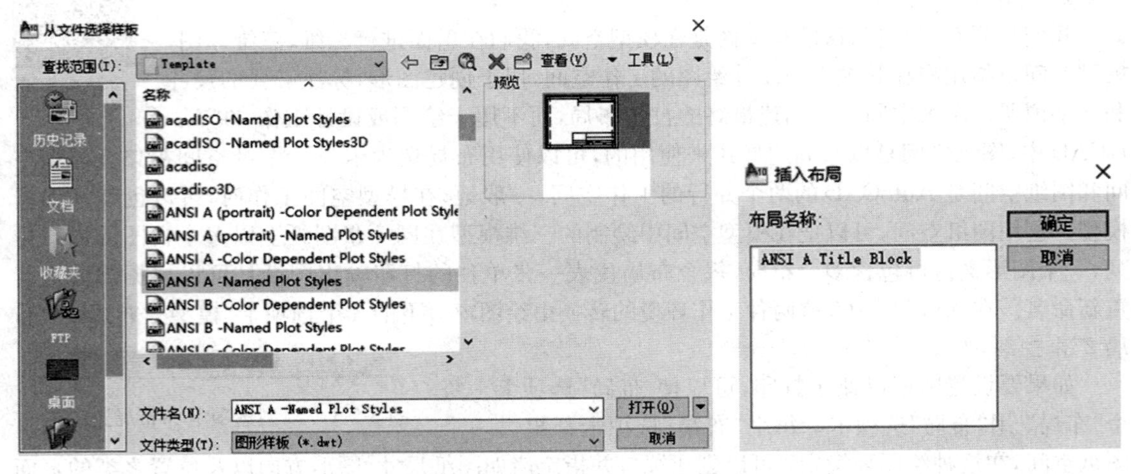

图 3-5-3　从文件选择样板　　　　图 3-5-4　插入布局

(3)利用向导创建

步骤 1:在下拉菜单"插入""布局"中选择"布局向导",系统弹出如图 3-5-5 所示的对话框,在对话框中输入新布局名称,单击"下一步"。

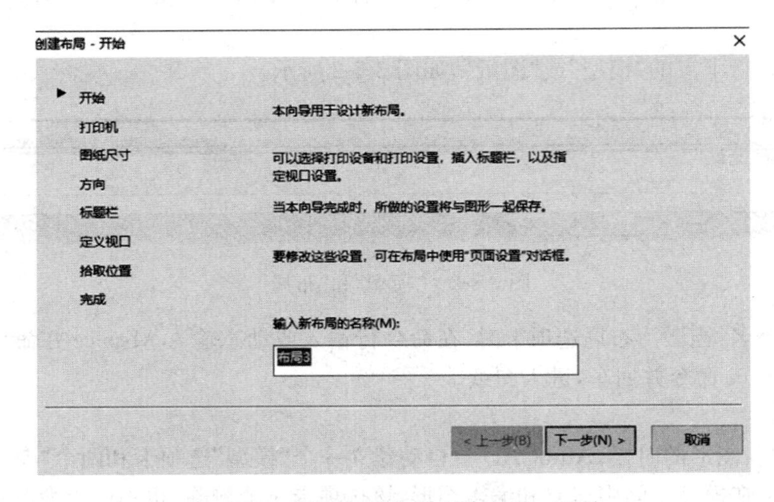

图 3-5-5　利用布局向导创建布局—开始

步骤2:在弹出的对话框(图3-5-6)中,选择打印机,单击“下一步”,弹出如图3-5-7所示对话框,在此对话框选择图纸尺寸,图形单位,单击“下一步”。在弹出的对话框(图3-5-8)中,指定打印方向,并单击“下一步”。

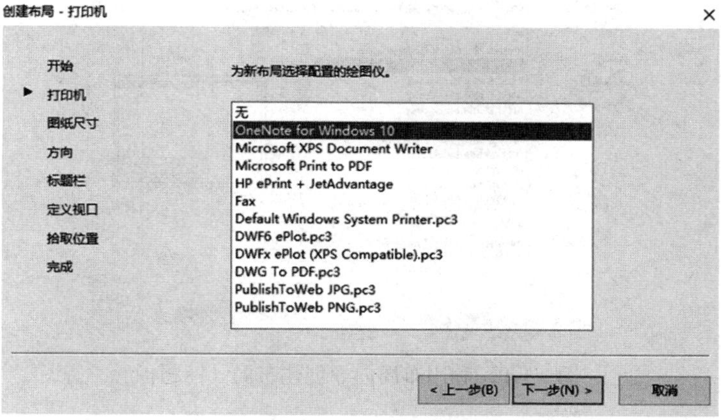

创建布局 - 打印机
开始
▶ 打印机
图纸尺寸
方向
标题栏
定义视口
拾取位置
完成
为新布局选择配置的绘图仪。
无
OneNote for Windows 10
Microsoft XPS Document Writer
Microsoft Print to PDF
HP ePrint + JetAdvantage
Fax
Default Windows System Printer.pc3
DWF6 ePlot.pc3
DWFx ePlot (XPS Compatible).pc3
DWG To PDF.pc3
PublishToWeb JPG.pc3
PublishToWeb PNG.pc3
< 上一步(B) 下一步(N) > 取消

图3-5-6 利用布局向导创建布局—打印机

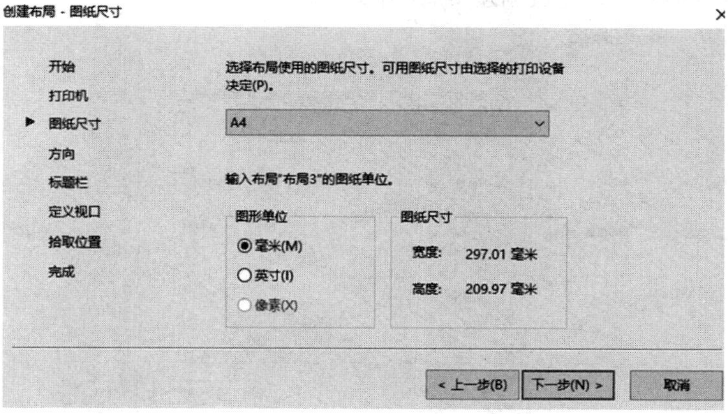

创建布局 - 图纸尺寸
开始
打印机
▶ 图纸尺寸
方向
标题栏
定义视口
拾取位置
完成
选择布局使用的图纸尺寸。可用图纸尺寸由选择的打印设备决定(P)。
A4
输入布局"布局3"的图纸单位。
图形单位
毫米(M)
英寸(I)
像素(X)
图纸尺寸
宽度: 297.01 毫米
高度: 209.97 毫米
< 上一步(B) 下一步(N) > 取消

图3-5-7 利用布局向导创建布局—图纸尺寸

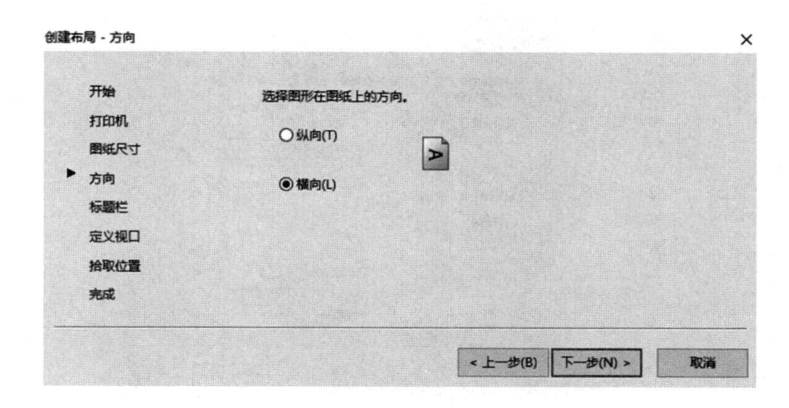

图3-5-8 利用布局向导创建布局—方向

步骤 3:在弹出的对话框(图 3-5-9)中选择标题栏(ISO 为国际标准),单击“下一步”。

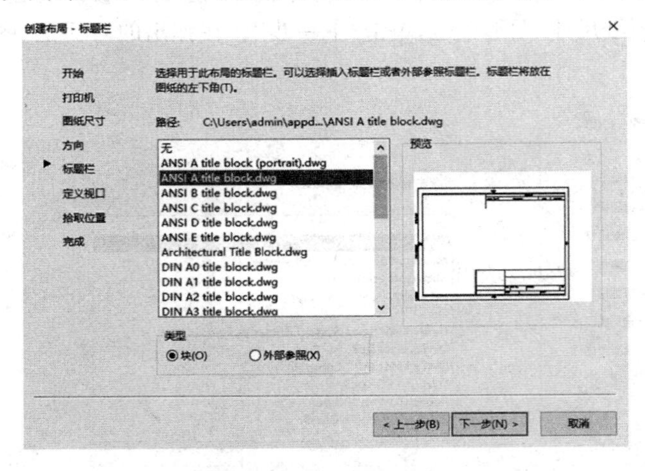

图 3-5-9　利用布局向导创建布局—标题栏

步骤 4:在弹出的对话框(图 3-5-10)中,可以定义单个视口与视口比例,单击“下一步”,并指定视口配置的角点,如图 3-5-12 所示,最后完成创建布局(图 3-5-13);也可以选择标准三维工程视图(图 3-5-11),或选择阵列视口,完成创建布局(图 3-5-13)。

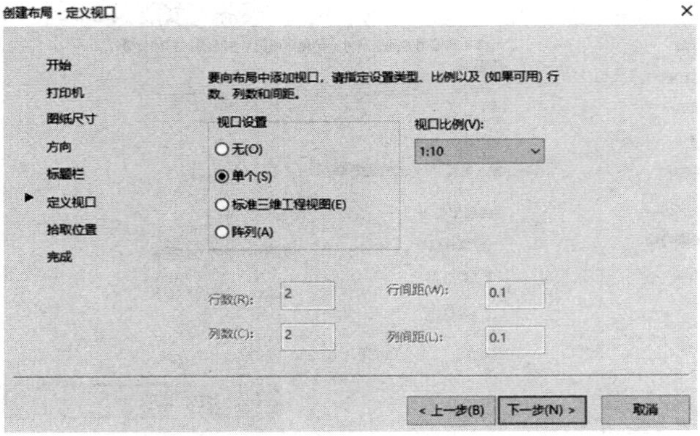

图 3-5-10　利用布局向导创建布局—单个视口

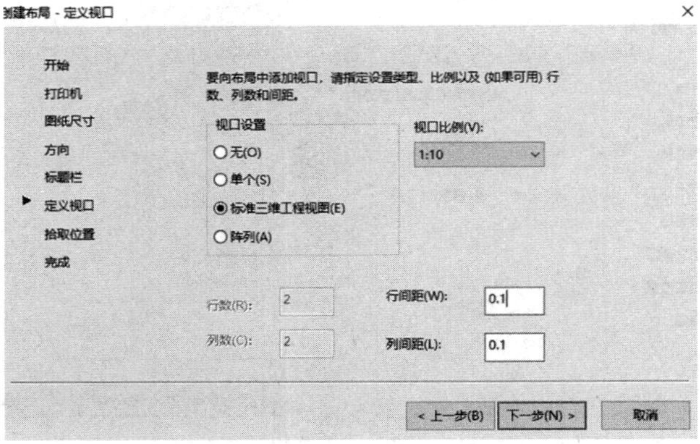

图 3-5-11　利用布局向导创建布局—标准三维工程视图

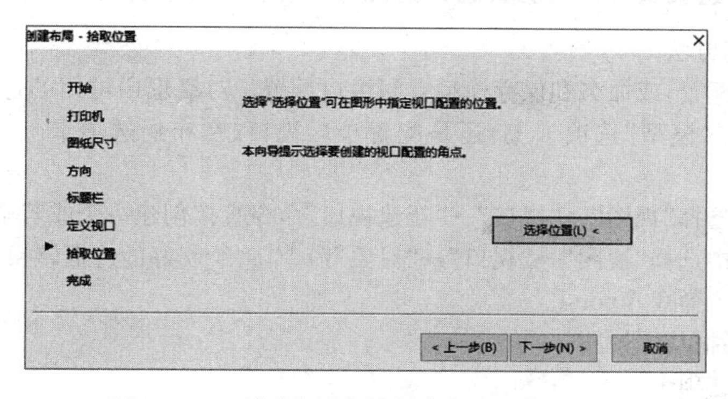

图 3-5-12　利用布局向导创建布局—拾取位置

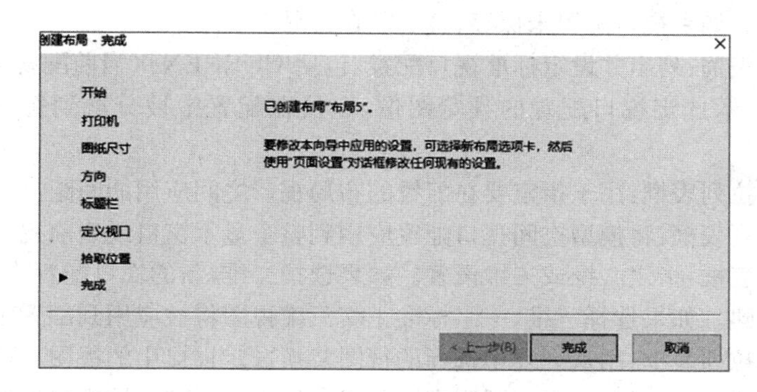

图 3-5-13　利用布局向导创建布局—完成

4. 浮动视口

(1)视口与浮动视口

在 AutoCAD2010 中可以建立很多窗口，从窗口中以不同的方向、角度、比例观察模型空间中的图形对象，这样的窗口就叫作"视口"。模型空间中的视口称为"平铺视口"。图纸空间的视口称为"浮动视口"。图 3-5-14 为"视口"对话框。

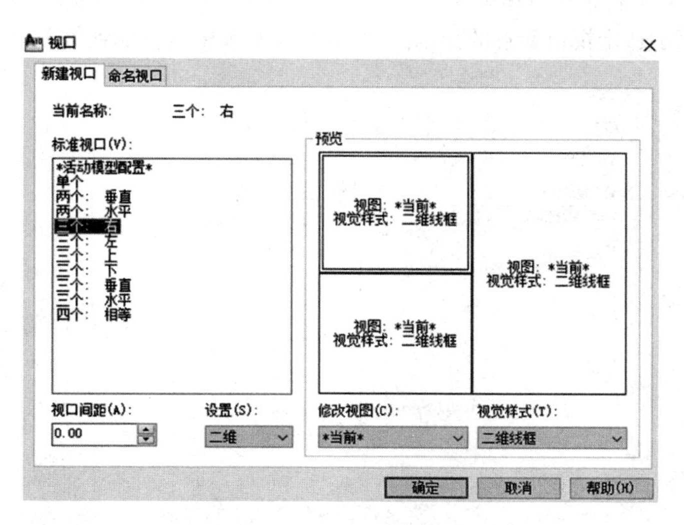

图 3-5-14　"视口"对话框

(2)视口的创建方法

创建新的视口配置,或命名和保存模型空间视口配置。对话框中可用的选项取决于用户是配置模型空间视口(在“模型”选项卡上)还是配置布局视口(在布局选项卡上)。视口的创建方法如下:

①在菜单栏中选择“视图”→“视口”→“新建视口”命令直接创建一个或若干个视口。

②在图纸空间中选择“视图”→“视口”→“对象”命令,将绘制好的边框转换为视口边框。

③在命令行输入命令 Vporst。

(3)“视口”对话框功能说明

①“新建视口”选项卡

“新名称”文本框:为新建的模型空间视口配置指定名称。如果不输入名称,则新建的视口配置只能应用而不保存。如果视口配置未保存,将不能在布局中使用。

“标准视口”列表框:列出并设定标准视口配置,包括 CURRENT(当前配置)。

“预览”窗口:显示选定视口配置的预览图像,以及在配置中被分配到每个单独视口的缺省视图。

“视口间距”下拉列表框:用于指定要在配置的布局视口之间应用的间距。

“应用于”下拉列表框:将模型空间视口配置应用到整个显示窗口或当前视口。

“设置”下拉列表框:指定二维或三维设置。如果选择二维,新的视口配置将最初通过所有视口中的当前视图来创建。如果选择三维,一组标准正交三维视图将被应用到配置中的视口。

“修改视图”下拉列表框:用从列表中选择的视图替换选定视口中的视图。可以选择命名视图,如果已选择三维设置,也可以从标准视图列表中选择。使用“预览”区域查看选择。

“视觉样式”下拉列表框:用于将“二维线框”“三维线框”“三维隐藏”“概念”“真实”等视觉样式应用到视口。

②“命名视口”选项卡“当前名称”文本框:用于显示当前视口配置的名称。图 3-5-15 为显示“命名视口”选项卡的“视口”对话框。

“命名视口”列表框:显示任意已保存的和已命名的模型空间视口配置,以便用户在当前布局中使用。不能保存和命名布局视口配置。

“预览”窗口:显示选定视口配置的预览图像,以及在配置中被分配到每个单独视口的缺省视图。

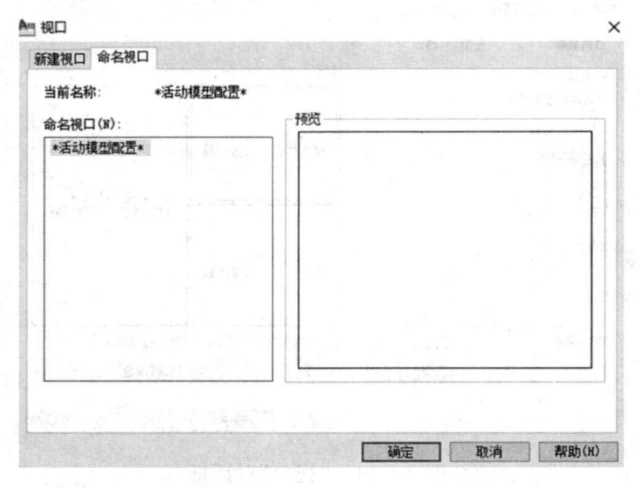

图 3-5-15　显示“命名视口”选项卡的“视口”对话框

(4)平铺视口的特点

①视口平铺的,它们彼此相邻,位置、大小固定,不能重叠。

②当前视口(激活状态)的边界为粗边框显示,光标呈十字形,在其他视口中呈小箭头状。

③只能在当前视口进行绘图和编辑操作。

④只能将当前视口中的图形打印输出。

⑤可以对视口配置命名保存,以备以后使用。

(5)浮动视口的特点

①视口是浮动的,各视口可以改变其位置,也可以互相重叠。

②浮动视口位于当前层时,可以改变视口边界的颜色,但线形总为实线,可以采用冻结视图边界所在图层的方式来显示或不打印视口边界。

③可以将视口边界作为编辑对象,进行复制、移动、缩放、删除等编辑操作。

④可以在各视口中冻结和解冻不同的图层,以便在指定的视图中显示或隐藏相应的图形、文字、尺寸标注等对象。

⑤可以添加注释等图形对象。

(6)用浮动视口控制图形比例

在图纸空间中创建浮动视口,然后在视口中使用 Zoom 命令按比例缩放,即可精确地控制布局中图形的比例。

绘制或打开一图形文件,布局中由默认建立的视口显示了当前文件中的所有图形。在视口框内双击,将该视口切换到模型空间,在命令行输入 Zoom 命令,在提示下选择比例(S),输入适当的数值缩放。在视口框外双击,切换回图纸空间,也可以单击视口边框并选中其右下角,拖动鼠标一调整至合适大小。

子任务2 图形的打印输出

1. 模型空间打印输出

在 AutoCAD 中,如果所有的绘图工作是基于二维图样的设计,则无需进行图纸布局,图形的打印输出可以直接从模型空间中完成。打印输出当前图形的命令为 PLOT。

启动 Plot 命令如下。

方法1:在命令行输入:PLOT。

方法2:在标准工具栏上单击打印工具图标。

方法3:“文件”→“打印”。

AutoCAD 将显示“打印—模型”对话框,如图3-5-16所示。

(1)页面设置

“名称”列表框:列表显示所有已保存的页面设置,可从中选择一个页面设置并启用其中保存的打印设置,或者保存当前的设置作为以后从模型空间打印图形的基础。

如需保存当前打印对话框中的相关设置,选择“添加”按钮,AutoCAD 将显示“添加页面设置”对话框,在“添加页面设置”对话框中,在“新页面设置名”文本框中输入设置名称,单击“确定”按钮即可将当前“打印”对话框中的所有设置的内容保存至新页面设置。

(2)打印/绘图仪设置

在“打印—模型”对话框中,“打印/绘图仪”栏目中显示可供使用的打印机或绘图仪名称及其相关信息,并以局部预览的形式精确显示相对于图纸尺寸和可打印区域的有效打印区域。

①“名称”下拉列表框:列出可用的 PC3 文件或系统打印机,可以从中进行选择,以打印当前布

局。设备名称前面的图标样式可以区别选用的设备是 PC3 文件还是系统打印机，当前默认的打印可以在“选项”对话框中指定。

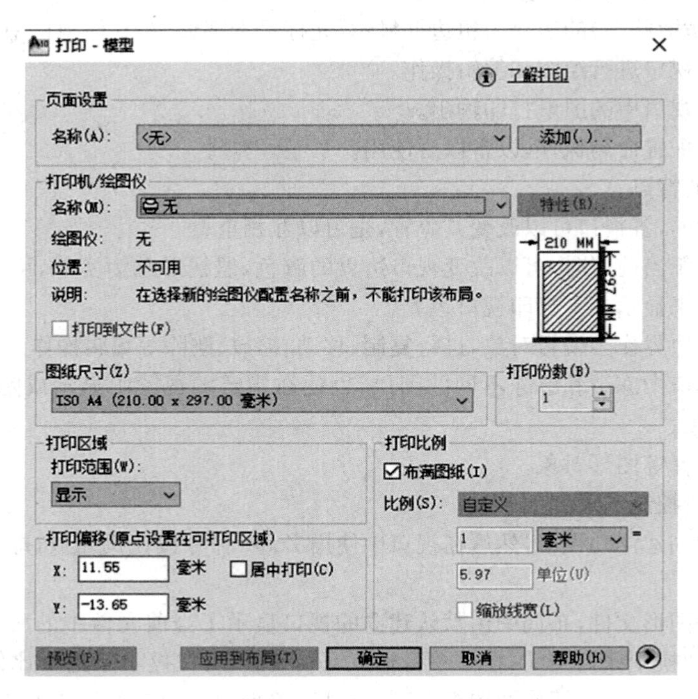

图 3-5-16 “打印—模型”对话框

②“特性”按钮：用于修改当前可用的打印设备的“打印机配置”。选择“提示”，将显示指定打印设备的信息。

③“打印到文件”选框：用于控制将图形打印输出到文件而不是打印机。当与打印机相连的计算机没有安装 AutoCAD 软件，这时 AutoCAD 数据文件是无法打开和打印的。这种情况下可事先在安装 AutoCAD 软件的计算机上创建一个打印文件，以便于不受是否安装有 AutoCAD 软件的限制，可随时随地打印输出。AutoCAD 创建的打印文件以“. PLT”为扩展名。勾选“打印到文件”选框后，并指定文件的名称和保存路径，打印时会将打印任务输出成为一个“. PLT”文件。

④局部预览区：在“打印/绘图仪”栏的右侧精确显示相对于图纸尺寸和可打印区域的有效打印区域。

(3)打印设置

打印设置主要包括图纸尺寸、打印区域、打印比例、打印偏移选项的设置。

①“图纸尺寸”下拉列表框：显示所选打印设备可用的标准图纸尺寸，实际的图纸尺寸由宽(X 轴方向)和高(Y 轴方向)确定。如果未选择绘图仪，将显示全部标准图纸尺寸的列表以供选择。如果所选绘图仪不支持布局中选定的图纸尺寸，将显示警告，用户可以选择绘图仪的默认图纸尺寸或自定义图纸尺寸。在“打印/绘图仪”栏中可以实时显示基于当前打印设备所选的图纸尺寸仅能打印的实际区域。如果打印的是光栅图像(如 BMP 或 TIFF 文件)，打印区域大小的指定将以像素为单位而不是英寸或毫米。

②“打印区域”下拉框：用于指定图形要打印的部分，包括以下几个部分。

图形界限：打印由图形界限所定义的整个绘图区域。通常情况下，将图形界限的左下角点定义为打印的原点。只有选择“模型”选项卡时，此选项才可用。

范围：该选项强制将包含所有对象的矩形和/或当前图形界限的左下角点作为打印的原点。这与执行“ZOOM—范围缩放”命令相似，当前空间中的所有几何图形都将被打印，包括绘制在图形界限外的对象。

显示：打印当前屏幕中显示的图形，是当前屏幕显示的左下角点是打印的原点。

视图：打印以前通过 VIEW 命令保存的视图。如果图形中没有保存过的视图，此选项不可用。

窗口：选择屏幕上的一个窗口，并打印窗口内的对象。窗口的左下角点是打印的原点。

③“打印比例”栏：用于控制图形单位与打印单位之间的相对尺寸。

“布满图纸”选框：以缩放形式打印图形以布满所选图纸尺寸，并在“比例”“英寸＝”和“单位”框中显示自适应的缩放比例因子。

“比例”栏：用于以选择或输入的方式来定义打印的精确比例。“自定义”可定义用户定义的比例。可以通过输入与图形单位数等价的英寸(或毫米)数来创建自定义比例。

④“打印偏移”栏：可以定义打印区域偏离图纸左下角的偏移值。布局中指定的打印区域左下角位于图纸页边距的左下角。可以输入一个正值或负值以偏离打印原点。打开“居中打印”开关，则自动将打印图形置于图纸正中间。

(4)打印设置的扩展选项

在“打印—模型”对话框中，单击右下角的“更多选项”按钮，可以将“打印－模型”对话框展开，显示更多的打印设置选项，当单击“更少选项”按钮时，可以将对话框折叠，返回初始状态。

2. 图纸空间打印输出

在布局中输出图形，要对打印的图形进行页面设置，然后再输出图形，输出图形的命令和操作方法与模型空间输出图形相似。启动命令如下。

方法1：“工具”→“向导”→“创建布局”。

方法2：在命令行输入 layoutwizard。

根据“创建布局”对话框提示逐一设置。设置完成后，在绘图区下方的布局空间选项卡中，会自动增加一个布局选项卡。

在绘制三维图形，将视口设置为多个时，在创建布局时，定义视口一项中，选择“标准三维工程视图”，才能在新布局中显示多个视口。

3. 打印样式

(1)打印样式表的概念

打印样式表是配置打印时绘图仪中各个绘图笔的参数表，用于修改打印图形的外观，包括对象的颜色、线形和线宽等。

(2)打印样式表的使用

使用打印样式表是 AutoCAD 使用绘图仪时精确控制最终效果的一种最有效的方法。

步骤1：绘制或打开图形文件。在菜单栏中选择“工具”→“选项”命令，在“打印和发布”选项卡上单击“打印样式表设置”按钮，如图 3-5-17 所示。

步骤2：在“打印样式表设置”对话框中，选中“使用颜色相关打印样式”单选框。

步骤3：单击“添加或编辑打印样式表”按钮。在“Plot Styles”窗口双击“添加打印样式表向导”图标。

步骤4：按照向导开始创建样式表。在“开始”页面中，选中“创建新打印样式表”单选框，单击“下一步”按钮。

步骤 5：在“表格类型”页面，选中“颜色相关打印样式表”单选框，单击“下一步”按钮。

步骤 6：在“文件名”页面为新样式表命名。颜色相关样式表的后缀扩展名为“. ctb”，单击“下一步”继续。

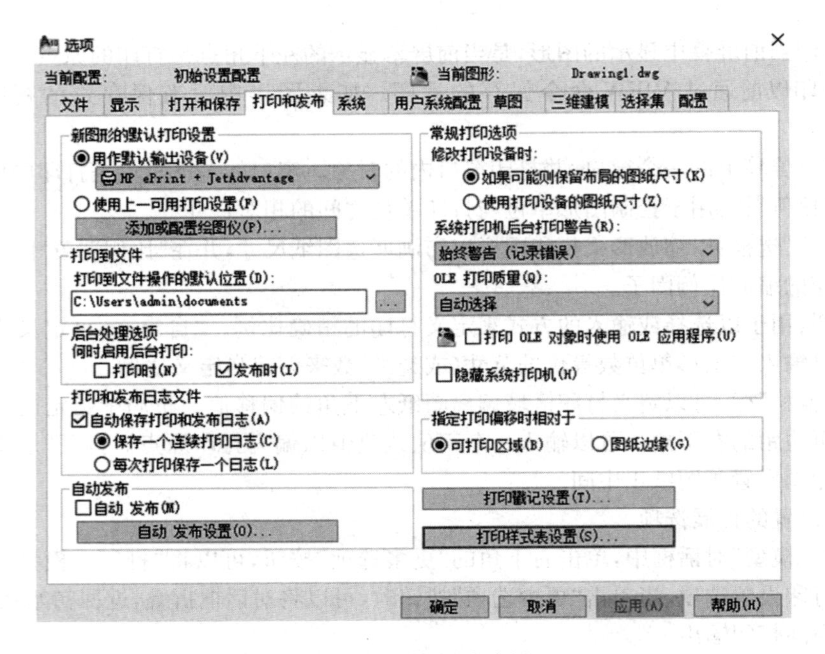

图 3-5-17　打印样式表设置

步骤 7：在“完成”页面单击“打印样式表编辑器”按钮设置样式表明细，在“打印样式表编辑器”对话框中，完成设置。

AutoCad2010 提供了部分预先设置的打印样式，可以在输出时选用，可以执行以下命令之一。

①菜单栏单击“文件”→“打印样式管理器”。②命令行输入 STYLESMANAGER。

4. 页面设置管理器

“页面设置管理器”是用来保存打印相关设置的，页面设置管理器的启动方法如下：在菜单栏中选择“文件”→“页面设置管理器”命令。在命令行输入 Pagesetup 命令后按回车键。

5. 打印输出

(1)打开已经绘制好的“涵洞工程图”图形，切换到布局 1。菜单栏选择“文件”→“页面设置管理器”命令激活“页面设置管理器”对话框，如图 3-5-18 所示。

(2)单击“新建”按钮。激活“新建页面设置”对话框，如图 3-5-19 所示。

打印输出

在“基础样式”选项中选择“ * 布局 1 * ”以此创建基于布局 1 的页面设置。单击“确定”按钮继续。激活“页面设置—布局 1”对话框，在“打印机绘图仪”下拉列表中选择打印机，将打印比例设为 1∶1，“图形方向”为横向，如图 3-5-20 所示。

在“图纸尺寸”下拉列表中选择“A4”，在“打印区域”下拉列表中选“窗口”，单击“窗口”按钮，在图形中框选要打印的区域。返回“页面设置—布局 1”对话框，在“打印偏移”中勾选“居中打印”，在“打印比例”中勾选“布满图纸”，如图 3-5-21 所示。

单击“预览” 按钮，查看当前页面设置的打印效果，如图 3-5-22 所示。

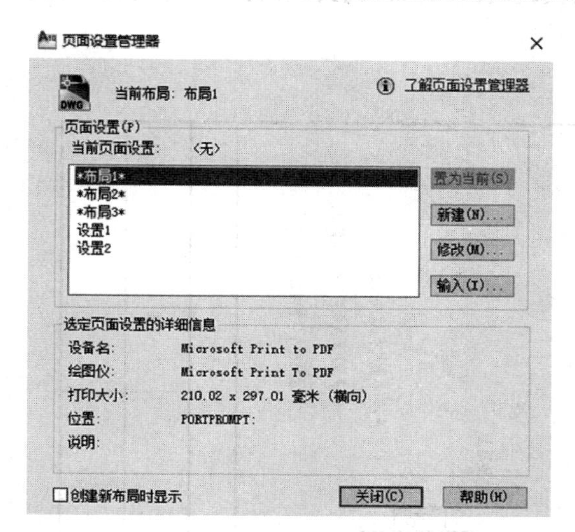

图 3-5-18　“页面设置管理器”对话框

图 3-5-19　新建页面设置

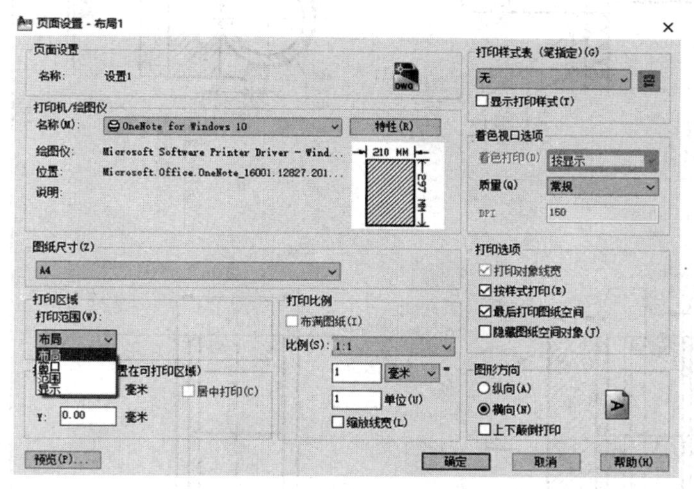

图 3-5-20　“页面设置—布局 1”对话框

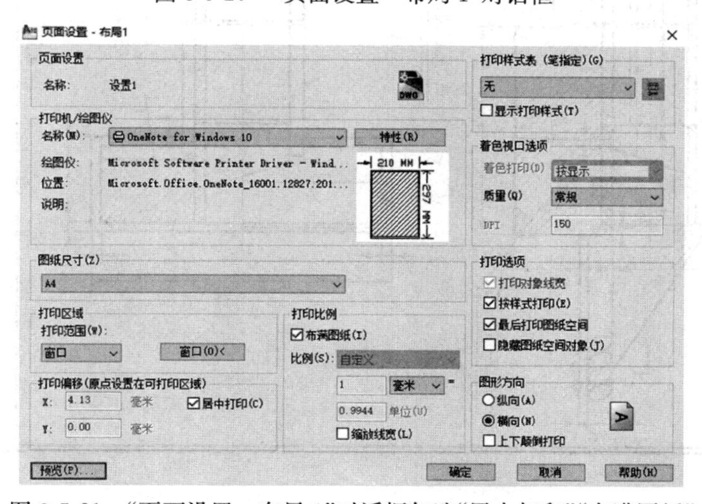

图 3-5-21　“页面设置—布局 1”对话框勾选“居中打印”“布满图纸”

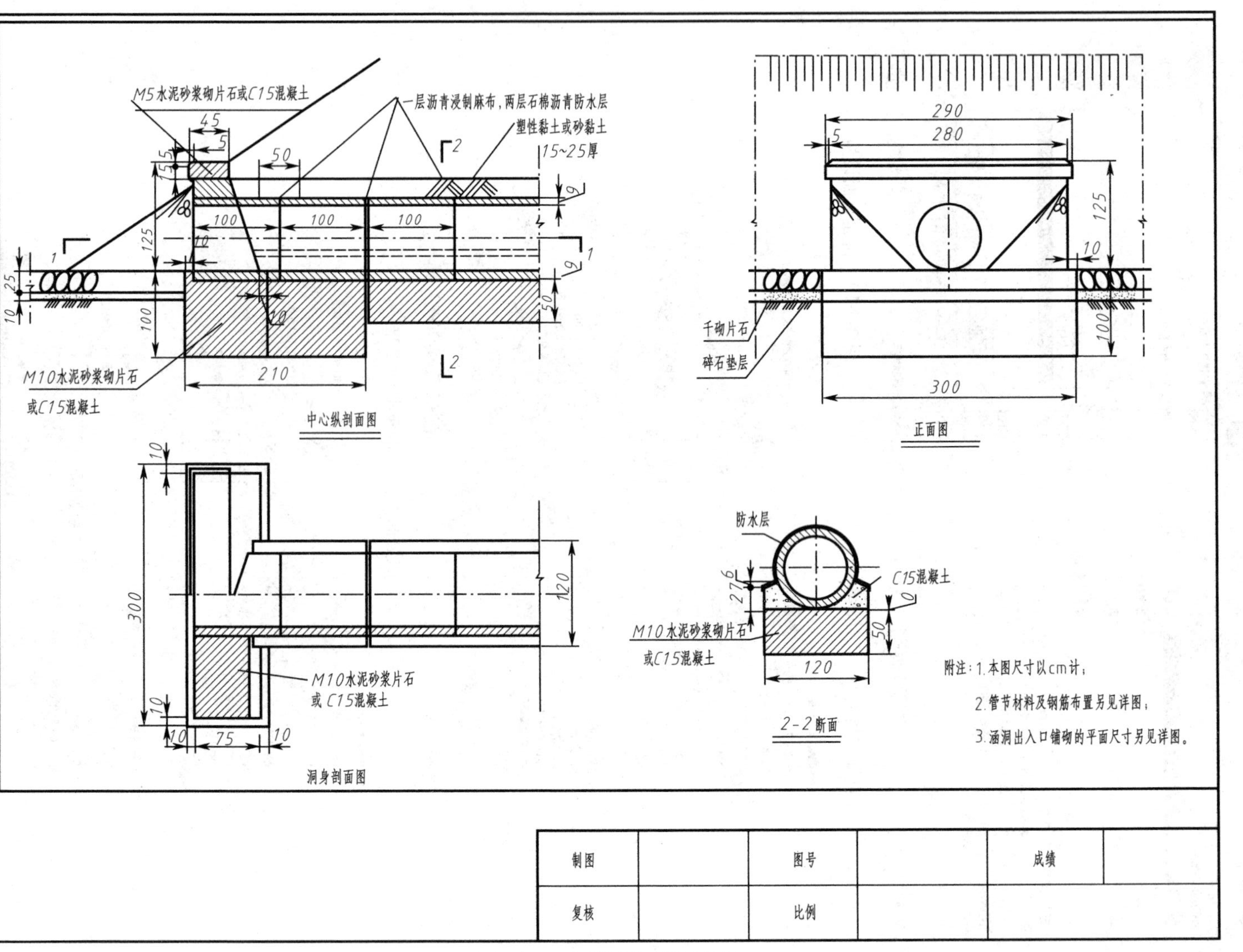

图 3-5-22　预览页面设置效果

·检查与评价·

(1)按照子任务1中的步骤利用向导创建其他布局。

(2)熟悉“打印—模型”和“打印—布局”对话框中各选项的功能及其设置。

(3)利用打印机或绘图仪打印“隧道衬砌断面图”和“隧道衬洞门面图”。

项目小结

(1)尺寸标注是绘制工程图的重要组成部分,图样中(包括技术要求和其他说明)的尺寸,一般以毫米为单位。以毫米为单位时,不注计量单位的代号或名称,如采用其他单位,则必须注明相应的计量单位的代号或名称。图样中所标注的尺寸,为该图样所表示图形的最后完工尺寸,否则应另加说明。图形中的每一尺寸,一般只标注一次,并应标注在反映该结构最清晰的图形上。

(2)本项目中所介绍的跨铁路立交平面图、涵洞和铁路隧道工程图都是土木工程中重要和常见的工程图样,掌握对这些图样的识读和绘制方法对于土木工程专业的学习和工作都非常重要。

(3)使用AutoCAD绘制好的图形,可以用打印机或绘图仪输出,应先设置布局,再为布局创建视口,然后为视口分别设置视图和样式,最后是页面设置、打印预览和打印。掌握创建、管理布局,布局视口设置,视口视图,页面设置与打印的方法。

参 考 文 献

[1] 中铁第一勘察设计院集团有限公司. 铁路工程制图标准：TB/T 10058—2015[S]. 北京：中国铁道出版社，2016.

[2] 杨桂林，王英. 工程制图[M]. 北京：中国铁道出版社，2013.

[3] 高俊亭，毕万全，马全明. 工程制图[M]. 北京：高等教育出版社，2008.

[4] 杨桂林. 工程制图及 CAD[M]. 北京：中国铁道出版社，2007.

[5] 高玉芬. 工程制图[M]. 北京：北京大学出版社，2008.

[6] 马义荣. 工程制图及 CAD[M]. 北京：机械工业出版社，2011.

[7] 牟明，芦金凤，马扬扬. 工程制图与 CAD[M]. 北京：清华大学出版社，2018.

[8] 何铭新. 机械制图[M]. 北京：高等教育出版社，2010.

[9] 田凌. 机械制图[M]. 北京：清华大学出版社. 2013.

[10] 郑运廷. AutoCAD 2007 中文版应用教程[M]. 北京：机械工业出版社，2012.

[11] 茹正波，孙晓明. AutoCAD 2010 中文版应用教程[M]. 北京：机械工业出版社，2017.